CCIT

GUO JIA SHI FAN XING GAO ZHI YUAN XIAO JIAN SHE XIANG MU CHENG GUO

国家示范性高职院校建设项目成果

计算机专业系列

数字电路设计
与项目实践

陶 洪 主编

U0309797

清华大学出版社
北 京

内 容 简 介

本教材是在基于工作过程的教学改革实践的基础上,遵循高职教育"理论够用,实践为重"的特点,按照教学、认知规律而编写的。教材所选内容都是作者日常教学资料的积累,非常实用。本教材分上、下两篇,上篇为数字电路设计基础。主要内容是数字电路基本概念、基本电路、分析设计一般方法和仿真软件、常用工具仪器的使用。下篇为数字电路项目实践。以增强学生应用知识的能力,训练学生从事电子信息行业的基本技能,培养学生团队意识、操作规范等职业素养为主要目标。载体是数字电子钟产品,按数字电子钟的设计、生产过程组织编写,涉及数字电子钟的分析、设计、安装、调试、维修等,编写时首先介绍数字电子钟的整体设计思想、各主要功能模块,然后按各模块展开。整个过程体现了"由简单到复杂,局部到整体"的原则。

本书可作为高职院校、中职院校电子信息类专业的教材或教学参考用书。

图书在版编目(CIP)数据

数字电路设计与项目实践/陶洪主编.—北京:清华大学出版社,2011.1(2019.8重印)
(国家示范性高职院校建设项目成果.计算机专业系列)
ISBN 978-7-302-23804-1

Ⅰ. ①数… Ⅱ. ①陶… Ⅲ. ①数字电路—电路设计—高等学校:技术学校—教材
Ⅳ. ①TN79

中国版本图书馆 CIP 数据核字(2010)第 173246 号

责任编辑:田 梅
责任校对:袁 芳
责任印制:李红英

出版发行:清华大学出版社
   网   址:http://www.tup.com.cn,http://www.wqbook.com
   地   址:北京清华大学学研大厦 A 座   邮 编:100084
   社 总 机:010-62770175   邮 购:010-62786544
   投稿与读者服务:010-62776969,c-service@tup.tsinghua.edu.cn
   质量反馈:010-62772015,zhiliang@tup.tsinghua.edu.cn
印 装 者:北京九州迅驰传媒文化有限公司
经 销:全国新华书店
开 本:185mm×260mm 印 张:18.25 字 数:437 千字
版 次:2011 年 1 月第 1 版 印 次:2019 年 8 月第 6 次印刷
定 价:39.00 元

产品编号:036762-02

编 委 会 成 员

出版说明

　　特色教材建设是推动课程改革和专业建设的基础,是提升人才培养质量的重要举措,也是高职院校内涵建设的重点之一。

　　2007 年,经教育部、财政部批准,常州信息职业技术学院进入 100 所国家示范性高职院校建设行列。开展示范院校建设以来,学院坚持以科学发展观为指导,针对市场设专业,针对企业定课程,针对岗位练技能,围绕区域经济建设、信息产业发展的实际需求,全面推进以"三依托、三合一"为核心的工学结合人才培养模式改革,强化职业素质和职业技能的培养,构建了具有学院自身特色的校企合作管理平台,在培养高素质技能型人才、为服务区域经济等方面取得了显著成效。

　　为展示课程建设成果,学院和清华大学出版社合作出版了常州信息职业技术特色教材30 部,这也是学院示范院校建设的成果之一。作为一种探索,这套教材在许多方面还不尽成熟和完善,但它从一个侧面反映了学院广大教师多年来对有中国特色高职教育教学,特别是教材建设层面的创新与实践,希望能对深化以职业能力培养为核心的专业改革、切实提高教育教学质量发挥应有的作用。

　　在人才培养模式的创新、课程改革和教材建设中,我们始终得到教育部、财政部、江苏省教育厅、财政厅和国家示范性高职院校建设工作协作委员会等各级领导、专家的关心和指导,得到众多行业企业、兄弟院校和清华大学出版社的大力支持,在此一并致谢!

常州信息职业技术学院

清华大学出版社

2009.6

FOREWORD

前 言

数字电路相关课程是高职院校电子信息类专业的一门重要专业基础课程。本教材是作者在从事多年的电子产品开发和电子电路课程教学基础上,结合"数字电路应用"课程教学基于工作过程的以真实项目为导向的模块式案例教学改革实践,并遵循高职教育"理论够用,实践为重"的特点,以一种全新的思路编写而成,是对传统数字电路相关教材的"颠覆"。希望本教材能对从事数字电路相关课程教学的教师有所帮助,并成为电子类工程技术人员的一本实用参考书。

本教材根据电子信息行业对生产一线技术岗位的要求,以数字电子钟产品的设计、生产过程为主线,以必要的基础知识为保证编写而成,目的是让学生掌握数字电路基础知识,学会用仿真软件进行电路设计、调试,通过学习具有常用仪器仪表的应用能力,具备电路设计、安装、调试、维修技能。

全书分上、下两篇,上篇以让学生掌握数字电路基础知识、常用工具仪器使用和仿真软件应用为主要目标,重点是数字电路基本概念、基本电路、分析设计一般方法和仿真软件、常用工具仪器的使用,内容简明扼要。下篇则以培养学生应用知识的能力、职业发展的能力为主要目标,载体是数字电子钟产品。按数字电子钟的设计、生产过程组织内容,涉及数字电子钟的分析、设计、安装、调试、维修等知识,编写时首先介绍数字电子钟的整体设计思想、各主要功能模块,然后按各模块展开,整个过程体现"由简单到复杂,局部到整体"的原则。

建议使用本教材教学时,除第 1 章采用传统教学外,其他均采用"边学边练"的一体化教学。教学中应充分利用仿真软件 Proteus 在电路设计中的灵活性、安全性,在实践前使每个局部电路、模块电路,甚至整个电路设计都在虚拟环境中得到仿真(为了与仿真软件保持一致,书中部分电路图不符合国家标准处未做修改。为方便读者理解,在附录中给出了国标与仿真软件的图符对照表);加强对教学过程的管理,融行为规范、团队合作等职业能力培养于日常教学、日常管理中;改革考核方式,变一张试卷决定学生成绩为通过考核学生的知识学习、产品生产过程和完善的产品质量来形成对学生的评价。

本教材的编写大纲由数字电子应用课程教学团队共同制订,由陶洪主编,聂章龙、王璐、瞿新南参编。本书的第 1~6 章和第 8 章由陶洪编写;第 7 章由聂章龙编写;第 9~11 章由瞿新南编写;第 12、13 章由王璐编写。

本书的编写得到了常州三恒科技集团、常州市亚中监控设备厂等企业技术人员的支持,并参考了大量的书籍和文献资料,在此向这些专家、作者表示衷心的感谢。

由于编者水平有限和时间仓促,书中存在疏漏或不妥之处在所难免,在此诚请各位专家和广大读者批评指正。

编 者
2010 年 12 月

CONTENTS

目 录

上篇

数字电路设计基础
——入门知识与常用工具

模拟电子技术主要研究的是模拟信号的产生、传输和处理,在模拟电子技术的学习中,我们已经了解到模拟信号是一种在时间和数值上都作连续变化的信号,如电视的图像和伴音信号、物理量(温度、压力等)转化成的电信号等。产生、传输和处理模拟信号的电路称为模拟电路。

数字电子技术研究的是数字信号的产生、传输和处理。与模拟信号不同,数字信号是一种在时间和数值上均作断续变化的离散信号,如数字电子钟的小时、分、秒信号,开关的开、合,电灯的亮、灭等。产生、传输和处理数字信号的电路称为数字电路。

一般来说,数字信号在电路中只在两个稳定状态之间作变化,所以,数字信号在数字电路中用数字"1"和"0"表示,但需要指出的是,这里的数字"1"和"0"表示的是电路的两种状态,不代表数值的大小。

数字信号具有两种表示形式:一种是电位型表示法,用高低不同的电位信号表示数字"1"和"0";另一种是脉冲型表示法,用有无脉冲表示数字"1"和"0"。本书中全部采用电位型表示法,并用"1"表示高电位,"0"表示低电位。

数字电路常按以下方式分类。

① 按电路组成的结构分为分立元件电路和集成电路。

② 按构成电路的元器件分为双极型电路和单极型电路。

③ 按有无记忆功能分为组合逻辑电路和时序逻辑电路。

与模拟电路相比,数字电路具有以下优点。

① 电路结构简单,容易制造,便于集成。

② 电路中只有两种状态,工作可靠、准确。

③ 既能完成数值运算,也能进行逻辑运算,因此数字电路又称逻辑电路。

本篇的教学目标是:

① 掌握数字电路中常用数制、码制,理解逻辑、逻辑门电路、触发器、组合逻辑电路、时序逻辑电路、函数化简的基本概念。

② 学会基本逻辑门电路、常用触发器的测试和使用。

③ 能用逻辑代数的基本定律、公式和卡诺图进行函数化简。

④ 掌握数字电路分析、设计的一般方法并具有设计简单数字电路的能力。

⑤ 学会用 Proteus 软件辅助数字电路分析和设计。

⑥ 掌握数字电路实验、生产常用工具和仪器仪表的使用。

第1章

数制与码制

任务描述

① 理解数制、数符、基数和位权的含义。

② 掌握十进制、二进制、八进制、十六进制数的使用。

③ 学会二进制数与十六进制数、十进制数与非十进制数间的相互转换。

④ 理解编码、BCD 码的含义。

⑤ 掌握 8421BCD 码、Gray 码的编码含义及应用。

⑥ 学会 8421BCD 码与十进制数、Gray 码与二进制码之间的相互转换。

1.1 数 制

数制又称计数制,是用一组固定的符号和统一的规则来表示数值的方法。在生产实践中人们使用各种数制,如二进制、八进制、十进制、十二进制、十六进制、六十进制等。但在数字系统中采用的是二进制,因为二进制具有运算简单、可靠、易实现等优点。但由于二进制书写太长,为了便于描述,又常用八进制、十六进制作为二进制的缩写。

学习数制,必须首先掌握数符、基数和位权这三个概念。

数符:数制中表示基本数值大小的数字符号。例如,十进制有 $0,1,2,\cdots,9$ 共十个数符,二进制有 0 和 1 两个数符。

基数:数制中所使用数符的个数。例如,十进制的基数为 10,二进制的基数为 2。

位权:数制中某一位上的 1 所代表的实际数值,从右到左,位数越高数值越大,且相邻高位权值是相邻低位权值的基数倍。例如,十进制的高位权值是相邻低位权值的 10 倍,二进制的高位权值是相邻低位权值的 2 倍。

1.1.1 常用数制

1. 十进制

十进制是人们最熟悉的一种数制,它具有 $0,1,2,3,4,5,6,7,8,9$ 十个数符,进位规则是"逢十进一"。

例如,十进制数 456D(后缀 D 表示十进制数,可省略)可以描述为:

$$456D=4\times10^2+5\times10^1+6\times10^0$$

其中,10 为基数,10^2,10^1,10^0 分别为百位、十位、个位的权,相邻高位权值是相邻低位权值的 10 倍。

2. 二进制

二进制是数字电路中常用的数制,具有 0,1 两个数符,它的进位规则是"逢二进一"。

例如,二进制数 1101B(后缀 B 表示为二进制数)可描述为:
$$1101B = 1 \times 2^3 + 1 \times 2^2 + 0 \times 2^1 + 1 \times 2^0$$

其中,2 称为基数,2^3,2^2,2^1,2^0 分别为相应位的权,相邻高位权值是相邻低位权值的 2 倍。

由于二进制书写起来太长,在数字系统中,也常采用八进制或十六进制。

3. 八进制

八进制具有 0,1,2,3,4,5,6,7 八个数符,进位规则是"逢八进一"。

例如,八进制数 345Q(后缀 Q 表示为八进制数)可描述为:
$$345Q = 3 \times 8^2 + 4 \times 8^1 + 5 \times 8^0$$

其中,8 称为基数,8^2,8^1,8^0 分别为相应位的权,相邻高位权值是相邻低位权值的 8 倍。

4. 十六进制

十六进制数具有 0,1,2,3,4,5,6,7,8,9,A,B,C,D,E,F 十六个数符,进位规则是"逢十六进一"。

例如,十六进制数 28A7H(后缀 H 表示为十六进制数)为:
$$28A7H = 2 \times 16^3 + 8 \times 16^2 + 10 \times 16^1 + 7 \times 16^0$$

其中,16 称为基数,16^3,16^2,16^1,16^0 分别为相应位的权,相邻高位权值是相邻低位权值的 16 倍。

💿 思考一下

① 数字系统中为什么常采用二进制?

② 为什么第一个数为字母的十六进制数书写时前面要加"0"?

5. 常用进制数之间的对应关系

常用进制数之间的对应关系见表 1-1。

表 1-1　常用进制数之间的对应关系

十进制	二进制	八进制	十六进制	十进制	二进制	八进制	十六进制
0	0000	0	0	9	1001	11	9
1	0001	1	1	10	1010	12	A
2	0010	2	2	11	1011	13	B
3	0011	3	3	12	1100	14	C
4	0100	4	4	13	1101	15	D
5	0101	5	5	14	1110	16	E
6	0110	6	6	15	1111	17	F
7	0111	7	7	16	10000	20	10
8	1000	10	8	⋮	⋮	⋮	⋮

1.1.2 不同数制转换

由于二进制数机器实现起来十分容易,十进制为人们所熟悉,而八进制和十六进制书写方便,因此,这几种数制在数字系统中都有应用,了解这几种数制之间的转换也就显得尤为重要。

1. 二进制数与十六进制数相互转换

二进制转换为十六进制分整数和小数两个部分。

整数部分:将二进制数由低位向高位每四位一组,若最高位一组不足位,则在有效位左边加 0,然后将每组二进制数转换为一位十六进制数。

小数部分:将二进制数由高位向低位每四位一组,若最低位一组不足位,则在有效位右边加 0,然后将每组二进制数转换为一位十六进制数。

【例 1-1】 求二进制数 1110110101.01101B 所对应的十六进制数。

解: 1110110101.01101B=0011/1011/0101.0110/1000B=3B5.68H

十六进制转换为二进制是上述过程的逆过程,分别将每位十六进制数用四位二进制代码写出来,然后写成相应的二进制数。

【例 1-2】 求十六进制数 563H 所对应的二进制数。

解: 563H=0101/0110/0011B=10101100011B

? 思考一下

① 二进制与八进制如何相互转换?

② 八进制与十六进制如何相互转换?

2. 非十进制数转换成十进制数

非十进制数转换为十进制数用加权法,即将其他进制数写成按权展开式,然后各项相加,所得即为相应的十进制数。

【例 1-3】 求二进制数 1011.011B 所对应的十进制数。

解: 把二进制数 1011.011B 按权展开得

$$1011.011B = 1 \times 2^3 + 0 \times 2^2 + 1 \times 2^1 + 1 \times 2^0 + 0 \times 2^{-1} + 1 \times 2^{-2} + 1 \times 2^{-3}$$
$$= 8 + 2 + 1 + 0.25 + 0.125 = 11.375$$

【例 1-4】 求十六进制数 E93.AH 所对应的十进制数。

解: 把十六进制数 E93.AH 按权展开得

$$E93.AH = 14 \times 16^2 + 9 \times 16^1 + 3 \times 16^0 + 10 \times 16^{-1}$$
$$= 3584 + 144 + 3 + 0.625 = 3731.625$$

3. 十进制数转换成其他进制数

十进制数转换为非十进制数,分为整数和小数两部分。

整数转换采用基数除法,即将待转换的十进制数除以新进位制的基数,取其余数,其步骤如下:

① 将待转换十进制数除以新进位制的基数 R，使其余数作为新进位制数的最低位；

② 将前步所得之商再除以新进位制基数 R，记下余数，作为新进位制数的次低位；

③ 重复步骤②，将每次所得之商除以新进位制基数，记下余数，得到新进位制数相应的各位，直到最后相除之商为 0，这时的余数即为新进位制数的最高位。

【例 1-5】 求十进制数 241 所对应的二进制数。

解：

$$2\underline{|241} \quad \cdots\cdots\cdots 余数为 \quad 1 \quad b_0$$
$$2\underline{|120} \quad \cdots\cdots\cdots\cdots\cdots \quad 0 \quad b_1$$
$$2\underline{|60} \quad \cdots\cdots\cdots\cdots\cdots \quad 0 \quad b_2$$
$$2\underline{|30} \quad \cdots\cdots\cdots\cdots\cdots \quad 0 \quad b_3$$
$$2\underline{|15} \quad \cdots\cdots\cdots\cdots\cdots \quad 1 \quad b_4$$
$$2\underline{|7} \quad \cdots\cdots\cdots\cdots\cdots \quad 1 \quad b_5$$
$$2\underline{|3} \quad \cdots\cdots\cdots\cdots\cdots \quad 1 \quad b_6$$
$$2\underline{|1} \quad \cdots\cdots\cdots\cdots\cdots \quad 1 \quad b_7$$
$$0$$

因此，$241 = 11110001B$。

纯小数部分的转换采用基数乘法，即将待转换的十进制的纯小数逐次乘以新进位制基数 R，取乘积的整数部分作为新进位制的有效数字。步骤如下：

① 将待转换的十进制纯小数乘以新进位制基数 R，取其整数部分作为新进位制纯小数的最高位；

② 将前步所得小数部分再乘以新进位制基数 R，取其积的整数部分作为新进位制小数的次高位；

③ 重复前一步，直到小数部分变成 0 时转换结束。或者小数部分虽未变成 0，但新进位制小数的位数已达到预定的要求（如位数的要求或者精度的要求）时，转换也可结束。

【例 1-6】 求十进制数 0.875 所对应的二进制数。

解：

$$0.875 \times 2 = 1.75 \qquad b_{-1} = 1$$
$$0.75 \times 2 = 1.5 \qquad b_{-2} = 1$$
$$0.5 \times 2 = 1 \qquad b_{-3} = 1$$

因此，$0.875 = 0.111B$。

【例 1-7】 求十进制数 0.39 所对应的二进制数。

解：

$$0.39 \times 2 = 0.78 \qquad b_{-1} = 0$$
$$0.78 \times 2 = 1.56 \qquad b_{-2} = 1$$
$$0.56 \times 2 = 1.12 \qquad b_{-3} = 1$$
$$0.12 \times 2 = 0.24 \qquad b_{-4} = 0$$
$$0.24 \times 2 = 0.48 \qquad b_{-5} = 0$$
$$0.48 \times 2 = 0.96 \qquad b_{-6} = 0$$
$$0.96 \times 2 = 1.92 \qquad b_{-7} = 1$$
$$0.92 \times 2 = 1.84 \qquad b_{-8} = 1$$
$$0.84 \times 2 = 1.68 \qquad b_{-9} = 1$$
$$0.68 \times 2 = 1.36 \qquad b_{-10} = 1$$
$$\vdots$$

因此,0.39＝0.0110001111…B。

此例中不能用有限位数实现准确的转换。转换后的小数取多少位合适呢?实际中常指定转换位数,如指定转换为 10 位,则 0.39＝0.0110001111B;也可根据转换精度确定位数,如此例要求转换精度优于 0.1%,即引入一个小于 $1/2^{10}＝1/1024$ 的舍入误差,则转换到第十位时,转换结束。

如果是一个有整数又有小数的数,则整数、小数应分开转换,再相加得转换结果。

【例 1-8】 求十进制数 52.375 所对应的二进制数。

解:整数部分 52 按整数转换方法——基数除法得

$$52＝110100B$$

小数部分 0.375 按基数乘法转换得

$$0.375＝0.011B$$

因此,52.375＝110100.011B。

? **思考一下**

十进制数如何转换为八进制数、十六进制数?

1.2 码 制

在计算机中任何数据和信息都是用二进制代码来表示的。在二进制中只有两个符号 0 和 1,但 n 位二进制,可有 2^n 种不同的组合,可以代表 2^n 种不同的信息。指定某一组合代表某个给定的信息,这一过程就是编码,而将表示给定信息的这组符号称为码或代码。实际上,前面讨论数制时,用一组符号来表示数,这就是编码过程。由于指定可以是任意的,故存在多种多样的编码方案。

1.2.1 8421BCD 码

BCD 码采用四位二进制数表示一位十进制数,它既有二进制的形式,又具有十进制的特点,因此,又称二—十进制数。BCD 码有 8421BCD 码、5421BCD 码、余 3BCD 码等多种表示形式(见 1.2.2 小节中表 1-2),但使用最广泛的还要数 8421BCD 码。

8421BCD 码将十进制数的每个数字符号用四位二进制数表示,每位都有固定的位权,按从左到右的顺序,各位的权分别为 8,4,2,1,这与二进制中对位权的规定是一致的。对于多位十进制数,可以使用与十进制数位数一样多的四位二进制数组来表示。

要注意的是 8421BCD 码中不允许出现 1010~1111 这六个代码,因为十进制数 0~9 中没有哪个数字与它们相对应,因此它们称为"伪码"。

8421BCD 码与十进制数之间的转换可直接按位(或按组)转换。

【例 1-9】 将十进制数 275 转换成 8421BCD 码。

解:将十进制数 275 中各位数 2,7,5 分别转化成 8421BCD 码,然后按高位到低位依次由左到右排列,可得十进制数 275 所对应的 BCD 码为:0010 0111 0101。

【**例 1-10**】 将 8421BCD 码 1001　1000　0111 转换成十进制数。

解：将 BCD 码从左到右四位分成一组,得 1001,1000,0111,然后分别转换成十进制数 9,8,7,再由高到低排列得十进制数 987。

1.2.2　格雷码

格雷码(Gray 码)是一种无权码,采用绝对编码方式,属于可靠性编码,是一种错误最小化的编码方式。前述 BCD 编码或自然二进制码相邻两个数字的编码存在多数位同时变化的情况,例如 8421BCD 码的 0111 与 1000 分别代表十进制数的 7 和 8,是相邻的两个数字,其编码的每一位都发生了变化,当信号由 0111 变化为 1000 时将使数字电路产生很大的尖峰电流脉冲。而格雷码则没有这一缺点,它的任意两个相邻的编码只有一个数位不同(见表 1-2),大大减少了由一个状态到下一个状态时逻辑的混淆。

1. 自然二进制码转换成二进制格雷码

自然二进制码转换成二进制格雷码,其法则是保留自然二进制码的最高位作为格雷码的最高位,而次高位格雷码为自然二进制码的高位与次高位相异或(两个二进制位相异或的结果为:相同为 0,相异为 1),而格雷码其余各位与次高位的求法类似。

【**例 1-11**】 求二进制数 0110 对应的格雷码。

解：

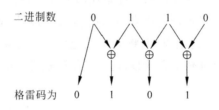

2. 二进制格雷码转换成自然二进制码

二进制格雷码转换成自然二进制码,其法则是保留格雷码的最高位作为自然二进制码的最高位,而次高位自然二进制码为高位自然二进制码与次高位格雷码相异或,而自然二进制码的其余各位与次高位自然二进制码的求法相类似。

【**例 1-12**】 求格雷码 1101 对应的自然二进制码。

解：

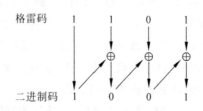

3. 几种常用编码的对应关系

几种常用编码的对应关系见表 1-2。

表 1-2　几种常用编码的对应关系

十进制数	二 进 制 数	8421BCD 码	5421BCD 码	余 3BCD 码	格 雷 码
0	0000	0000	0000	0011	0000
1	0001	0001	0001	0100	0001
2	0010	0010	0010	0101	0011
3	0011	0011	0011	0110	0010
4	0100	0100	0100	0111	0110
5	0101	0101	1000	1000	0111
6	0110	0110	1001	1001	0101
7	0111	0111	1010	1010	0100
8	1000	1000	1011	1011	1100
9	1001	1001	1100	1100	1101
10	1010				1111
11	1011				1110
12	1100				1010
13	1101				1011
14	1110				1001
15	1111				1000

思考一下

① 8421BCD 码、5421BCD 码、余 3BCD 码有什么异同？

② 有权码、无权码是怎么回事？

1.3　知 识 拓 展

1.3.1　基于位权的十进制数转二进制数

当需要把一些数值不大的十进制数转换成二进制数时,你可能会觉得采用除 2 取余法(基数除法)过于麻烦,但对下面介绍的基于位权的十进制数转二进制数的方法,你也许会有兴趣一试。

【例 1-13】 求十进制数 132.625 所对应的二进制数。

解: ① 按序列出二进制数小数点两边各位数的位权。小数点左边最后一个位权取值要大于待转换的十进制数,如本例要转换的十进制数整数值为 132,小数点左边最后一个位权应取 256;小数点右边列出的位权只要加起来大于要转换的十进制数小数值即可。

② 在位权 128 上面写一个 1,然后用 132−128 得 4;

③ 在位权 4 上写一个 1,4−4=0,整数转换结束;

④ 在位权 0.5 上写一个 1,0.625−0.5=0.125;

⑤ 在位权 0.125 上写一个 1,0.125−0.125=0,小数转换结束;

⑥ 在其他位权上写 0;

⑦ 写出转换好的二进制数为 10000100.101B,转换结束。

结果为

$$132.625 = 10000100.101B$$

转换过程示意如下:

256	128	64	32	16	8	4	2	1	.	0.5	0.25	0.125
	1					1			.	1		1

$132-128=4$ $4-4=0$ $0.625-0.5=0.125$ $0.125-0.125=0$

1.3.2 十进制的最早由来

很久很久以前,矮人部落与野兽发生了一场激烈的战斗,结果矮人部落大获全胜。

晚上,矮人首领开始对所有的野兽进行清点,清点的工作由矮人仓库管理员来负责,他清点的方法就是每个野兽对应着自己的一个手指,一根手指代表着一只野兽,两根手指代表着两只野兽……

可是这次,矮人部落打到了很多的野兽,管理员十个手指都用完了,这该怎么办呢?

所有的人都在想办法,这时候,矮人首领的小儿子站出来,说:"既然用完了十根手指,我们就先把已经数过的十只野兽放在一边,用一根绳子捆起来打一个结,表示十只野兽,然后接着用手指数,够十个再放一堆,这样一个结一个结地打下去,我们不就知道一共打了多少头野兽了吗?"

矮人管理员就按照他说的去做,结果终于数清了野兽的数目。

这就是"逢十进一"的十进制的最早由来。

1.3.3 六十进制起源

六十进制最初起源于巴比伦,至于巴比伦人为什么要用六十进制,说法不一。有人认为巴比伦人最初认为一年为 360 天,太阳每天走一步为一度,巴比伦人已熟悉六等分圆周相结合而得六十进制;也有人认为 60 有 2,3,4,5,6,10,12 等因数,使运算简化等。这种六十进制最初由兴克斯(Hincks)于 1854 年在巴比伦的泥板上发现的。这些泥板大约是公元前 2300 年到公元前 1600 年的遗物。在泥板上刻有 1.4=82,1.21=92,1.40=102,2.1=112,这样的式子,这些式子如按其他进制都无法理解,如按六十进制却迎刃而解。如 1.40=102 可以解释为 1.40=1×60+40=100=102(10^2),2.1=112 可以解释为 2.1=2× 60+1=121=112(11^2)等。

六十进制至今仍在不少领域内应用,如 1 小时等于 60 分;1 分等于 60 秒;角度制等。我国的天干、地支的记年法也是一种六十进制。

1.3.4 奇偶校验码

数码在存取、传送和运算过程中,难免会发生一些错误,即有的"1"错成"0"或有的"0"错成"1"。

奇偶校验码是一种具有检验出这种差错功能的代码。这种代码包含两部分：一部分是信息位，另一部分是奇偶检验位 P。使信息位加上检验位 P 的每一代码组中 1 的个数规定为奇数个或偶数个，如为奇数个 1 则称奇校验，如为偶数个 1 则称偶校验。这样在代码传送的接收端，对所收到的代码进行检验，如 1 的个数与约定的不同，便知道该组代码是错误的。同一信息码字，在两种校验系统中的形式是不同的，见表 1-3。

表 1-3　8421BCD 码的奇偶校验码

自然数	奇 校 验 码	偶 校 验 码	自然数	奇 校 验 码	偶 校 验 码
0	00001	00000	5	01011	01010
1	00010	00011	6	01101	01100
2	00100	00101	7	01110	01111
3	00111	00110	8	10000	10001
4	01000	01001			

需要指出的是，这种奇偶校验只能检测出错误，但不能确定是哪一位出错，也无纠错能力。但由于实现起来容易，信息传送率也高，仍被广泛地应用于数字系统中。

1.4　学习评估

1. 何谓进位计数制？

2. 为什么在数字设备中通常采用二进制？

3. 什么是数字信号？什么是数字电路？

4. 将下列十进制数转换为二进制数。

(1) 26　　　　(2) 130.625　　　　(3) 0.4375　　　　(4) 100

5. 将下列二进制数转换为十进制数。

(1) 11001101B　　　　　　　(2) 0.01001B

(3) 101100.11011B　　　　　(4) 1010101.101B

6. 将下列十进制数转换为八进制数。

(1) 542.75　　(2) 256.5　　　　(3) 200　　　　(4) 8192

7. 将下列八进制数转换为十进制数。

(1) 275.2Q　　(2) 432.4Q　　　(3) 200.5Q　　　(4) 500Q

8. 将下列十进制数转换为十六进制数。

(1) 65535　　(2) 150　　　　　(3) 2048.0625　　(4) 512.125

9. 将下列十六进制数转换为十进制数。

(1) 88.8H　　(2) 2BEH

10. 将下列二进制数分别用八进制数和十六进制数表示。

(1) 1110100B　(2) 1010010B　　(3) 110111.1101B　　(4) 110111001.101001B

11. 将下列 8421BCD 码转换为二进制码。

(1) $(01111000)_{8421BCD}$　　　　(2) $(001110000100)_{8421BCD}$

12. 求下列二进制数对应的格雷码。

(1) 1101B   (2) 1011B

13. 求下列格雷码对应的二进制数。

(1) 1001   (2) 1010

14. 将下列十进制数转换成 8421BCD 码。

(1) 1256   (2) 8657

15. 将下列十进制数分别转换成 8421BCD 码、5421BCD 码、余 3BCD 码。

(1) 356   (2) 712

16. 格雷码有什么特点?

17. 有权码和无权码有什么区别?

第2章

仿真软件——Proteus

电子设计手段日新月异,由手工设计到 EDA 阶段,再到虚拟仪器阶段,人们不断提高设计水平与效率。从元器件的选取到连线,直至电路的调试、分析和软件的编译,所有的工作都可以利用计算机在虚拟环境下进行。基于这一设计思想开发的 Proteus 软件系统,可在原理图设计阶段对所设计的电路进行评估、验证,看是否达到设计要求的技术指标,并可以通过改变元件参数使整个电路性能达到最优。这样就避免了传统电子电路设计中方案修改带来的多次重复购买元器件及制板,既节省了设计时间和经费,也显著提高了设计效率与质量。

本章将在对 Proteus 软件系统简要介绍的基础上,重点介绍原理图设计、仿真软件 Proteus ISIS 的主要功能、编辑环境、器件库结构,并通过典型电路图的绘制、仿真过程,帮助读者掌握使用 Proteus ISIS 进行数字电路辅助设计的方法和技巧。

任务描述

① 了解 Proteus 软件系统。

② 了解 Proteus ISIS 的编辑环境。

③ 掌握 Proteus ISIS 编辑数字电路原理图的方法和技巧。

④ 掌握 Proteus ISIS 仿真数字电路的方法和技巧。

教学、学习方法建议

本章的教学、学习应全部在 Proteus ISIS 环境下进行,边学边练,才能达到较好的教学、学习效果。

说明

本教材不是 Proteus 软件系统教程,所以只介绍 Proteus ISIS 的基本功能和在数字电路编辑、仿真过程中常用的工具和方法,对 Proteus 软件系统的学习有更多需求的读者可参考其他专门教材或书籍。

2.1　Proteus 简介

Proteus 软件是来自英国 LabCenter Electronics 公司的嵌入式系统仿真开发软件,是一个基于 ProSPICE 混合模型仿真器的完整的嵌入式系统软、硬件设计仿真平台,能实现数字电路、模拟电路、微控制器系统仿真以及 PCB 设计等功能(如图 2-1 所示)。

Proteus 软件由 ISIS 和 ARES 两个软件构成,其中 ISIS 是电气原理图设计和仿真软件,ARES 是印制电路板(PCB)设计软件。

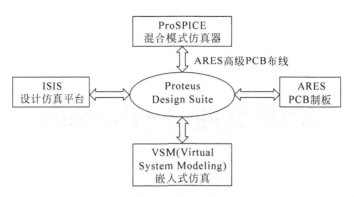

图 2-1 Proteus 软件功能示意图

Proteus ISIS 的主要特点如下:

① 具有强大的对象选择工具和属性编辑工具。

② 支持自动布线和连接点放置。

③ 支持自动标注元器件标号。

④ 能生成详细的元器件清单。

⑤ 适合主流 PCB 设计的网络表输出。

⑥ 具有较强的电气规则检查功能。

⑦ 提供丰富的元器件库,并支持自定义元器件。

⑧ 提供丰富的虚拟仪器。

⑨ 能管理每个项目的源代码和目标代码。

⑩ 支持图表操作以进行传统的时域、频域仿真。

ISIS 和 ARES 协同工作,可使原理图设计、单片机编程、系统仿真到 PCB 设计一气呵成,真正实现从概念到产品的完整设计(如图 2-2 所示)。

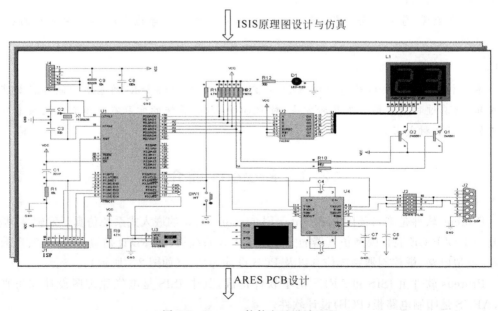

图 2-2 Proteus 软件产品设计过程

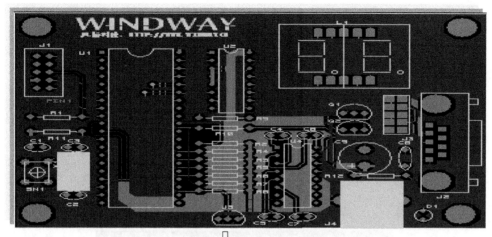

安装、焊接、调试

图　2-2(续)

2.2　Proteus ISIS 编辑环境

2.2.1　Proteus ISIS 编辑环境的进入和退出

单击"开始"菜单,选择"程序"下的"Proteus 7 Professional"程序,在子菜单中选择"ISIS 7 Professional"启动软件(如图 2-3 所示),之后系统进入 Proteus ISIS 编辑环境(如图 2-4 所示)。

退出 Proteus ISIS 编辑环境可通过以下三种方法实现。

① 单击图 2-4 右上角的"×"实现。

② 在 File 菜单中选择 Exit 命令退出。

③ 按键盘上的 Q 键。

图 2-3　ISIS 编辑环境的进入

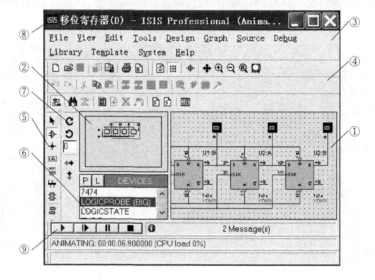

图 2-4　ISIS 编辑环境

2.2.2　认识 Proteus ISIS 编辑环境

图 2-4 所示的 Proteus ISIS 编辑环境可分为 9 部分,分别对应图中①,②,…,⑨。

1. 编辑窗口

编辑窗口用于原理图绘制,可进行元件放置、连线等操作。

2. 预览窗口

预览窗口用于显示将要放置的对象或正在编辑的图样及内容,并可通过此窗口快捷地改变编辑窗口显示内容。

① 当从对象栏中选择一个新的对象时,预览窗口显示被选中的对象。

② 在进行原理图编辑时,预览窗口显示完整的图样。

③ 图中的两个框一个为图样的边框(大框),另一个为编辑窗口显示区域(小框)。

④ 在预览窗口双击任意位置,该位置将成为编辑窗口显示中心。

⑤ 单击预览窗口任意位置,编辑窗口显示中心将随鼠标指针的移动而移动,达到理想位置后再单击一下,编辑窗口显示中心不再移动。

3. 主菜单

ISIS 的主要操作都通过此菜单实现。主菜单栏包括 File(文件)、View(视图)、Edit(编辑)、Tools(工具)、Design(设计)、Graph(图形)、Source(源)、Debug(调试)、Library(库)、Template(模板)、System(系统)和 Help(帮助)等 12 个一级菜单,双击可展开下一级菜单。

表 2-1 列出了主菜单中常用命令。

表 2-1 主菜单常用命令

序 号	一级菜单	二级菜单	快捷键	功 能
1	File	New Design	—	新建一个设计
2		Open Design	Ctrl+O	打开一个设计
3		Save Design	Ctrl+S	保存一个设计
4		Save Design As		另存一个设计
5		Print	—	打印一个设计
6		Print Setup	—	打印设置
7		Exit	Q	退出 ISIS
8	View	Grid	G	网格显示开关
9		Snap 10th	F1	网格间距为 0.01in
10		Snap 50th	F2	网格间距为 0.05in
11		Snap 0.1in	F3	网格间距为 0.1in
12		Snap 0.5in	F4	网格间距为 0.5in
13		Zoom In	F6	放大
14		Zoom Out	F7	缩小
15		Zoom All	F8	显示完整图样
16		Zoom to Area	—	放大指定区域
17	Edit	Undo	Ctrl+Z	撤销操作
18		Redo	Ctrl+Y	恢复操作
19		Cut to clipboard	—	剪切到剪贴板
20		Copy to clipboard	—	复制到剪贴板
21		Paste from clipboard	—	从剪贴板粘贴
22	Tools	Real Time Annotation		自动标注设置
23		Wire Auto Router		自动连线设置
24	Debug	Stop Animation		结束仿真
25		Execute	F12	启动仿真
26	Library	Pick Device/Symbol	P	放置器件
27	System	Set Sheet Sizes	—	设置图样尺寸
28		Set Animation Options	—	仿真设置

注: 1in=25.4mm。

4. 工具栏

工具栏提供菜单命令的快捷键,以图标形式给出,对应 File、View、Edit、Library、Design、Tools 六个菜单中的部分命令(一个图标代表一个命令)。表 2-2 仅列出了几个常用的图标。

表 2-2 工具栏常用命令

序 号	图 标	对 应 菜 单		功 能
		一级菜单	二 级 菜 单	
1		File	New Design	新建一个设计
2			Open Design	打开一个设计
3			Save Design	保存一个设计
4			Print	打印一个设计
5		View	Grid	网格显示开关
6			Zoom In	放大
7			Zoom Out	缩小
8			Zoom All	显示完整图样
9			Zoom to Area	放大指定区域
10		Edit	Undo	撤销操作
11			Redo	恢复操作
12			Cut to clipboard	剪切到剪贴板
13			Copy to clipboard	复制到剪贴板
14			Paste from clipboard	从剪贴板粘贴
15			Block Copy	块复制
16			Block Move	块移动
17			Block Rotate	块旋转
18			Block Delete	块删除
19		Library	Pick part from libraries	放置器件

5. 对象栏

对象栏用于选择进行原理图绘制、仿真所需元器件、仪器等,每一个图标对应一类对象。表 2-3 仅列出了几个常用的图标。

6. 对象选择窗口

配合对象栏中按钮的操作,展开选中的一类对象所对应的具体对象名。

7. 对象操作工具栏

通过对象栏选择的对象可通过此工具栏进行旋转和镜像操作(见表 2-4)。

表 2-3 对象栏常用命令

序 号	图 标	模 式	功 能	
1		选择模式	选择图样中的对象	
2		器件模式	放置器件	
3		节点模式	放置节点	
4		线标签模式	标注线段(相同标注的线段视为连接)	
5		文本编辑模式	输入文本	
6		终端模式	POWER	放置电源输入
7			GROUND	放置接地端
8			Input	输入端
9			Output	输出端
10		信号发生器模式	信号发生器(任何一个选项都可通过右击选择不同的信号输出,数电中最常用的是 CLOCK)	
11		电压探针模式	测量并记录探针处的电压	
12		电流探针模式	测量并记录探针处的电流	
13		虚拟仪器模式	OSCILLOSCOPE	示波器
14			LOGICANALYSER	逻辑分析仪
15			DC VOLTMETER	直流电压表
16			DC AMMETER	直流电流表
17	A	文本模式	输入文本(单行)	
18		线模式	画线	
19		矩形模式	画矩形	
20		圆模式	画圆	
21		弧模式	画弧	
22		闭合路径模式	画闭合线(可画出矩形、圆以外的形状)	

表 2-4 对象操作工具栏常用命令

序 号	图 标	功 能	序 号	图 标	功 能
1		顺时针旋转	3		X 镜像
2		逆时针旋转	4		Y 镜像

8. 状态栏

状态栏主要显示正在编辑的原理图文件名、鼠标的当前坐标、仿真运行状态等。

9. 仿真工具栏

仿真工具栏用于启动和停止仿真操作(见表 2-5)。

表 2-5　仿真工具栏常用命令

序　号	图　标	功　能	序　号	图　标	功　能
1	▶	开始仿真	3	II	暂停仿真
2	II▶	单步仿真	4	■	结束仿真

特别提示

在编辑窗口单击鼠标右键也可得到所需要的操作命令。

2.2.3　了解 Proteus ISIS 器件库

Proteus ISIS 元器件库十分丰富，为查找方便，系统采取了按类存放的方法，具体结构为：类→子类(或厂家)→元器件。表 2-6 列出了类和部分常用子类及其含义。

表 2-6　器件库分类

序　号	类	含　义	子　类	含　义
1	Anolog ICs	模拟集成器件	Regulators	三端稳压器
2			Timers	555 定时器
3	Capacitors	电容	generic	普通电容
4			Animated	显示充放电电容
5	CMOS 4000 series	CMOS 4000 系列	Adders	加法器
6			Buffers & Drivers	缓冲器和驱动器
7			Comparators	比较器
8			Counters	计数器
9			Decoders	译码器
10			Encoders	编码器
11			Flip-Flop & Latches	触发器、锁存器
12			Frequency	分频器和定时器
13			Gates & Inverters	门电路和反向器
14	—		Mutiplexers	数据选择器
15			Multivibrators	多谐振荡器
16	Connectors	接头	—	
17	Data Converters	数据转换器	—	
18	Debugging Tools	调试工具	Logic Probes	逻辑电平探针
19			Logic Stimuli	逻辑状态输入
20	Diodes	二极管	generic	普通二极管
21	ECL10000 series	ECL10000 系列	—	
22	Electromechanical	电机	—	
23	Inductors	电感	generic	普通电感
24	Laplace Primitives	拉普拉斯模型	—	
25	Memory ICs	存储器	—	
26	Microprocessor ICs	微处理器	—	

续表

序 号	类	含 义	子 类	含 义
27	Miscellaneous	混杂元器件	—	—
28	Modelling Primitives	建模源	—	—
29	Operational Amplifiers	运算放大器	—	—
30	Optoelectronics	光电元器件	7-Segment Displays	7 段数码显示器
31			Bargraph Displays	条形显示器
32			Lamp	电灯
33			LEDs	发光二极管
34	PLDs and FPGAs	可编程元器件	—	—
35	Resistors	电阻	generic	普通电阻
36	Simulator Primitives	仿真源	Flip-Flops	触发器
37			Gates	门电路
38	Speakers and Sounders	扬声器和蜂鸣器	—	—
39	Switches and Relays	开关和继电器	Switches	开关
40	Switching Devices	开关器件	—	—
41	Thermionic Valves	热离子真空管	—	—
42	Transducers	传感器	—	—
43	Transistors	晶体管	generic	普通晶体管
44	TTL74 series	标准 TTL 系列	参考 CMOS 4000 系列	
45	TTL74 ALS series	先进低功耗肖特基 TTL 系列		
46	TTL74 AS series	先进肖特基 TTL 系列		
47	TTL74 F series	快速 TTL 系列		
48	TTL74 HC series	高速 CMOS 系列		
49	TTL74 HCT series	兼容 TTL 的高速		
50	TTL74 LS series	低功耗肖特基 TTL 系列		
51	TTL74 S series	肖特基 TTL 系列		

2.3 用 Proteus ISIS 编辑原理图

本小节将通过一个四人抢答器原理路的绘制,引导读者体验用 ISIS 软件绘制电路的基本方法和技巧,使读者掌握 ISIS 软件的基本操作。

图 2-5 为一四人抢答器原理图,其实现的功能是四人参加比赛,每人一个按钮,其中一人按下按钮后,相应的指示灯点亮,并且其后按下的按钮不起作用,复位后可进行新的抢答。

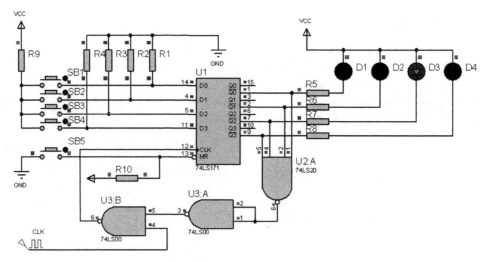

图 2-5 四人抢答器原理图

2.3.1 选择图样

读者应根据原理图的复杂程度选择合适的图样,图样的选择可通过主菜单 System 中的 Set Sheet Sizes 选项来进行。如图 2-6 所示,ISIS 编辑环境提供了 A0～A4 各类标准图样,同时也为用户提供了自定义图样尺寸。

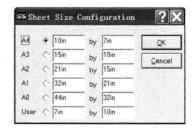

图 2-6 图样选择

2.3.2 拾取元器件

1. 进入元器件拾取窗口

元器件的拾取窗口(如图 2-7 所示)可通过以下几种方式进入。

① 先单击对象栏拾取元器件图标,再单击对象选择窗口 P。

② 单击 Library→Pick 命令进入。

③ 右击编辑窗口选择 Place→Component→From Libraries 选项进入。

2. 元器件的拾取

元器件的拾取首先是元器件的查找,元器件的查找可通过三种方式进行,下面以电阻的查找为例说明元器件的查找方法。

(1) 通过索引系统查找元器件

当用户不确定元器件名字或描述时,可采用这个方法。首先清除 Keywords 文本框中的内容,然后选择 Category 列表框中的 Resistors 分类,再选择 Sub-Category 列表框中的 Generic,然后在 Results 选项区找出需要的电阻(如图 2-7 所示)。不操作 Sub-Category 目录也可以,但 Results 选项区内容太多,查找不方便。

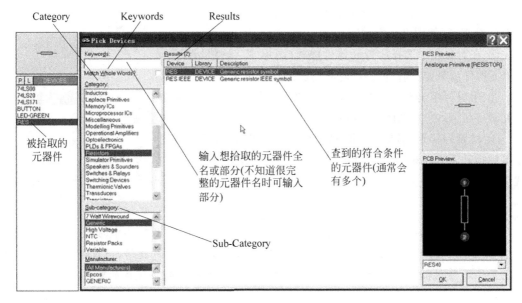

图 2-7　元器件拾取过程

（2）精确查找元器件

如果读者对元器件库非常熟悉，知道常用电阻类型就是 Generic，可直接在 Keywords 文本框中输入 Generic，然后在 Results 选项区找出需要的电阻。

（3）模糊查找元器件

在 Keywords 文本框中输入元器件类型或名称的部分，如输入 resi，此时 Category（类）、Sub-Category（子类）和 Results（查询结果）选项区中都会有相关类型元器件的显示信息，这时可根据读者对元器件名称的熟悉程度，通过对这些列表框的操作进一步缩小查找范围，最终在 Results 选项区找出需要的电阻。

双击查找到的元器件就可把元器件拾取到对象选择区。

2.3.3　元器件的放置

图 2-5 所示电路共有六类元器件，见表 2-7。

表 2-7　图 2-5 元器件表

序　号	标　注	型　号	名　称
1	U1	74LS171	四 D 触发器
2	U2	74LS20	4 输入双与非门
3	U3	74LS00	2 输入四与非门
4	R1～R8	1/8W	电阻，300Ω
5	R9	1/8W	电阻，100Ω
6	R10	1/8W	电阻，10kΩ
7	SB1～SB5	BUTTON	按钮
8	D1～D4	LED-GREEN	绿色发光管

① 放置元器件前一般应先把原理图所用元器件全部拾取到对象操作区(如图 2-8 所示)。

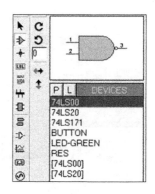

② 在对象栏中选择放置元器件模式(图标 ⊅ ,一般情况下,拾取元器件后只要没有进行其他操作就在此模式)。

③ 用鼠标单击对象选择区的元器件,这时预览区显示选中的元器件(74LS00),如图 2-8 所示。

④ 将鼠标移到编辑区单击,被选中的元器件的轮廓将出现在鼠标指针下并跟随鼠标指针的移动而移动,再次单击,元器件就被放置到图样上了。

图 2-8　元器件选择

特别提示

根据元器件在原理图中的需要,可通过对象操作工具栏图标对选中的元器件进行旋转或镜像操作。通过图标 C 和 ⟳ 可对元器件进行顺时针和逆时针旋转,通过图标 ↔ 和 ↕ 可对元器件进行 X 镜像和 Y 镜像,预览窗口将跟踪元器件被旋转或镜像的变化。

2.3.4　原理图中其他对象的放置

图 2-5 所示原理图中,除六类元器件外,还有表 2-8 所示的几个对象。其他对象的放置与上述元器件的放置办法相似。放置上述元器件是在对象栏中选择放置元器件模式(图标 ⊅),而放置其他对象应选择对象栏中所要放置的对象相对应的模式。

1. 放置电源

在对象栏中选择终端模式(图标 ⊟),选择 POWER(如图 2-9 所示)。

表 2-8　图 2-5 所示的其他对象一览表

序　号	标　注	类　　型
1	V_{CC}	电源端(+5V)
2	GND	接地端(0V)
3	CLK	信号源(1kHz)

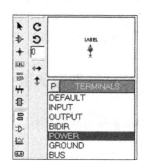

图 2-9　电源输入选择

2. 放置接地

在对象栏中选择终端模式(图标 ⊟),选择 GROUND。

3. 放置信号源

在对象栏中选择信号发生器模式(图标 ◎),选择 DCLOCK。

2.3.5 编辑窗口元器件的操作

除非技巧娴熟,一般不可能初次就把元器件放置得很到位,所以元器件的移动、定向、编辑也十分重要。

1. 选择操作对象

一般可用以下三种方法。

① 选中对象栏图标 ▶,然后单击对象,对象即被选中。这是最标准的选中操作。

② 右击对象,对象被选中并同时弹出快捷菜单。

③ 选中对象栏图标 ▶,按下鼠标左键不放,拖动鼠标在图样上画一方框,框内所有对象将被选中。拖动方框的手柄可以改变方框的尺寸。

特别提示

选中后的对象一般红色高亮显示,单击图样空白处,可以取消选中操作,选择右击图样空白处,弹出的快捷菜单中 Clear Selection 命令也可以取消选中操作。

2. 移动选中对象

当对象被选中后,将鼠标指针放置在对象上,按下左键,这时对象将随鼠标指针的移动而移动。

另外,也可以在右击对象后出现的快捷菜单中选择 Drag Object 命令来移动对象。

3. 编辑对象

有时放置的对象需要修改标识或数值等属性,可通过在右击对象后出现的快捷菜单中选择 Edit Properties 命令来实现。

(1) 编辑电阻 R1 属性

图 2-10 所示是编辑电阻 R1 属性时的显示对话框。

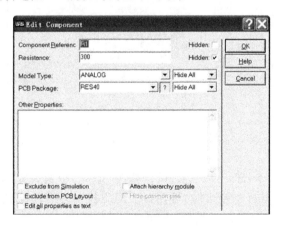

图 2-10 编辑电阻属性窗口(1)

在这个对话框中可方便地修改电阻的属性,并决定这些属性是否要在图中显示。除电阻的标注(R1)、阻值(300Ω)两个属性需根据电路原理、电路绘制需要进行必要的修改外,电阻的类型、封装(PCB 设计时用)等其他属性一般不需修改。

(2) 编辑 74LS171 属性

图 2-11 所示是编辑 74LS171 属性时的显示对话框。

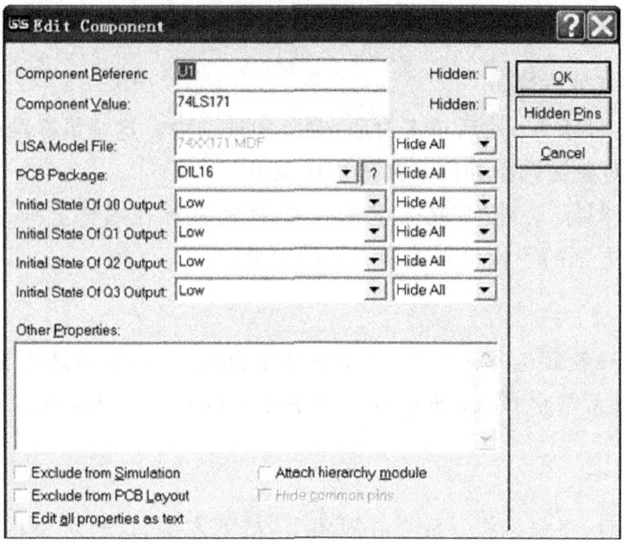

图 2-11　编辑电阻属性窗口(2)

在这个对话框可修改元器件的标注(U1)、型号(74LS171)、输出初始状态(Low)等属性,其他属性一般不应修改。

(3) 编辑 POWER 属性

图 2-12 所示是编辑对象 POWER 属性时的显示窗口。

图 2-12　编辑属性窗口

在属性对话框中选择 Label 选项卡,可以修改 String 中的内容,而 Style 选项卡内容则不可随便修改。修改 Label 选项卡时,可在 String 下拉列表中选择 V_{CC}(系统默认为+5V),也可直接输入电源电压值(前面必须加"+"或"−"号)。

(4) 其他对象的属性

其他对象的属性修改可参照上面的办法进行。

4. 删除对象

右击被选中的对象,或在右击对象后出现的快捷菜单中选择 Delete Object 命令,即可完成对象的删除。

2.3.6 连线

放置好元器件以后,就可以开始连线了。可通过 Tools 工具栏的 Wire Auto Router 选择是否采用自动连线。

不管是自动连线还是手动连线,连线时总是先把鼠标指针移动到线段(待画的)的一个端点(鼠标指针移到端点时会显示一个小框),单击该端点并按住鼠标左键不放,然后拖动鼠标移动到线段的另一个端点(显示一个小框),松开鼠标,再次单击,一次连线就完成了。

1. 自动连线

连线将随着鼠标指针以直角方式移动,直至到达目标位置。连接过程会自动放置连接节点,并规避障碍物。

2. 手动连线

连线将随着鼠标指针以任何方式移动,直至到达目标位置。连接过程会自动放置连接节点,但不规避障碍物。

特别提示

在系统自动连线过程中,按住 Ctrl 键,系统将切换到手动连线模式,利用此方法可绘制折线。

3. 调整连线

和对象一样,线段也可被选中并进行类似对象一样的调整操作。

2.3.7 原理图的保存和打印

1. 原理图保存

单击 File→Save 命令,可保存原理图。单击 File→Save As 命令,另存原理图。

2. 原理图打印

单击 File→Printer Setup 命令,配置好打印机,单击 File→Print 命令,进行打印。

2.3.8 原理图绘制常用技巧

1. 块复制

有些电路许多部分是重复的,就没有必要重复绘制,这时应充分利用块操作功能来完成重复部分电路的绘制。

一个四位二进制计数器原理图中,计数器的每一位都是由 D 触发器构成的翻转触发器组成,如抛开相互之间的连接线,那么这四部分电路完全相同,利用块操作功能可以很快完成电路图的绘制。

具体操作步骤如下:

① 绘制 U1:A 电路(如图 2-13 所示)。

② 复制 U1:A 电路。先选中 U1:A 电路。按住鼠标左键框住 U1:A 电路,框中的电路将呈高亮状态。复制选中电路可采用以下途径:

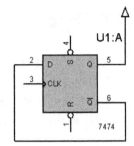

图 2-13　翻转触发器

(a) 右击高亮电路,在随后出现的快捷菜单中选择 Block Copy 命令,这时复制好的 U1:A 电路将随鼠标指针的移动而移动,移动到理想位置再单击即可完成一次复制;继续移动鼠标可继续复制,右击可取消进一步的复制。复制三次 U1:A 电路后可得如图 2-14 所示电路。

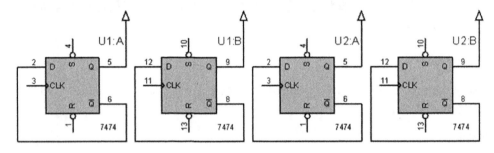

图 2-14　块复制后的电路

(b) 右击高亮电路,在随后出现的快捷菜单中选择 Copy to Clipboard 命令,这时 U1:A 电路将被复制到 Clipboard,在空白处右击,在随后出现的快捷菜单中选择 Paste From Clipboard 命令,这时 U1:A 电路就被复制到图样上。

(c) 用 Edit 菜单中的 Copy to Clipboard 和 Paste From Clipboard 命令也可完成复制。需要注意的是:块复制的电路会自动标注,其他方法复制的电路不会自动标注。

③ 完成其他电路绘制,得到如图 2-15 所示电路。

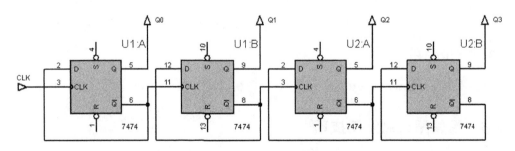

图 2-15　四位二进制计数器

2. 改变网格间距

在进行原理图编辑时,图样上的网格线既有利于放置元器件和连接线路,也方便元器件的对齐和排列。与网格有关的操作在主菜单 View 下面的子菜单中,共有 5 个。

① Grid:快捷键为 G,用于控制是否显示网格线。

② Snap 10th:快捷键为 F1,设置网格间距为 0.01in。

③ Snap 50th:快捷键为 F2,设置网格间距为 0.05in。

④ Snap 0.1in:快捷键为 F3,设置网格间距为 0.1in。

⑤ Snap 0.5in:快捷键为 F4,设置网格间距为 0.5in。

注:1in=25.4mm。

网格不仅可清楚地显示对象与对象之间的距离,同时影响着移动对象、画线等操作的步长,对象的每一次最短的移动就是网格的间距,改变网格间距可以改变移动步长。如自动连线时,每根线都必须画在网格线上,当网格间距变小时,在同样距离下可多通过几条互不相连的导线。

3. 旋转对象

旋转对象可以采用两种方法实现。

① 在右击对象后出现的快捷菜单中,选择 ↻ Rotate Clockwise、↺ Rotate Anti-Clockwise 和 ↺ Rotate 180 degrees 命令分别实现对象的顺时针($-90°$)、逆时针($90°$)和 $180°$旋转。

该操作也可实现块的旋转。

② 在放置对象时,利用对象操作工具中的图标 ↻ 和 ↺ 分别实现对象的顺时针和逆时针旋转。

4. 镜像对象

在右击对象后出现的快捷菜单中,选择 ↔ X-Mirror 和 ↕ Y-Mirror 命令分别实现对象在 X、Y 方向的镜像(如图 2-16 所示)。

灵活应用镜像操作可使电路图绘制更方便、图样更漂亮。

该操作也可实现块的镜像。

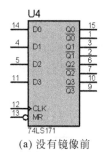
(a) 没有镜像前

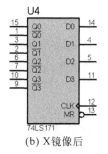
(b) X镜像后

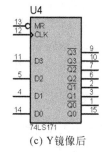
(c) Y镜像后

图 2-16　镜像操作效果图

5. 图样的缩放、移动

为了快速、正确地完成原理图绘制,在绘图过程中灵活地进行图样的缩放、移动是非常重要的。

(1) 图样缩放

图样的缩放可通过以下途径实现:

① 将鼠标指针放置到需要缩放的区域,滚动鼠标中键实现缩放,上滚为放大,下滚为缩小。

② 将鼠标指针放置到需要缩放的区域,按 F6、F7 和 F8 键实现图样的放大、缩小、全图显示。

③ 按住 Shift 键,同时按住鼠标左键在编辑窗口画个方框即可放大框内区域。

④ 选择工具条上的图标 🔍 、🔍 、🔍 和 🔍 ,可分别实现图样的放大、缩小、全图显示和区域放大。

(2) 图样的移动

图样的移动可通过以下途径实现:

① 按下鼠标中键,鼠标所在位置即设置为显示区域中心,这时图样将随鼠标的移动而移动,再次单击鼠标任何键可退出移动状态。

② 将鼠标移到元器件上,按 F5 键,可将此元器件设置为显示中心。

③ 按住 Shift 键,用鼠标单击编辑窗口的边界即可上、下、左、右移动图样。

④ 用鼠标单击预览窗口可平移图样。

6. 设置连线标签

给连线设置标签就相当于给连线起名,连线设置标签后,连线就表示标签,标签就表示连线,两个标签相同的连线视为相连。

(1) 连线标签的设置

① 从对象栏中选择图标 🔲 。

② 把鼠标移到需要放置标签的连线上,连线变成了虚线,鼠标指针处出现一个"X"号,这就是标签放置的位置,鼠标指针在连线上移动,"X"也跟着移动,此时单击将出现类似图 2-12 所示对话框。

③ 在该对话框的 Label 选项输入相应的文本,如"A1"。

④ 退出此对话框,连线标签设置完成。

(2) 连线标签的删除

连线标签的删除不能采用右键双击标签的办法,那样会同时把连线删除,连线标签的删除只能采用右击标签,在随后出现的快捷菜单中选择 Delete Label 命令进行删除。

7. 设置节点

节点用于表示连线之间的连接点,两根交叉连线只有在交叉点设有节点才算互连,没有节点的交叉线表示不相连,如图 2-17 所示。

节点的设置可从对象栏中选择图标 ➕ ,在希望设置节点的

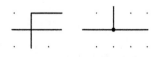

图 2-17　交叉线效果图

位置双击即可。

2.4 用 Proteus ISIS 调试电路

上一节学习了用 Proteus ISIS 绘制电路原理图的方法,本节将通过对图 2-15 所示电路的仿真调试,让读者掌握用 Proteus ISIS 对已经设计好的数字电路进行调试的方法和技巧,以便学会用 Proteus ISIS 调试数字电路(目的是检验电路设计的正确性)。

2.4.1 用调试工具仿真调试

1. 调试工具

Proteus ISIS 软件的调试工具在元器件库 Debugging Tools 类中,常用的有四个。

(1) LOGICSTATE

逻辑电平输出(如图 2-18(a)所示),用在电路的输入端。该工具可通过单击图形输出“0”或“1”电平;也可单击图形上方的箭头输出“0”或“1”,单击“↓”输出“0”,单击“↑”输出“1”。

(2) LOGICTOGLE

逻辑电平翻转(如图 2-18(b)所示),用在电路的输入端。该工具可通过单击图形上方的双向箭头循环输出“0”或“1”,每单击一次,状态翻转一次;直接单击图形可输出正脉冲信号(⊓⊔)。

(3) LOGICPROBES

逻辑电平探针(小图标,如图 2-18(c)所示),用在电路的输出端。检测输出端电平,高电平显示“1”,低电平显示“0”。

(4) LOGICPROBE(BIG)

逻辑电平探针(大图标,如图 2-18(c)所示),用在电路的输出端。与(3)功能完全相同,只是图标大些。

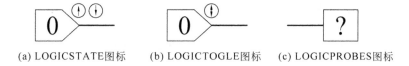

(a) LOGICSTATE图标　　(b) LOGICTOGLE图标　　(c) LOGICPROBES图标

图 2-18　常用 Debugging Tools 图标

2. 绘制仿真电路图

所谓绘制仿真电路图,就是用调试工具代替原电路图中的输入、输出,这里用 LOGICTOGLE 代替电路中的输入 CLK,用 LOGICPROBE(BIG)代替电路中的输出 Q0、Q1、Q2、Q3。图 2-15 所示电路经修改后如图 2-19 所示(运行状态的仿真电路图)。

3. 电路的仿真调试

电路的仿真运行既可以通过主菜单实现,也可通过仿真工具栏进行,因仿真工具栏位于

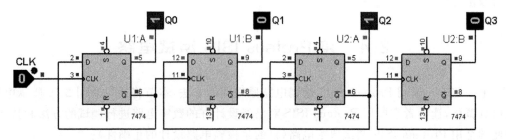

图 2-19　图 2-15 仿真电路

屏幕左下方,操作方便,比较常用。

图标 ▶ 用于启动仿真,图标 ■ 用于停止仿真。

在启动仿真后,不断单击 CLK 下方的图形,如电路没有逻辑错误,Q3Q2Q1Q0 应按 0000,0001,…,1111 循环变化,实现四位二进制加计数功能。

2.4.2　用信号发生器仿真调试

对象栏中图标 ⊘ 就是 Proteus ISIS 软件的信号发生器,包含多达图 2-20 所示的 13 种信号,其中数字信号有 5 种(后 5 种,名称的第一个字母为 D),其中最常用的是 DCLOCK。

DCLOCK 是一个方波信号,可通过属性编辑修改其频率,对图 2-19 所示电路如用 DCLOCK 作信号输入,其频率可设置为 1Hz(如图 2-21 所示)。

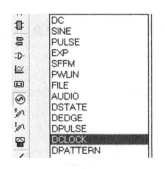

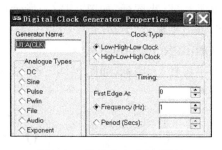

图 2-20　添加 DCLOCK 信号　　　　图 2-21　修改 DCLOCK 属性

修改后的仿真电路在仿真运行时将以 1Hz 的频率作加计数,输出状态显示方式同上。

2.4.3　用数码显示器仿真调试

数码显示器(7SEG-BCD)虽然并不属于调试工具,但对于计数器的调试却十分有用。

在图 2-19 所示电路中,改用 DCLOCK 作信号输入,数码显示器作为状态指示,可得图 2-22 所示电路。

启动仿真运行,数码显示器将按 0,1,…,9,A,…,F 循环变化,实现四位二进制加计数功能。

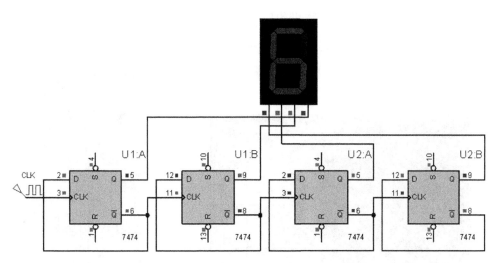

图 2-22 用数码显示器仿真调试

2.4.4 用虚拟示波器仿真调试

1. 添加虚拟示波器

① 从对象栏中选择图标 ▣。

② 在对象选择窗口选择 OSCILLOSCOPE(示波器)。

③ 把示波器放置到图样合适的位置上。

④ 在示波器的 A、B、C、D 输入端连接需要测试的输入、输出信号。

添加虚拟示波器后的电路图如图 2-23 所示。

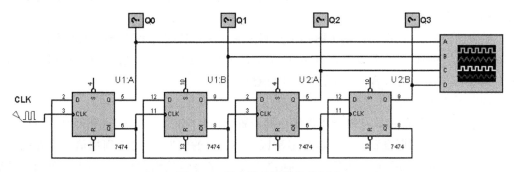

图 2-23 用虚拟示波器仿真调试

2. 虚拟示波器的使用

启动仿真运行后,屏幕将自动跳出图 2-24 所示示波器运行界面,波形显示区将跟踪四个通道输入的波形。

虚拟示波器的操作区可分为通道设置区、水平设置区和触发设置区三个部分。

(1) 通道设置区

要正确显示虚拟示波器各通道的波形必须进行正确的通道设置。虚拟示波器有四个通道,每个通道的功能相同,设置方法也相同,但需要分别设置。需要设置的内容有五项(如图 2-25 所示)。

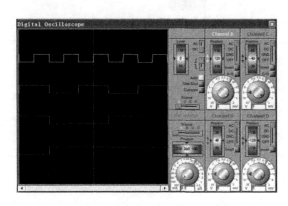

图 2-24　虚拟示波器运行界面

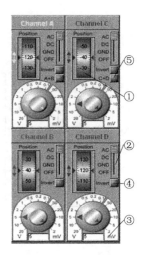

图 2-25　通道设置区

① 波形显示位置(垂直)设置。单击图中的滚轮,波形的显示位置将随鼠标指针的移动而变化,上移为垂直上移,下移为垂直下移。

② 测量信号类型选择。共有 AC、DC、GND 和 OFF 四个选项,分别为测量交流信号、直流信号、地信号和停止测量。

③ 波形显示幅度设置。调节图中的大、小箭头可改变波形显示区每格表示的电压值。每格电压值显示在图下方的方框中(5V)。

调节时,大箭头指向的数字为每格表示的电压初值,小箭头可调节系数(顺时针旋转系数变小,旋到底为 1)。

④ 波形显示方式设置。单击图标可控制波形显示是从高电平开始还是从低电平开始。

⑤ 信号叠加设置。此设置只有 A、C 两个通道有,用于控制 A 通道和 C 通道是显示 A 和 C 通道波形还是显示 A+B 叠加和 C+D 叠加波形。

(2) 水平设置区

水平设置区的设置是对四个通道的公共设置,设置区分为三个部分(如图 2-26 所示)。

① 波形显示周期设置。设置波形显示区每格表示的周期值,每格周期值显示在图下方的方框中(0.5ms)。调节时,大箭头指向的数字为每格表示的周期初值,小箭头可调节系数(顺时针旋转系数变小,旋到底为 1)。

② Y 轴显示位置设置。

③ 触发源选择。滑块放在最左边即可。

思考一下

周期与频率存在什么关系?

(3) 触发设置区

触发设置区的设置是对四个通道的公共设置,设置区分为六个部分(如图 2-27 所示)。

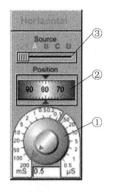

图 2-26 水平设置区

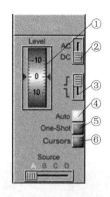

图 2-27 触发设置区

① X 轴显示位置设置。单击图中的滚轮，X 轴的显示位置将随鼠标指针的移动而变化。X 轴只在设置时显示。

② 选择交流或直流信号触发。

③ 选择上升沿触发或下降沿触发。

④ 自动触发。图标被选中后将连续显示波形。

⑤ 一次触发。图标被选中后只显示一次波形。

⑥ 坐标标注。图标被选中后，可在波形显示区标注横坐标（时间）和纵坐标（幅值），以便测出波形的幅值和周期。

2.4.5　用虚拟逻辑分析仪仿真调试

1. 添加虚拟逻辑分析仪

① 从对象栏中选择图标 ᠍。

② 在对象选择窗口选择 LOGICANALYSER（逻辑分析仪）。

③ 把逻辑分析仪放置到图样合适的位置上。

④ 在逻辑分析仪的 A0～A15 的部分输入端连接需要测试的输入、输出信号。

添加虚拟逻辑分析仪后的电路图如图 2-28 所示。

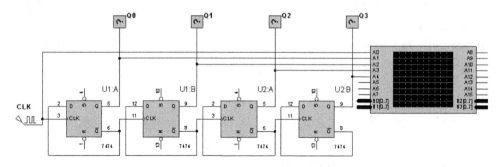

图 2-28　用逻辑分析仪仿真调试

2. 逻辑分析仪的使用

启动仿真运行后,屏幕将自动弹出图 2-29 所示逻辑分析仪运行界面,波形显示区将跟踪通道输入的波形。

逻辑分析仪的操作区可分为两个部分。

(1) 水平设置区

水平设置区分为两个部分(如图 2-30 所示)。

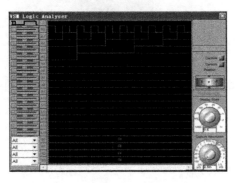

图 2-29　逻辑分析仪运行界面

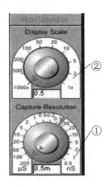

图 2-30　水平设置区

① 扫描周期设置。必须设置为比被测量信号周期小的周期,越小精度越好,本例设置周期为 0.5ms。调节时,大箭头指向的数字为扫描周期初值,小箭头可调节系数(顺时针旋转系数变小,旋到底为 1)。

② 波形显示周期设置。设置波形显示区每格表示的周期值,每格周期值显示在图下方的方框中(0.5ms)。

调节时,大箭头指向的数字×扫描周期=每格表示的周期初值(1000×0.5ms=0.5s),小箭头可调节系数(顺时针旋转系数变小,旋到底为 1)。

(2) 触发设置区

触发设置区分为三个部分(如图 2-31 所示)。

① 捕捉图标。单击该图标(先红后绿)开始显示波形(等待时间决定于计算机的速度)。如果没有显示预期的波形,应重新调整显示周期后再次单击该图标。

② 横坐标标注。单击该图标(变红),再在波形显示区单击,可标注横坐标,用于测量波形的周期、脉宽等。

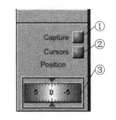

图 2-31　触发设置区

③ 波形显示调节。移动滚动可使波形左右移动。

🔲 **特别提示**

虚拟逻辑分析仪对机器要求较高,一般情况下,尽可能使用虚拟示波器。

2.4.6　仿真调试中其他常用工具

除前面介绍的工具、仪器外,虚拟电压表、电流表和电压探针也较常用。图 2-32 给出了

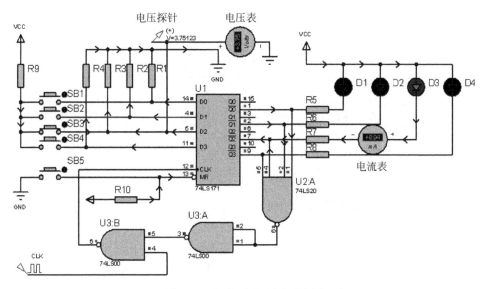

图 2-32 电流、电压测试示意图

这些工具的应用方法。

2.4.7 设置"动画"辅助仿真调试

选择主菜单 System 中 Set Animimtion Options 选项弹出如图 2-33 所示对话框。对话框左边的数据通常使用默认值,正确设置对话框右边的四个选项可在电路的仿真调试中起到辅导作用。

(1) Show Voltage & Current on Probes?

可选择是否在电压和电流探针上显示电压和电流的值。

(2) Show Logic State of Pins?

在后面的框中打"√"后,电路仿真运行时将显示元器件引脚的逻辑状态。蓝色表示低电平"0",红色表示高电平"1"。

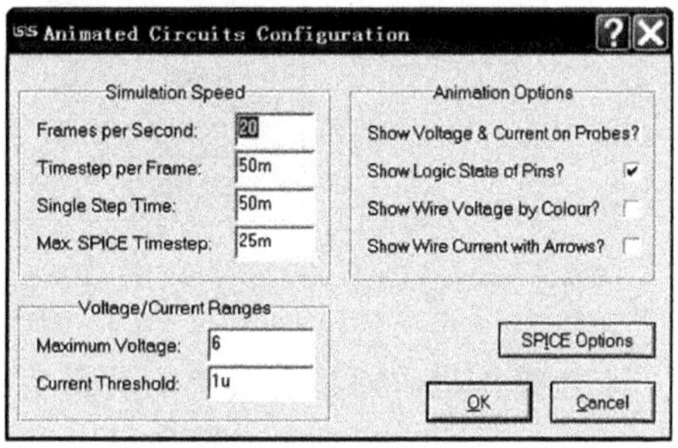

(3) Show Wire Voltage by Colour?

图 2-33 "动画"设置

在后面的框中打"√"后,电路仿真运行时将用导线颜色表示导线电压。浅绿色表示低电压,深红色表示高电压。

(4) Show Wire Current with Arrows?

在后面的框中打"√"后,电路仿真运行时将用箭头表示电流方向。

设置完成后的图 2-5 所示电路的仿真运行状态如图 2-32 所示。

2.4.8 用静态图标辅助分析

在图 2-15 电路中,在输入端接入 DCLOCK 信号,在所有输入、输出端添加电压探针,得到如图 2-34 所示的电路。

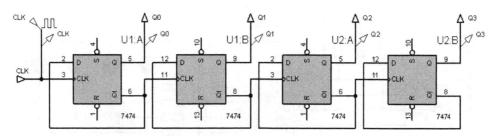

图 2-34   在图 2-15 中添加探针

（1）在图样中添加静态图表分析工具

① 从对象栏中选择图标 📈 。

② 在对象选择窗口选择 DIGITAL（数字波形分析器）。

③ 把数字波形分析器放置到图样上的合适位置（在图样空白处画一个框）。

（2）编辑数字波形分析器

右击数字分析波形器，在随后出现的快捷菜单中选择 Edit Properties 或 Edit Graph 命令，出现图 2-35 所示窗口，在 Stop time 旁边的框中输入一个数字（分析的时间，单位为 s，本例输入 10）。

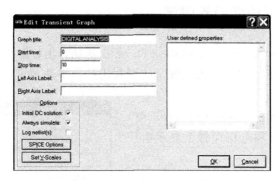

图 2-35   修改分析时间

上述操作也可通过主菜单 Graph 完成。

（3）添加探针到数字波形分析器

右击数字分析波形器，在随后出现的快捷菜单中选择 Add Traces 命令，出现图 2-36 所示窗口，在 Name 旁边的框中输入待分析的波形名称（如 CLK），从 Probe P1 下拉列表框中选择一个已设置的探针（CLK）。

本题要显示五个输入、输出波形，所以要按上述步骤操作五次。

上述操作也可通过主菜单 Graph 完成。

（4）生成波形

与前面所有的仿真调试办法不同，用静态图表分析电路不需要启动仿真，只要右击数字分析波形器，在随后出现的快捷菜单中选择 Simulate Graph 命令即可生成图 2-37 所示波形，并且图可以放大、缩小。

从图 2-37 所示可以分析出图 2-34 所示是一个 4 位二进制计数器。

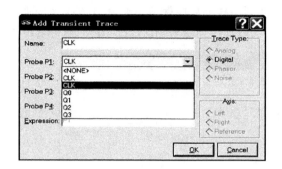

图 2-36 添加探针

上述操作也可通过主菜单 Graph 完成。

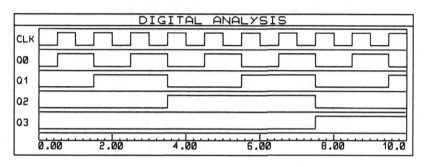

图 2-37 4 位二进制计数器生成的波形

2.4.9 用脉冲序列发生器辅助分析

图 2-38 是一串行数据检测器,该电路具有一个输入端 X 和一个输出端 Z。输入端 X 为一连串随机信号,当出现"110"序列时,检测器能识别,并使输出信号 Z=1,对于其他任何输入序列,输出皆为 0。

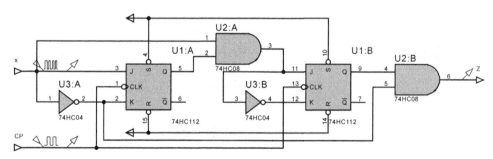

图 2-38 串行数据检测器

图中 X 端所施加的是脉冲序列发生器产生的脉冲序列,CP 端施加的是 1Hz 方波信号,同时为使用数字波形分析器在所有输入、输出端设置了电压探针。

脉冲序列发生器的添加可通过选择对象栏图标 ⊗ ,再从对象选择窗口选择 DPATTERN 选项实现。

脉冲序列发生器添加到图样上后应做适当编辑，其编辑对话框如图 2-39 所示。从图中可以看出，在本例中设置的脉冲序列信号为 1011100110，脉冲宽度为 1s（同 CP 周期）。

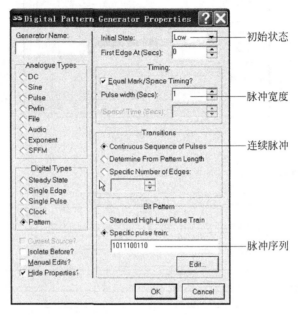

图 2-39　串行数据检测器

在图样中添加数字波形发生器后，可生成图 2-40 所示波形。从波形图可看出，X 端每出现一次 110 串行数据，Z 就输出为 1，其他情况下 Z 输出均为 0，符合设计要求。

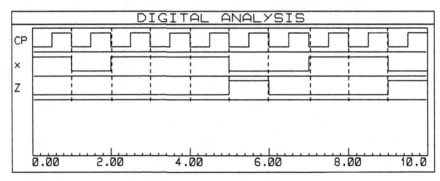

图 2-40　串行数据检测器波形

2.5　知　识　拓　展

2.5.1　电路仿真简介

仿真就是利用电子元器件的数学模型通过计算和分析来实现电路工作状态的一种手段，具有成本低，设计调试周期短，避免元器件浪费等特点。

仿真的真实程度取决于元器件模型的逼真程度，一个较好的仿真系统虽不能百分之百替代实际元器件的实验，但对实际电路的设计调试是有很多帮助的。

仿真分为实时仿真和非实时仿真。实时仿真是利用虚拟仪器(如信号发生器、示波器、电压表、电流表等)实时跟踪电路状态变化的仿真模式,在这种模式下必须不停地进行分析和计算工作。和实际实验很相似,比较真实,计算工作量大,对计算速度有较高的要求,或者说在同样的机器速度下被仿真的电路频率比较低。

非实时仿真是将分析计算过程与观察过程分开的仿真模式。根据设置的电路条件,首先对电路进行分析计算,将计算结果保存下来绘制成图表显示在屏幕上,在观察分析过程中不再进行计算工作。这种方式可以在较慢的机器上仿真较高的频率特性,因为其分析计算的时间可以被拉长。

数字电路的仿真和模拟电路的仿真有很大的不同,数字逻辑电路仿真只在时钟变化时捕捉电路的状态,对信号对冲、信号变形可能忽略不考虑,计算工作量大大减小;模拟电路在每个信号周期内都要进行很多次的计算和分析,所以计算工作量很大,每个周期的计算点数是可以设置的,不要设置得太高。

2.5.2 层次原理图的画法

图 2-41 为一个下降沿触发的 3 位二进制可逆计数器电气原理图。因为图较复杂,被分成了三个模块。第一个模块为计数电路,A 与 Y 相连则为加计数,B 与 Y 相连则为减计数。

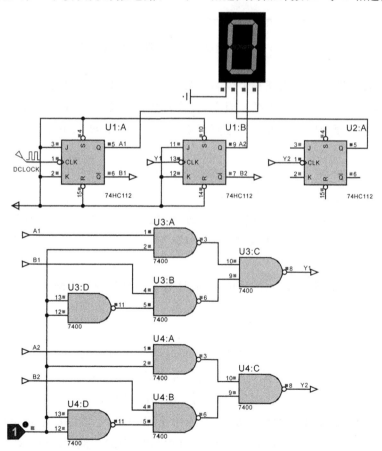

图 2-41　3 位二进制可逆计数器

第二个和第三个模块相同,都是 2 选 1 数据选择器,通过 X 取"1"或"0"控制加或减计数。三个模块电路通过标签互连,两个标签相同的连线视为相连。这种画图方法可使较复杂的电路结构显得比较清晰,但仍较复杂。

图 2-42 是实现了与图 2-41 相同功能的电气原理图,由于采用了层次原理图画法,看起来要简单些,也更清晰。

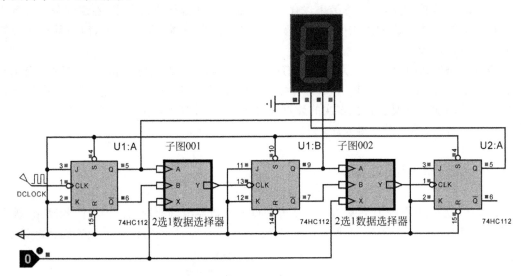

图 2-42　3 位二进制可逆计数器(层次原理图)

所谓层次原理图画法是指把一个较为复杂的电气原理图分割成若干个功能相对独立的模块,每个模块画一个图(称为子图),而主图(总的电气原理图)就由这些模块电路和其他电路连接而成。这种原理图设计方法一方面可使电路看上去简单、清晰,另一方面也便于多人协同工作。

下面就以图 2-41 所示为例介绍层次原理图画法。

(1) 在动手画图以前先进行总体规划

分析图 2-41 可知,该电路为一个 3 位二进制可逆计数器的电气原理图,可分成三个功能相对独立的模块电路,第一个模块为计数电路,第二个模块和第三个模块均为 2 选 1 数据选择器。

因计数功能是该电路要展示的功能,因此计数电路直接画在主图上,其他两个模块电路画成子电路。

(2) 创建子图

① 画出子电路图框。单击对象栏中选择子电路模式图标 ▯,进入子电路编辑模式,如图 2-43 所示。把鼠标指针移至编辑窗口,按住左键移动鼠标在屏幕上形成一个框,松开左键后单击,得到图 2-44 所示图形,该图形即为子电路的图框。

② 在子电路图框上添加端口。从图 2-43 中可以看出,子电路的端口可以设置为输入(INPUT)、输出(OUTPUT)、双向(BIDIR)、电源(POWER)、地(GROUND)、总线(BUS)或通用(DEFAULT)等形式。

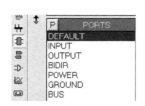

图 2-43 子电路模式

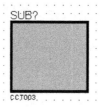

图 2-44 子电路图框

本例只需设置输入、输出端口。一般情况下输入端设在图框的左边,输出端设在图框的右边。

在子电路编辑模式下(如图 2-43 所示)选择 INPUT,移动鼠标指针到图框的左边上,当出现"X"时,单击一个输入端就添加好了,用同样的方法可添加其他端口,添加端口后的子电路图框如图 2-45 所示。

③ 编辑子图标签。把鼠标移至子电路图框,右击,从弹出的快捷菜单中选择 Edit Properties 命令,出现图 2-46 所示窗口。在 Name 文本框中输入子电路编号"子图 001",在 Circuit 文本框中输入电路功能名称"2 选 1 数据选择器",然后单击 OK 按钮即可。

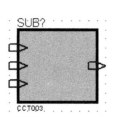

图 2-45 添加端口后的子电路图框

图 2-46 编辑子电路名

注意:在同一张图中,电路功能名称可以相同,但子图编号不可以相同。

④ 编辑端口标签。把鼠标移至图框左上第一个端口,右击,从弹出的快捷菜单中选择 Edit Properties 命令,出现图 2-47 所示窗口。在 String 文本框中输入标签 A,然后单击 OK 按钮即可。

用同样的方法可编辑其他端口标签。

至此,子图 001 已创建完成,如图 2-48 所示。

注意:本例两个子图功能相同,也可直接用复制得到子图 002,但需修改子图编号。

(3) 编辑子电路

图 2-48 所示的子图 001 仍然只是一个图框,里面没有任何内容(电路),是没有用处的。要使子图 001 能够使用,就必须赋予其一定的功能,也即需要把 2 选 1 数据选择器的电路赋予它。

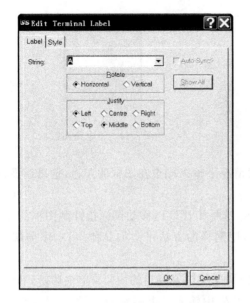

图 2-47　编辑端口标签

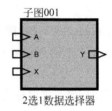

图 2-48　创建好的子电路

把鼠标指针移至子电路图框,右击,从弹出的快捷菜单中选择 Goto Child Sheet 命令,出现一个新的编辑窗口。在这个窗口中可输入子图内容,本例为 2 选 1 数据选择器,如图 2-49 所示。

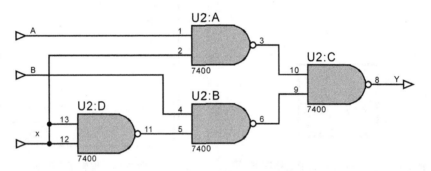

图 2-49　2 选 1 数据选择器

注意:输入、输出端口标签号必须与子图图框上的标签一致。

子图 001 编辑完成后,选择菜单 Design→Goto Sheet 命令,出现图 2-50 所示对话框。选择 Root sheet 1 选项,单击 OK 按钮即可回到主图编辑窗口。

用同样的方法可编辑子图 002。

(4) 完成主图编辑

把子图当成一个普通的元器件,完成所有电路连接,即可得到图 2-42 所示的电路图。

图 2-42 所示就是 3 位二进制可逆计数器的层次原理图。

图 2-50　选择图样编辑窗口

特别提示

① 把鼠标指针移至子电路图框,按 Ctrl+C 组合键也可进入子图编辑窗口。

② 在子图编辑窗口空白处右击,从弹出的快捷菜单中选择 Exit to Parent Sheet 命令,也可返回主图编辑窗口。

2.5.3 用模块器件设计原理图

在原理图编辑过程中,为使电路简单、清晰,除可采用标签、层次等画图方法外,也常把一些功能相对独立的模块电路定义为一个器件,这个器件称为模块器件,可和普通元器件一样使用。

图 2-51 为用模块器件编辑而成的 3 位二进制可逆计数器。图中 U3、U4 为模块器件——2 选 1 数据选择器,原理如图 2-49 所示。

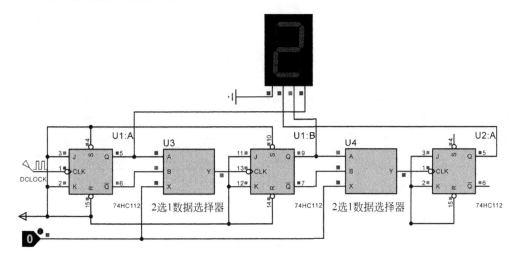

图 2-51 3 位二进制可逆计数器(模块器件原理图)

下面简单介绍模块器件 2 选 1 数据选择器的设计。

(1) 进入 ISIS 编辑窗口

(2) 画出模块器件的图框

单击对象栏中 2D Graphics Closed Path box 图标 ◓◓,在对象选择窗口选择 COMPONENT,把鼠标移至编辑窗口,画一个封闭的图形,这个图形就是模块器件的图框。

(3) 添加模块器件引脚

单击对象栏中 Device pin mode 图标 ⏚,出现如图 2-52 所示对象选择对话框。根据引脚功能可分别选择高电平有效(DEFAULT)、低电平有效(INVERT)、上升沿有效(POSCLK)、下降沿有效(NEGCLK)和总线(BUS),一般可选择 DEFAULT。

在对象选择对话框中选择 DEFAULT,把鼠标移至编辑对话框,单击,出现一个引脚符号 ✕———,移动鼠标,可把引脚放至模块器件图框的任意位置,一般情况下,引脚放置在左右两边。本例中 2 选 1 数据选择器有三个输入、一个输出,设置好引脚的模块器件如图 2-53 所示。

 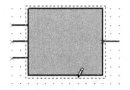

图 2-52　引脚选择窗口　　　　图 2-53　引脚模块器件(输出引脚放置错误)

特别提示

图 2-53 所示的输出引脚设置是错误的,因为其"X"的一端(连线端)与图框相连,将无法与其他电路连接。正确的引脚"X"不应该与器件边框相连。

把输出引脚旋转 180°可得正确的引脚放置如图 2-54 所示。

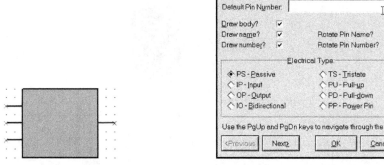

图 2-54　模块器件(正确的引脚放置)　　　　图 2-55　编辑引脚标签

(4) 编辑引脚标签

鼠标移至模块器件引脚上,右击,在弹出的快捷菜单中选择 Edit Properties 命令出现图 2-55 所示对话框。可输入以下内容:

① Pin Name 文本框可输入引脚标签。

② Default Pin Number 文本框可输入引脚编号,一般可省略。

由下列选项编辑引脚标签:

① Draw body。可选择是否显示引脚。

② Draw name。可选择是否显示引脚名称。

③ Draw number。可选择是否显示引脚编号。

④ Rotate Pin Name。可选择是否旋转引脚名称。

⑤ Rotate Pin Number。可选择是否旋转引脚编号。

可规定引脚的电气特性,常用的有:

① IP-Input 为输入引脚。

② OP-Output 为输出引脚。

编辑好引脚标签的模块器件如图 2-56 所示。

(5) 编辑模块器件名称、标签

移动鼠标指针选中编辑好引脚标签的模块器件,单击 Library→

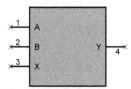

图 2-56　模块器件(编辑
　　　　引脚标签后)

Make Device 命令,出现如图 2-57 所示对话框。

在 Device Name 文本框中输入模块器件名"2 选 1 数据选择器",在 Reference Prefix 文本框中输入标签 U,连续单击 NEXT 按钮,直到出现图 2-58 所示对话框。

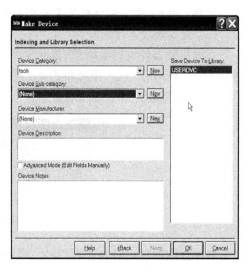

图 2-57　编辑模块器件名称、标签　　　　图 2-58　把模块器件加入元器件库

(6) 把模块器件加入元器件库

在图 2-58 的 Device Category 文本框中选择已存在的元器件库或新建一个元器件库,本例新建一个 taoh 的元器件库。

(7) 编辑模块器件电路图

到目前为止,模块器件里面仍没有电路,是没有用处的。要使模块器件能够使用,就必须赋予其一定的功能,也即需要把 2 选 1 数据选择器的电路赋予它。

① 从元器件库 taoh 中读取器件"2 选 1 数据选择器"放置到编辑窗口,把鼠标指针移至该器件上,右击,在弹出的快捷菜单中选择 Edit Properties 命令,进入器件编辑对话框,如图 2-59 所示。选中 Attach hierarchy module 选项,单击 OK 按钮退出。

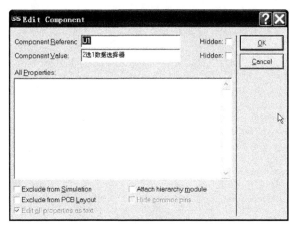

图 2-59　编辑器件对话框

② 把鼠标指针移至该器件上,右击,在弹出的快捷菜单中选择 Goto Child Sheet 命令,出现一个新的编辑窗口。在这个窗口中可输入该模块器件内容,本例为 2 选 1 数据选择器,如图 2-59 所示。

注意:输入、输出端口标签号必须与模块器件上的标签一致。

(8) 完成模块器件的制作

完成模块器件电路编辑后,返回主图,把鼠标移至该器件上,右击,在弹出的快捷菜单中选择 Make Device 命令,连续单击 NEXT 或 OK 按钮,直到出现图 2-60 所示对话框,单击 Yes 按钮,就完成了整个器件的制作。

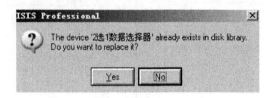

图 2-60 模块器件制作完成对话框

制作好的器件可以和普通器件一样使用。

特别提示

模块器件使用时需在 Edit Properties 对话框中选中 Attach hierarchy module 选项。

2.6 学 习 评 估

1. 绘制图 2-5 所示电路。
2. 仿真图 2-5 所示电路。
3. 用虚拟示波器测试 DCLOCK 信号。
4. 用虚拟逻辑分析仪测试 DCLOCK 信号。
5. 修改并仿真调试图 2-5 所示的电路(开关电路和发光二极管电路用调试工具代替)。

第3章

基本逻辑门电路

任务描述

① 了解 TTL、CMOS 元器件主要参数、特点。

② 掌握"与"、"或"、"非"、"异或"、"同或"逻辑的含义。

③ 学会用仿真软件 Proteus 仿真基本逻辑门电路。

④ 会使用"与"、"或"、"非"、"异或"、"OC"、"TS"逻辑集成块。

教学、学习方法建议

在本章开始学习前应先学习第 2 章的内容，并在仿真环境下教学或学习(本章所用电路原理图几乎都是在 Proteus 环境下绘制的，其中元器件的图形符号和名称为 Proteus 软件所默认)。

说明

① 讲述基本逻辑门电路时均以两输入为例，实际门电路输入端不一定是两个。

② 门电路逻辑功能有正逻辑、负逻辑之分，通常情况下均采用正逻辑，本书全部采用正逻辑。

正逻辑规定：高电平为"1"，低电平为"0"。

负逻辑规定：高电平为"0"，低电平为"1"。

在不同逻辑规定下，门电路具有不同的逻辑功能。如正逻辑的"与"门为负逻辑的"或"门；正逻辑的"或"门为负逻辑的"与"门。读者可自己用真值表验证。

3.1　与逻辑门电路相关的几个基本概念

逻辑通常指事物的前因与后果所遵循的规律。说某人说话逻辑性强，就是说他对一件事情的因果关系描述得合情合理。说某人说话不合逻辑，就是说他对事情的因果关系描述得前后矛盾。

3.1.1　逻辑变量与逻辑表达式

要描述一个逻辑问题，必须交代问题发生的原因(条件)和产生的结果，这既可以用文字表述、符号描述，也可以用真值表、卡诺图或逻辑电路来表示。

如电灯亮灭问题用文字可以表述为：如果有电并且电灯开关是合上的，电灯就亮，否则电灯不亮。

用符号则可以这样描述：首先把逻辑问题的条件和结果符号化，如假设用符号 A 表示电源，B 表示开关，L 表示电灯，并约定 $A=1$ 时有电，$A=0$ 时没有电，$B=1$ 时开关合上，$B=0$ 时开关断开，L 为 1 时灯亮，L 为 0 时灯灭，则有 $L=AB(A=1,B=1$ 时，$L=1)$。符号 A、B、L 称为逻辑变量，描述条件的 A 和 B 称为输入变量，描述结果的 L 称为输出变量，表达式 $L=AB$ 称为逻辑表达式（又称逻辑函数）。

3.1.2 真值表和卡诺图

1. 真值表

把输入变量的各种可能取值与相对应的输出变量值用表格的形式一一列举出来，这种表格称为真值表。

真值表的左边一栏列出输入变量的所有组合，显然组合的数量与变量有关：

一个变量有两种组合 0、1； 2^1

两个变量有四种组合 00、01、10、11； 2^2

三个变量有八种组合 000、001、010、011、100、101、110、111。 2^3

不难推出，n 个输入变量有 2^n 种组合。

真值表的右边一栏为每种输入变量组合所对应的输出变量值。为了不漏掉任何一种组合，输入变量的取值按二进制数大小顺序排列。

如前述的电灯亮灭问题可以用表 3-1 所示的真值表来表示。

2. 卡诺图

卡诺图是真值表的变形，采用图形的方式表示逻辑问题输入变量和输出变量之间的关系。电灯亮灭问题的卡诺图如图 3-1 所示，其中，行号＋列号＝输入变量组合编码，行列交叉对应的小方格里的值为输出变量的值。行列号用格雷码编码。

表 3-1　电灯亮灭问题真值表

A	B	L
0	0	0
0	1	0
1	0	0
1	1	1

图 3-1　电灯亮灭问题的卡诺图

3.2 "与"逻辑门电路

逻辑门电路是指用来实现基本逻辑功能的电子电路，简称门电路，门电路是构成组合逻辑电路的最基本单元。

常用逻辑门电路有"与"门、"或"门、"非"门、"与非"门、"或非"门、"异或"门等。

3.2.1 "与"逻辑

若决定某一事件的所有条件都成立,这个事件就发生,否则这个事件就不发生,这样的逻辑关系称为逻辑"与"或逻辑"乘"。"与"逻辑的运算规则如下:

$$0 \cdot 0 = 0 \qquad 0 \cdot 1 = 0 \qquad 1 \cdot 0 = 0 \qquad 1 \cdot 1 = 1$$

【例3-1】 图3-2是一个由两个串联开关$K1$、$K2$控制灯L亮和灭的控制电路。图中仿真元件$K1$、$K2$为SWITCH,L为LAMP,B为BATTERY。

解:将这个电路的控制过程进行逻辑描述,并作如下规定:

开关$K1$或$K2$断开为0;

开关$K1$或$K2$合上为1;

灯L灭为0;

灯L亮为1。

可得表3-2所示真值表。

由真值表可以看出,只有当开关$K1$与$K2$同时为1(合上)时灯L才为1(亮),否则灯L为0(灭),这是一个典型的"与"逻辑电路。

根据"与"逻辑运算规则,本例中的电路可用下面的逻辑表达式("与"逻辑表达式)表示:

$$L = K1 \cdot K2$$

表3-2 例3-1真值表

$K1$	$K2$	L
0	0	0
0	1	0
1	0	0
1	1	1

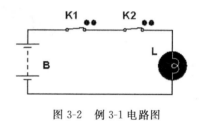

图3-2 例3-1电路图

3.2.2 "与"门

能实现"与"逻辑的逻辑电路称为"与"门,其逻辑符号如图3-3所示,真值表见表3-3,逻辑表达式为

$$L = A \cdot B \quad 或 \quad L = AB$$

图中A、B为"与"门的输入端,L为"与"门的输出端。

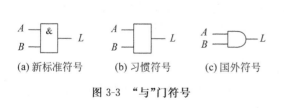

(a) 新标准符号　　　(b) 习惯符号　　　(c) 国外符号

图3-3 "与"门符号

表3-3 "与"门真值表

A	B	L
0	0	0
0	1	0
1	0	0
1	1	1

3.2.3 "与"门的仿真测试

测试门电路通常采用的方法是在输入端施加输入信号的所有不同组合，同时观察输出端逻辑信号的变化是否符合真值表中所描述的逻辑关系。如符合，则证明门电路是完好的，否则视门电路为故障。图 3-4、图 3-5 为两种"与"门的仿真测试电路图。

测试时在输入端 A、B 分别加入 00、01、10、11 信号组合，观察 L 的变化，如输出依次为 0、0、0、1 则门电路正常，否则为故障。

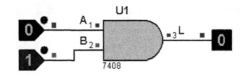

图 3-4 "与"门测试图 1

图中仿真元器件 $U1$ 为 7408(1/4)，A、B 输入端所用元件为 LOGICSTATE，L 输出端所用元件为 LOGICPROBE(BIG)。

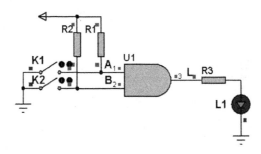

图 3-5 "与"门测试图 2

图中仿真元器件 $U1$ 为 7408(1/4)，$K1$、$K2$ 为 SWITCH，$L1$ 为 LED -RED(工作电流改为 1mA)，$R1$、$R2$、$R3$ 为 RES，其中 $R1$、$R2$ 阻值为 $10k\Omega$，$R3$ 为 $1k\Omega$。

3.3 "或"逻辑门电路

3.3.1 "或"逻辑

决定某一事件的条件中只要有一个或一个以上成立，这件事就发生，否则就不发生，这样的逻辑关系称为逻辑"或"或逻辑"加"。"或"逻辑的运算规则如下：

$$0+0=0 \qquad 0+1=1$$
$$1+0=1 \qquad 1+1=1$$

【例 3-2】 一个由两个并联的开关 $K1$、$K2$ 控制灯 L 的亮和灭的控制电路如图 3-6 所示。试分析其逻辑关系(仿真元器件的选择同例 3-1)。

解：将这个电路的控制过程进行逻辑描述,并作如下规定：

开关 $K1$ 或 $K2$ 断开为 0；

开关 $K1$ 或 $K2$ 合上为 1；

灯 L 灭为 0；

灯 L 亮为 1。

可得表 3-4 所示真值表。

由真值表可以看出,只要开关 $K1$ 或 $K2$ 为 1(合上),或者 $K1$、$K2$ 均为 1(合上)灯 L 都为 1(亮),只有当 $K1$、$K2$ 均为 0(断开)灯 L 才为 0(灭),这是一个典型的"或"逻辑电路。

根据"或"逻辑运算规则,本例中的电路可用下面的逻辑表达式("或"逻辑表达式)表示：

$$L = K1 + K2$$

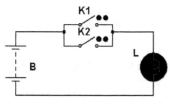

图 3-6　例 3-2 电路图

表 3-4　例 3-2 真值表

$K1$	$K2$	L
0	0	0
0	1	1
1	0	1
1	1	1

3.3.2 "或"门

能实现"或"逻辑的逻辑电路称为"或"门,其逻辑符号如图 3-7 所示,真值表如表 3-5 所示。其逻辑函数表达式为

$$L = A + B$$

(a) 新标准符号　　　(b) 习惯符号　　　(c) 国外符号

图 3-7　"或"门符号

表 3-5　"或"门真值表

A	B	L
0	0	0
0	1	1
1	0	1
1	1	1

图中 A、B 为"或"门的输入端,L 为"或"门的输出端。

3.3.3 "或"门的仿真测试

"或"门的仿真测试图如图 3-8 所示。测试时在输入端 A、B 分别加入 00、01、10、11 信号组合,观察 L 的变化,如输出依次为 0、1、1、1 则门电路正常,否则为故障。

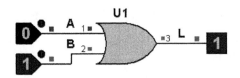

图 3-8 "或"门测试图

图中仿真元件 $U1$ 为 7432（1/4），A、B 输入端为 LOGICSTATE，L 输出端为 LOGICPROBE(BIG)。

3.4 "非"逻辑电路

3.4.1 "非"逻辑

某件事的发生取决于某个条件的否定，即该条件成立，这件事不发生；而该条件不成立，这件事反而发生，这样的逻辑关系称逻辑"非"。"非"逻辑运算的规则如下：

$$\overline{1}=0, \quad \overline{0}=1$$

【例 3-3】 一个由一个开关 K 控制灯 L 的亮和灭的控制电路如图 3-9 所示。试分析其逻辑关系。（仿真元器件的选择同例 3-1）

解：将这个电路的控制过程进行逻辑描述，并作如下规定：

开关 A 断开为 0；

开关 A 合上为 1；

灯 L 灭为 0；

灯 L 亮为 1。

可得表 3-6 所示真值表。

由真值表可以看出，只要开关 K 为 0（断开）灯 L 就为 1（亮），当开关 K 为 1（合上）灯 L 为 0（灭）。这是一个典型的"非"逻辑电路。

根据"非"逻辑运算规则，本例中的电路可用下面的逻辑表达式（"非"逻辑表达式）表示：

$$L=\overline{K}$$

我们将 A 称为原变量，$\overline{A}$ 称为反变量。

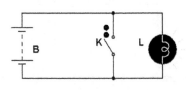

图 3-9 例 3-3 电路图

表 3-6 例 3-3 真值表

K	L
0	1
1	0

3.4.2 "非"门

能实现"非"逻辑的逻辑电路称为"非"门，其逻辑符号如图 3-10 所示，真值表见表 3-7。其逻辑函数表达式为

$$L = \overline{A}$$

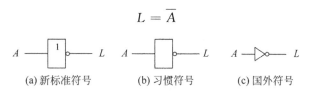

| (a)新标准符号 | (b)习惯符号 | (c)国外符号 |

图 3-10 "非"门符号

图中 A 为"非"门的输入端,L 为"非"门的输出端。

表 3-7 "非"门真值表

A	L	A	L
0	1	1	0

3.4.3 "非"门的仿真测试

图 3-11 为"非"门的仿真测试图。测试时在输入端 A 分别加入 0、1 信号,观察 L 的变化,如输出依次为 1、0 则门电路正常,否则为故障。

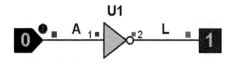

图 3-11 "非"门测试图

图中仿真元件 $U1$ 为 7404 (1/6),A 输入端为 LOGICSTATE,L 输出端为 LOGICPROBE(BIG)。

3.5 "与非"逻辑门电路

"与"和"非"的复合逻辑,称为"与非"逻辑。能实现"与非"逻辑的逻辑电路称为"与非"门,它是由一个"与"门和一个"非"门组合成的逻辑电路,其逻辑表达式为

$$L = \overline{A \cdot B} \quad \text{或} \quad L = \overline{AB}$$

逻辑功能如真值表 3-8 所示:输入变量只要有一个是"0",输出就是"1";只有当全部输入变量为"1"时,输出才为"0",即见 0 得 1,全 1 得 0。

表 3-8 "与非"门真值表

A	B	L	A	B	L
0	0	1	1	0	1
0	1	1	1	1	0

逻辑符号如图 3-12 所示。

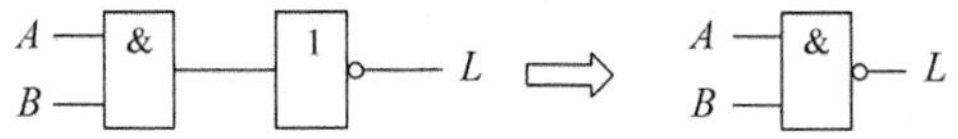

图 3-12 "与非"门符号

图中 A、B 为"与非"门的输入端，L 为"与非"门的输出端。"与非"门的仿真测试可参考"与"门的仿真测试办法进行。

3.6 "或非"逻辑门电路

"或"和"非"的复合逻辑，称为"或非"逻辑。能实现"或非"逻辑的逻辑电路称为"或非"门，它是由一个"或"门和一个"非"门组合成的逻辑电路，逻辑表达式为

$$L = \overline{A + B}$$

其逻辑功能可用表 3-9 所示的真值表来描述：输入变量只要有一个为"1"，则输出 $L=0$；只有当输入变量全为"0"时，L 才为"1"，即见 1 得 0，全 0 得 1。

表 3-9 "或非"门真值表

A	B	L	A	B	L
0	0	1	1	0	0
0	1	0	1	1	0

逻辑符号如图 3-13 所示。

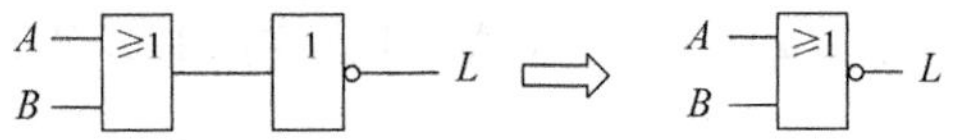

图 3-13 "或非"门符号

图中 A、B 为"或非"门的输入端，L 为"或非"门的输出端。"或非"门的仿真测试可参考"或"门的仿真测试办法进行。

3.7 "异或"逻辑门电路

3.7.1 "异或"逻辑

若决定某一事件的两个条件对立，这个事件就发生，否则这个事件就不发生，这样的逻辑关系称为逻辑"异或"。其运算规则为

$$0 \oplus 0 = 0 \quad 0 \oplus 1 = 1 \quad 1 \oplus 0 = 1 \quad 1 \oplus 1 = 0$$

【例 3-4】 一个由两个交叉连接的双联开关 $K1$、$K2$ 控制灯 L 的亮和灭的控制电路如图 3-14 所示。试分析其逻辑关系。（仿真元器件的选择同例 3-1）

解：将这个电路的控制过程进行逻辑描述，并作如下规定：

开关 $K1$ 或 $K2$ 向下为 0；

开关 $K1$ 或 $K2$ 向上为 1；

灯 L 灭为 0；

灯 L 亮为 1。

可得表 3-10 所示真值表。

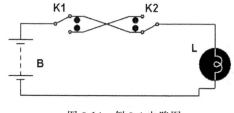

图 3-14　例 3-4 电路图

表 3-10　例 3-4 逻辑真值表

$K1$	$K2$	L
0	0	0
0	1	1
1	0	1
1	1	0

由真值表可以看出，当开关 $K1$、$K2$ 不同时为 0 或 1（$K1$、$K2$ 一个向下一个向上）时灯 L 就为 1（亮），当开关 $K1$、$K2$ 同时为 0 或 1（$K1$、$K2$ 同时向下或向上）时灯 L 为 0（灭）。这是一个典型的"异或"逻辑电路。

根据"异或"逻辑运算规则，本例中的电路可用下面的逻辑表达式（"异或"逻辑表达式）表示：

$$L = \overline{K1}K2 + K1\overline{K2} = K1 \oplus K2$$

读作"L 等于 $K1$ 异或 $K2$"。

3.7.2 "同或"逻辑

若决定某一事件的两个条件相同，这个事件就发生，否则这个事件就不发生，这样的逻辑关系称为逻辑"同或"。其运算规则为

$$0 \odot 0 = 1 \qquad 0 \odot 1 = 0 \qquad 1 \odot 0 = 0 \qquad 1 \odot 1 = 1$$

【例 3-5】　一个由两个平行连接的双联开关 $K1$、$K2$ 控制灯 L 的亮和灭的控制电路如图 3-15 所示。试分析其逻辑关系。（仿真元器件的选择同例 3-1）

解：将这个电路的控制过程进行逻辑描述，并作如下规定：

开关 $K1$ 或 $K2$ 向下时，状态为 0；

开关 $K1$ 或 $K2$ 向上时，状态为 1；

灯 L 灭时，状态为 0；

灯 L 亮时，状态为 1。

可得表 3-11 所示真值表。

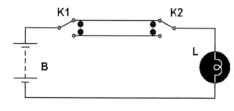

图 3-15　例 3-5 电路图

表 3-11　例 3-5 逻辑真值表

$K1$	$K2$	L
0	0	1
0	1	0
1	0	0
1	1	1

由真值表可以看出,当开关 $K1$、$K2$ 同时为 0 或 1($K1$、$K2$ 同时向下或向上)时,灯 L 就为 1(亮);当开关 $K1$、$K2$ 不同时为 0 或 1($K1$、$K2$ 一个向下一个向上)时,灯 L 为 0(灭)。这是一个典型的"同或"逻辑电路。

根据"同或"逻辑运算规则,本例中的电路可用下面的逻辑表达式进行表示:

$$L = \overline{K1}\,\overline{K2} + K1K2 = K1 \odot K2$$

读作"L 等于 $K1$ 同或 $K2$"。

3.7.3 "异或"、"同或"门

能实现"异或"逻辑的逻辑电路称为"异或"门,其逻辑符号如图 3-16 所示,真值表见表 3-12,逻辑函数表达式为

$$L = A \oplus B = A\overline{B} + \overline{A}B$$

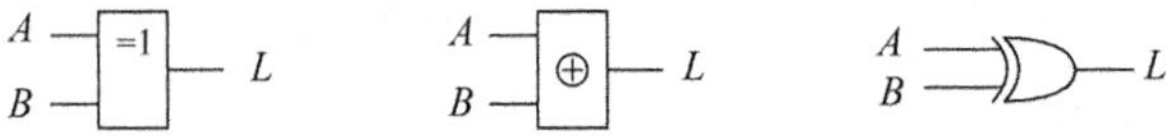

(a)新标准符号　　　　(b)习惯符号　　　　(c)国外符号

图 3-16　"异或"门符号

图中 A、B 为"异或"门的输入端,L 为"异或"门的输出端。

表 3-12　"异或"逻辑真值表

A	B	L	A	B	L
0	0	0	1	0	1
0	1	1	1	1	0

"同或"门器件实际上并不存在,但可用"异或"门来实现,比较例 3-4 和例 3-5 的真值表,你会发现在相同输入条件下,输出是相反的,因此,"同或"和"异或"是逻辑非的关系,也即

$$\overline{A \oplus B} = A \odot B$$

3.8　基本逻辑门电路应用技巧

3.8.1　门电路多余输入引脚处理

前面在讲述基本逻辑门电路时均以两输入为例,实际门电路输入端可以多于两个。当在电路设计中使用多输入门电路时,有时会遇到有些输入端用不到(多余)的情况,最常见的是"与非"门和"或非"门,这时这些用不到的输入端就需要进行适当的处理,否则将影响门电路的使用。

1."与非"门多余输入引脚处理

【例 3-6】　三输入端"与非"门当二输入"与非"门使用时,多余的输入端该如何处理?

解：因为数字电路中的输入信号只有"0"和"1"，因此，多余输入必然只能接"0"或"1"。因此，本例的解题方法很简单，就是在假设不使用的输入端分别接"0"或"1"，在另两个假设使用的输入端分别加 00、01、10、11 的信号组合，观察输出端的变化，如假设使用的输入端与输出端实现了二输入"与非"门的功能，则此时假设不使用的输入端所接信号是正确的。

"与非"门多余输入端处理的仿真实验图如图 3-17 所示。假设 C 输入端为多余，实验时先在 C 端分别加"0"和"1"，然后在 AB 端加 00、01、10、11 的信号组合，记录输出 L 的状态，可得表 3-13 所示的真值表，从真值表中可看出当 C 为"1"时，实现了 $L=\overline{AB}$ 的二输入"与非"门功能，而当 C 为"0"时 L 始终为"1"。

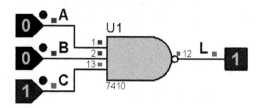

图 3-17　"与非"门多余输入端处理仿真图

图中仿真元器件 $U1$ 为 7410(1/3)，A、B、C 输入端为 LOGICSTATE，L 输出端为 LOGICPROBE(BIG)。

表 3-13　三输入端与非门逻辑真值表

C	A	B	L	C	A	B	L
0	0	0	1	1	0	0	1
0	0	1	1	1	0	1	1
0	1	0	1	1	1	0	1
0	1	1	1	1	1	1	0

结论："与"门、"与非"门多余的输入端应接"1"。

？思考一下

① 当把二输入"与非"门的一个输入端接"1"，另一个输入端与输出端之间是什么逻辑关系？

② 当把二输入"与非"门的两个输入端连接在一起，这时输入端和输出端之间是什么逻辑关系？

2. "或非"门多余输入引脚处理

【例 3-7】　三输入端"或非"门当二输入"或非"门使用时，多余的输入端该如何处理？

解："或非"多余端处理的仿真实验图如图 3-18 所示。假设不使用的输入端为 C。在 C 端分别接"0"或"1"，在 AB 端分别加 00、01、10、11 信号组合，记录输出 L 的状态，可得表 3-14 所示的真值表。

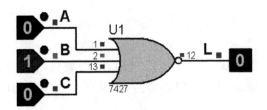

图 3-18 "或非"门多余输入端处理仿真图

图中仿真元器件 $U1$ 为 7427(1/3)，A、B、C 输入端为 LOGICSTATE，L 输出端为 LOGICPROBE(BIG)。

表 3-14 "异或"逻辑真值表

C	A	B	L	C	A	B	L
0	0	0	1	1	0	0	0
0	0	1	0	1	0	1	0
0	1	0	0	1	1	0	0
0	1	1	0	1	1	1	0

从真值表中可看出当 C 为"0"时，实现了 $L=\overline{A+B}$ 的二输入"或非"门功能，而当 C 为"1"时 L 始终为"0"。

结论："或"门、"或非"门多余的输入端应接"0"。

思考一下

① 当把二输入"或非"门的一个输入端接"0"，另一个输入端与输出端之间是什么逻辑关系？

② 当把二输入"或非"门的两个输入端连接在一起，这时输入端和输出端之间是什么逻辑关系？

思考一下

除"与非"门、"或非"门可实现逻辑"非"功能外，还有什么门电路可实现逻辑"非"？"异或"门可以吗？如果可以，如何实现？

3.8.2 门电路使用禁忌

一般门电路的输出端分别直接接地、直接接电源、相互短接的仿真电路图如图 3-19、图 3-20 和图 3-21 所示，从图中可以看出，三张图中的熔丝全部被烧毁。

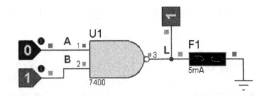

图 3-19 "与非"门输出端直接接地仿真图

图中仿真元器件 $U1$ 为 7400(1/4)，A、B 输入端为 LOGICSTATE，L 输出端为 LOGICPROBE(BIG)，$F1$ 为 FUSE(额定电流 5mA)。

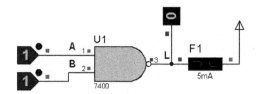

图 3-20 "与非"门输出端直接接电源仿真图

图中仿真元器件 $U1$ 为 7400(1/4)，A、B 输入端为 LOGICSTATE，L 输出端为 LOGICPROBE(BIG)，$F1$ 为 FUSE(额定电流 5mA)。

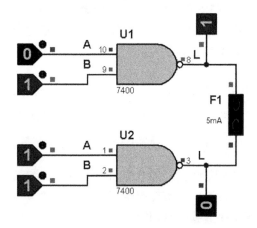

图 3-21 "与非"门输出端相互短接仿真图

图中仿真元器件 $U1$、$U2$ 为 7400(1/4)，A、B 输入端为 LOGICSTATE，L 输出端为 LOGICPROBE(BIG)，$F1$ 为 FUSE(额定电流 5mA)。

结论：一般门电路输出端不可直接接地、直接接电源、相互短接。

❓思考一下

图 3-22 中 $U1$、$U2$ 的接线与图 3-19、图 3-20 和图 3-21 中的 $U1$ 有什么异同？

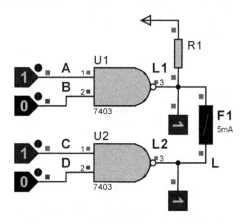

图 3-22 OC 门输出端相互短接仿真图

图中仿真元器件 $U1$、$U2$ 为 $7403(1/4)$，A、B 输入端为 LOGICSTATE，$L1$、$L2$ 输出端为 LOGICPROBE(BIG)，$F1$ 为 FUSE(额定电流 5mA)。

图中只有当 $L1=L2=1$ 时，$L=1$，否则 $L=0$。因此，$L=L1L2$。

图中的 $U1$、$U2$ 输出端不光相互短接，而且不管输入端加什么信号熔丝绝对不会被烧毁，其输出甚至还实现了逻辑"与"的功能。

3.9　集电极开路门(OC 门)

OC 门是一种常用的特殊门电路，其逻辑功能同普通门电路，只是因为输出管是开路的（相当于输出端悬空），使用时必须接上拉电阻（输出端用一适当电阻与电源相连，如图 3-22 中的 $R1$）。其逻辑符号如图 3-23 所示。

(a) 新标准符号　　　　(b) 习惯符号　　　　(c) 国外符号

图 3-23　OC 门符号("与非"门)

一般门电路使用时输出不允许直接接电源、直接接地或相互短接，而 OC 门因输出端是开路的，不但允许短接，而且短接后可实现逻辑"与"（称为线"与"）的功能，如图 3-22 所示。

其次，OC 门还可实现电平转换、总线传输等功能（如图 3-24 所示），常用于驱动发光二极管、小型继电器等的驱动器（如图 3-25 所示）。

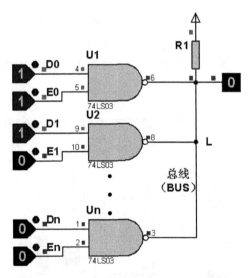

图 3-24　用 OC 门实现电平转换、总线传输仿真图

图中 $R1$ 上所接电源如用可调电源，则输出端 L 的高电平值（与输入 $ABCD$ 的电平无关）随电源电压的变化而变化，实现了不同逻辑电平的转换（OC 门的输入端前面的电路和输出端后面的电路可以有不同电平要求）。

E 有效（E 为"1"）时数据传至总线，任何时候只允许一个 E 有效。

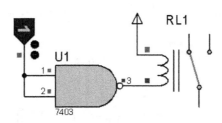

图 3-25　OC 门驱动继电器仿真实验图

仿真元器件 RL1 为 RELAY,U1 为 7403(1/4)。

RL1 为继电器。当 U1 输出为 0 时,线圈中有电流流过,触点转换(本例中初始时触点与右边相连),转换后与左边相连。

3.10　三态门(TS 门)

TS 门也是一种常用的特殊门电路,其逻辑功能同普通门电路一样,只是增加了一个控制端,控制端信号有效时,功能同普通门电路,控制信号无效时,输出为高阻态(相当于输出端悬空),因此输出具有 0,1,高阻三种状态,这就是三态门名称的由来。其逻辑符号如图 3-26所示。

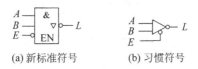

(a) 新标准符号　　　　(b) 习惯符号

图 3-26　TS 门符号("与非"门)

三态门主要应用于总线传输,既可进行单向总线传输,也可进行双向总线传输,如图 3-27、图 3-28 所示。

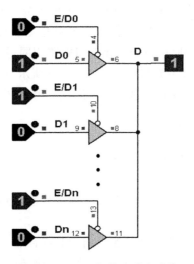

图 3-27　用 TS 门构成单向总线

E 有效(E 为 0)时数据传至总线,任何时候只允许一个 E 有效。

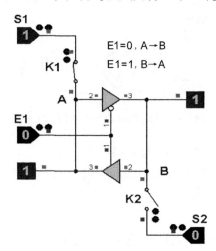

图 3-28　用 TS 门构成双向总线

图中:

① 图 3-26、图 3-27 中三态门仿真元器件为 74125(低电平有效)和 74126(高电平有效)。

② 双向总线仿真实验时应按以下步骤进行:

首先,让 $E1=0$,开关 $K1$ 合上,$K2$ 断开,改变 A 的状态($S1$ 的状态),此时 B 的状态跟随 A 的状态变化而变化($A{\rightarrow}B$)。

然后,让 $E1=1$,开关 $K1$ 断开,$K2$ 合上,改变 B 的状态($S2$ 的状态),此时 A 的状态跟随 B 的状态变化而变化($B{\rightarrow}A$)。

3.11　集成逻辑门电路

逻辑门电路可以用二极管、晶体管、MOS 管、电阻等分立元件来实现(如图 3-29 所示),但由于分立元件门电路存在抗干扰能力弱、带负载能力低、连线多、可靠性差等缺点,很少有人采用。集成逻辑门电路工作原理与分立元件门电路相同,把一个或若干个门电路中所有的元器件及其连线均制作在同一个芯片上(如图 3-30 所示)后,得到的电路具有体积小、重量轻、工作可靠、抗干扰及带负载能力强等许多优点。因此,电路设计师经常使用的是集成逻辑门电路。

3.11.1　集成逻辑门电路分类

按照集成逻辑门电路的开关元件不同,可分为单极型逻辑门电路和双极型逻辑门电路两大类。

以二极管、三极管为开关元件构成的逻辑门因其内部有两种载流子(电子和空穴)同时参与导电就称为双极型逻辑门电路。其优点是速度较快,但功耗较高。其典型产品为 TTL 电路。

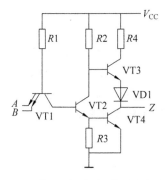

图 3-29　二输入"与非"门典型内部电路图　　　图 3-30　集成二输入四"与非"门 7400 外形图

以 MOS 管为开关元件构成的逻辑门电路因其内部只有一种载流子(电子或空穴)参与导电就称为单极型逻辑门电路。具有结构简单、制造方便、每个门所占硅片面积小、功耗低、便于大规模集成、抗干扰能力强、电源电压范围管等优点,但速度相对较慢。其典型产品为 CMOS 电路。

3.11.2　集成逻辑门电路主要参数

1. TTL 电路

① 电源电压:常用 V_{CC} 表示,5V。

② 带负载能力:常用扇出系数表示。扇出系数指出了一个输出端在不影响输出效果的情况下允许接入的同类门电路的个数。一般情况下 TTL 电路的扇出系数大于等于 8。

③ 输出电平:空载情况下,高电平(又称"1"电平)标称值为 3.6V,低电平(又称"0"电平)标称值为 0.3V。

④ 输入电平:在额定负载下,使输出电平达到标称输出电平时的输入电平。输入高电平标称值≥1.8V,输入低电平标称值≤0.8V。

2. CMOS 电路

① 电源电压:常用 V_{DD} 表示,4000 系列为 3～18V,HC(HCT)、ACT 系列为 4.5～5.5V,AC 系列为 1.5～5.5V。

② 带负载能力:常用扇出系数表示。扇出系数指出了一个输出端在不影响输出效果的情况下允许接入的同类门电路的个数。一般情况下 CMOS 电路可达 50。

③ 输出电平:空载情况下,高电平(又称"1"电平)标称值为 $0.9V_{DD}$,低电平(又称"0"电平)标称值为 $0.01V_{DD}$。

④ 输入电平:在额定负载下,使输出电平达到标称输出电平时的输入电平。输入高电平标称值≥$0.55V_{DD}$,输入低电平标称值≤$0.45V_{DD}$。

特别提示

① AC(ACT)系列的逻辑功能、引脚排列顺序等都与同型号的 HC(HCT)系列完全相同,与同型号的 74 系列 TTL 电路逻辑功能、引脚排列顺序也相同。

② 就绝对负载能力而言,CMOS 电路远低于 TTL 电路。

③ TTL 电路输入可以悬空,相当于接高电平,但易受干扰。

④ TTL 集成电路中没有用到的门电路最好把其中的一个输入端接地,以减轻功耗。

⑤ TTL 电路存在电源尖峰电流,要求电源具有小的内阻和良好的地线(布线时,电源线、地线尽可能粗一些),同时在电源输入端应接有不小于 $50\mu F$ 低频滤波电容,并且在每个集成电路电源和地线之间还应接入一个 $0.01\sim0.1\mu F$ 的高频滤波电容。

3.11.3 常用集成逻辑门电路

1. TTL 二输入端四"与"门 7408

7408 引脚图如图 3-31 所示。从图中可以看出,7408 内部集成了四个二输入"与"门电路。引脚为两边分布(称为双列直插式器件),缺口的右边第一个引脚为电源输入引脚,缺口的左边最远端的引脚为接地引脚(TTL 逻辑门电路的电源、接地引脚一般都在这个位置)。

2. TTL 二输入端四"或"门 7432

7432 引脚图如图 3-32 所示。从图中可以看出,7432 内部集成了四个二输入端"或"门电路。

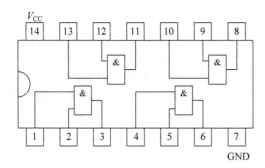

图 3-31 7408 引脚图 　　　　　图 3-32 7432 引脚图

3. TTL 六反相器(六"非"门)7404

7404 引脚图如图 3-33 所示。从图中可以看出,7404 内部集成了六个"非"门电路。

4. TTL 二输入端四"与非"门 7400

7400 引脚图如图 3-34 所示。从图中可以看出,7400 内部集成了四个二输入端"与非"门电路。

5. TTL 二输入端四"或非"门 7402

7402 引脚图如图 3-35 所示。从图中可以看出,7402 内部集成了四个二输入端"或非"门电路。

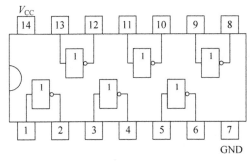

图 3-33 7404 引脚图

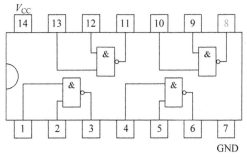

图 3-34 7400 引脚图

6. TTL 二输入端四"异或"门 7486

7486 引脚图如图 3-36 所示。从图中可以看出,7486 内部集成了四个二输入端"异或"门电路。

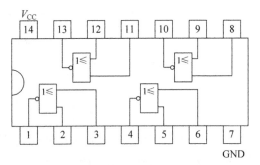

图 3-35 7402 引脚图

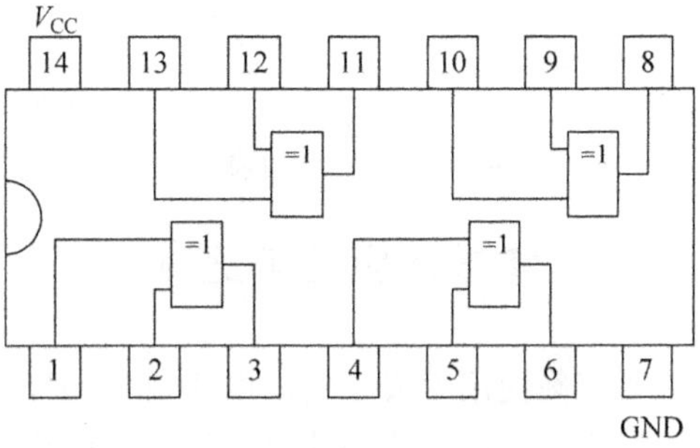

图 3-36 7486 引脚图

7. TTL 集电极开路二输入端四"与非"门 7403（OC 门）

7403 引脚图如图 3-37 所示。从图中可以看出,7403 内部集成了四个二输入端"与非"门电路。必须注意的是,7403 虽然也是"与非"门,但属 OC 门,除正常接电源、地外,使用时输出端必须加上拉电阻。

8. TTL 三态输出低有效四总线缓冲门 74125

74125 引脚图如图 3-38 所示。从图中可以看出,74125 内部集成了四个低电平有效的 TS 门。当控制端为低电平时,输出与输入相等,当控制端为高电平时,输出为高阻态。

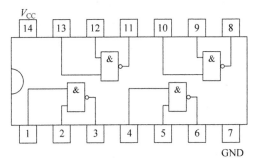

图 3-37 7403 引脚图

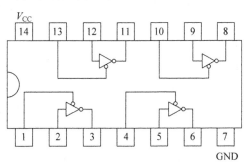

图 3-38 74125 引脚图

9. TTL 四输入端双"与非"门 7420

7420 引脚图如图 3-39 所示,其中 3,11 脚为空脚。从图中可以看出,7420 内部集成了两个四输入"与非"门电路。

10. TTL 8 输入端"与非"门 7430

7430 引脚图如图 3-40 所示,其中 9、10、13 为空脚。

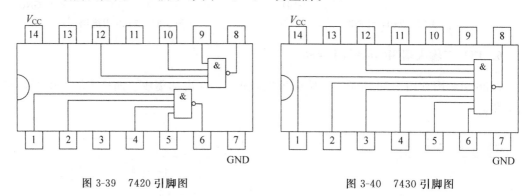

图 3-39　7420 引脚图　　　　　　　　　图 3-40　7430 引脚图

3.11.4　集成逻辑门电路测试

要正确使用集成逻辑门电路,很重要的一个能力是会对集成逻辑门电路进行测试,这样才可能确认自己所使用的集成逻辑门电路是否完好,也才能判断数字电路产品中正在使用的集成逻辑门是否存在故障。

对集成逻辑门电路的测试,实际上就是逐一检查集成逻辑门电路中所有的逻辑门是否符合设计的逻辑功能。如测试 TTL 四输入端双"与非"门 7420 就是测试两个四输入"与非"门是否能工作正常。

集成逻辑门电路的测试并不困难,测试原理图与逻辑门电路仿真测试原理图基本相同,只要把仿真测试原理图中的仿真信号元器件(LOGICSTATE)换成由开关和电阻构成的信号电路,把仿真测试原理图中的状态信号元器件(LOGICPROBE)换成发光二极管和电阻构成的指示电路,并给集成逻辑门电路接上电源、地线就可以了。

【例 3-8】　检测集成逻辑门电路 TTL 四输入端双"与非"门 7420。

解：TTL 四输入端双"与非"门 7420 的测试电路图如图 3-41 所示。图中 $K1$、$K2$、$K3$、$K4$ 四个开关和电阻 $R1$、$R2$、$R3$、$R4$ 构成信号输入电路,分别与两个四输入"与非"门的输入端相连,为输入端提供信号。$D1$、$D2$ 两个发光二极管与电阻 $R5$、$R6$ 构成状态指示电路,分别接两个四输入"与非"门的输出端,作输出信号状态指示。

测试时,按表 3-15 操作并做好记录,分析记录表,如逻辑功能符合只有输入全"1"时输出才为"0"的四输入"与非"门逻辑功能,说明器件没有故障。

特别提示

① 除了电阻接电源、开关接地以外,7420 的 7、14 脚必须分别接地线和电源。

② 发光二极管为 7420 输出低电平时亮,开关合上时输出"0"信号。

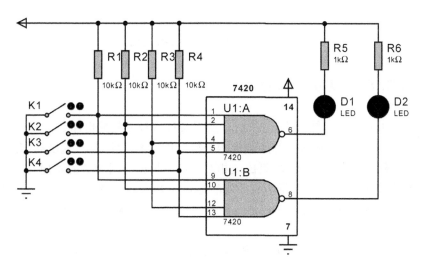

图 3-41 7420 测试电路图

③ 测试电路图一定要把引脚标出来,便于检查接线错误。

④ 表 3-15 中给出的发光管状态和输出端信号是器件没有故障的情况。

表 3-15 例 3-8 实验记录表

开 关 状 态				输 入 端 信 号				发光二极管状态		输出端信号	
$K4$	$K3$	$K2$	$K1$	5	4	2	1	$D1$	$D2$	6	8
				13	12	10	9				
合	合	合	合	0	0	0	0	灭	灭	1	1
合	合	合	开	0	0	0	1	灭	灭	1	1
合	合	开	合	0	0	1	0	灭	灭	1	1
合	合	开	开	0	0	1	1	灭	灭	1	1
合	开	合	合	0	1	0	0	灭	灭	1	1
合	开	合	开	0	1	0	1	灭	灭	1	1
合	开	开	合	0	1	1	0	灭	灭	1	1
合	开	开	开	0	1	1	1	灭	灭	1	1
开	合	合	合	1	0	0	0	灭	灭	1	1
开	合	合	开	1	0	0	1	灭	灭	1	1
开	合	开	合	1	0	1	0	灭	灭	1	1
开	合	开	开	1	0	1	1	灭	灭	1	1
开	开	合	合	1	1	0	0	灭	灭	1	1
开	开	合	开	1	1	0	1	灭	灭	1	1
开	开	开	合	1	1	1	0	灭	灭	1	1
开	开	开	开	1	1	1	1	亮	亮	0	0

3.12 知 识 拓 展

3.12.1 TTL 数字集成电路分类

TTL 电路以双极型晶体管为开关器件,所以又称双极型集成电路。双极型数字集成电路是利用电子和空穴两种不同极性的载流子进行电传导的器件,具有速度高(开关速度快)、驱动能力强等优点,但其功耗较大,集成度相对较低。根据应用领域的不同,TTL 电路分为军用 54 系列和民用 74 系列两种,54 系列的电源电压范围较宽:4.5～5.5V(74 系列为4.75～5.25V),工作温度范围较宽:$-55～+125℃$(74 系列为 0～70℃)。常分为以下六大类。

① ××54/74×× 表示标准 TTL 数字集成电路。

② ××54/74S×× 表示肖特基 TTL 数字集成电路。

③ ××54/74LS×× 表示低功耗肖特基 TTL 数字集成电路。

④ ××54/74AS×× 表示先进肖特基 TTL 数字集成电路。

⑤ ××54/74ALS×× 表示先进低功耗肖特基 TTL 数字集成电路。

⑥ ××54/74F×× 表示高速 TL 数字集成电路。

其中 54/74 前面的 ×× 为生产厂商标志,后面的 ×× 为逻辑功能号,有时功能号后面还带有封装形式,如器件 SN 74 LS 00N 的含义为:

① SN 表示德克萨斯公司。

② 74 表示民用系列。

③ LS 表示低功耗肖特基电路。

④ 表示逻辑功能为二输入四"与"门。

⑤ 表示封装形式为塑料双列直插。

上述六大类器件只要功能号相同,则逻辑功能完全相同。

3.12.2 CMOS 数字集成电路分类

CMOS 电路又称场效应集成电路,属于单极型数字集成电路。单极型数字集成电路中只利用一种有极性的载流子(电子或空穴)进行电传导。它的主要优点是输入阻抗高、功耗低、抗干扰能力强且适合大规模集成。特别是其主导产品 CMOS 集成电路有着特殊的优点,如静态功耗几乎为零,输出逻辑电平可为 V_{DD}(电源电压)或 V_{SS}(地电位),上升和下降时间处于同数量级等,因而 CMOS 集成电路产品已成为集成电路的主流之一。应用较广的主要有以下两大类。

① 4000/4500 系列。标准 CMOS 系列,最大特点是工作电源电压范围较宽(3～18V)、功耗小、品种多、价格低,但速度较慢。

② 54/74HC(HCT)系列。高速 CMOS 系列,具有 CMOS 电路固有的低功耗、电源电压范围宽等特点,只要逻辑功能号相同,则其逻辑功能和引脚排列与 54/74LS 系列 TTL 电路完全相同,可互换使用。

3.13　学习评估

1. 简述"与"、"或"、"非"逻辑的基本概念,并举出生活中的"与"、"或"、"非"逻辑各两例。

2. 某逻辑电路的输入 A、B、C 及输出 $L1$、$L2$、$L3$ 的波形如图 3-42 所示,试写出 $L1$、$L2$、$L3$ 的逻辑表达式。

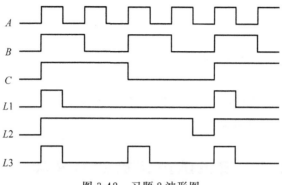

图 3-42　习题 2 波形图

3. "与非"门如有多余输入端能不能将它接地?"或非"门如有多余输入端能不能将它接 V_{cc}? 为什么?

4. OC 门、三态门有什么主要特点? 它们各有什么应用?

5. 设计一个集成逻辑门电路 TTL 二输入端四"与非"门 7400 的检测方法。

6. 为什么有"同或"逻辑却没有"同或"逻辑门电路?

第4章

逻辑函数及其化简

任务描述

① 理解逻辑函数化简的含义和意义。

② 掌握逻辑代数常用定律和公式。

③ 学会用逻辑代数常用定律和公式化简、转换逻辑表达式。

④ 会分析、设计简单组合逻辑电路。

4.1 逻辑函数化简的意义和含义

4.1.1 逻辑函数化简的意义

【例 4-1】 某单位安排三位面试官对前来应聘的人员进行面试,其中一位为主面试官,另两位为副面试官,面试时,按照少数服从多数原则,有两位面试官同意录用即可录用,但如主面试官认为可以录用也能录用,试设计一逻辑电路实现此面试规定。

解:一个应聘人员能否被录用仅取决于三位面试官的决定,与前面的应聘人员是否被录用没有任何关系,换句话说,实现此面试规定的逻辑电路并不需要记忆功能,因此是一个组合逻辑电路(参见上篇序言)。组合逻辑电路的设计一般可按以下步骤进行。

① 把逻辑问题符号化。即输入条件用输入变量表示,输出结果用输出变量表示。

② 根据题意列出真值表。把输入变量的所有输入组合与对应的输出变量值用表格的形式一一列举出来。

③ 由真值表写出逻辑表达式。真值表中输出变量为"1"的每一组输入变量组合都可使逻辑问题的结果为真,因此,能使输出变量为"1"的每一组输入变量组合相或就得到了逻辑表达式,其中"1"表示原变量,"0"表示反变量。

④ 画出逻辑电路图。

按以上步骤,本题设计过程如下:

① 设 A 表示主面试官,B、C 表示副面试官,L 表示面试结果,为"1"表示同意录用,为"0"表示不同意录用。

② 根据题意可得表 4-1 所示真值表。

③ 输出 L 的逻辑表达式为

$$L = \overline{A}BC + A\overline{B}\,\overline{C} + A\overline{B}C + AB\overline{C} + ABC$$

④ 符合题意的逻辑电路图如图 4-1 所示。

表 4-1　例 4-1 真值表

A	B	C	L	A	B	C	L
0	0	0	0	1	0	0	1
0	0	1	0	1	0	1	1
0	1	0	0	1	1	0	1
0	1	1	1	1	1	1	1

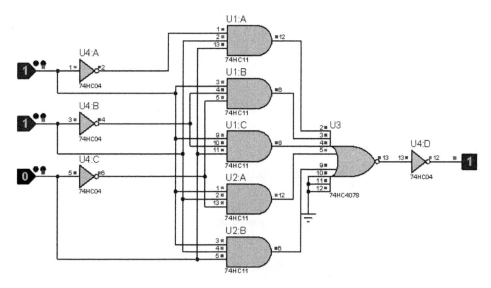

图 4-1　例 4-1 逻辑电路图

【例 4-2】　分析图 4-2 所示逻辑电路图的逻辑功能。

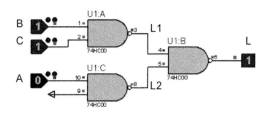

图 4-2　例 4-2 逻辑电路图

解: 这个电路没有触发器,所以不具有记忆功能(参见第 5.1 节),是一个组合逻辑电路。组合电路的分析一般可按以下步骤进行:

① 根据逻辑电路图,写出输出变量对应输入变量的逻辑函数表达式。具体做法可按从左到右或从右到左逐级写出每个门输出与输入的逻辑表达式,最终得到整个电路输出与输入的逻辑表达式。

② 由逻辑表达式推出真值表。

③ 写出逻辑功能。

按照以上步骤,本电路分析如下:

① 求输出 L 与输入 A、B、C 的逻辑表达式:

$$L1 = \overline{BC}$$

$$L2 = \overline{A}$$

$$L = \overline{L1L2} = \overline{\overline{A}\,\overline{BC}}$$

② 列出真值表。将 A、B、C 的所有组合代入 L 的逻辑表达式可得如表 4-2 所示的真值表。

表 4-2　例 4-2 真值表

A	B	C	$L1$	$L2$	L
0	0	0	1	1	0
0	0	1	1	1	0
0	1	0	1	1	0
0	1	1	0	1	1
1	0	0	1	0	1
1	0	1	1	0	1
1	1	0	1	0	1
1	1	1	0	0	1

③ 电路功能分析。从真值表可以看出：A 为"1"时，不管 B、C 为什么值，L 均为"1"；B、C 同时为"1"时，L 也为"1"。是否有似曾相识的感觉？不错，此电路实现的功能与例 4-1 完全相同，但逻辑电路简单得太多了。为什么？因为图 4-2 是根据例 4-1 所得逻辑表达式经过化简、转换后所画。由此可见，前述组合逻辑电路设计步骤应稍做修改，完整的步骤如下：

① 把逻辑问题符号化。即输入条件用输入变量表示，输出结果用输出变量表示。

② 根据题意列出真值表。把输入变量的所有输入组合与对应的输出变量值用表格的形式一一列举出来。

③ 由真值表写出逻辑表达式。

④ 对逻辑表达式进行化简。

⑤ 按化简后的逻辑表达式画出逻辑电路图。

4.1.2　逻辑函数化简的含义

同一个逻辑函数可用多个不同的逻辑表达式来描述，譬如例 4-1、例 4-2 的逻辑功能完全相同，但逻辑表达式却不同。一般来讲，同一个逻辑函数常可用以下逻辑表达式表示（以例 4-1 的逻辑函数为例）：

$$L = \overline{A}BC + A\overline{B}\,\overline{C} + A\overline{B}C + AB\overline{C} + ABC \qquad \text{与-或表达式}$$

$$L = A + BC \qquad \text{最简与-或表达式}$$

$$L = \overline{\overline{A}\,\overline{BC}} \qquad \text{非-与非表达式}$$

$$L = (A + B)(A + C) \qquad \text{或-与表达式}$$

$$L = \overline{\overline{(A + B)} + \overline{(A + C)}} \qquad \text{或非-或非表达式}$$

$$L = \overline{\overline{AB} + \overline{AC}} \qquad \text{与-或非表达式}$$

其中与-或表达式是逻辑函数最常用的表达式,可由真值表直接得到。而与非-与非表达式通常为最终画逻辑电路图所用逻辑表达式。运用逻辑代数定律和公式可方便地在各种表示形式中间转换。

所谓函数化简就是把逻辑函数表达式转换成最简与-或表达式,最简与-或表达式的特点是表达式中"与"项最少,且每个"与"项中变量个数最少。

用化简后的函数表达式设计电路不仅经济(元件最少、型号最少),而且可靠性也得到提高(电路简单)。

逻辑函数化简经常用两种方法:一种为代数化简法(运用逻辑代数基本定律和公式化简逻辑函数),另一种为卡诺图化简法。

4.2 用逻辑代数基本定律和公式化简逻辑函数

4.2.1 逻辑代数的基本定律

1. 基本定律

逻辑代数的基本定律如表4-3所示,这些定律为用于描述逻辑问题的逻辑表达式的化简提供了依据。这些定律可通过直接用"1"、"0"代替原反变量进行验证,也可用真值表加以验证。

表 4-3 逻辑代数基本定律

与普通代数相似的定律	交换律	$AB=BA$	$A+B=B+A$
	结合律	$A(BC)=(AB)C$	$A+(B+C)=(A+B)+C$
	分配律	$A(B+C)=AB+AC$	$A+BC=(A+B)(A+C)$
有关变量和常量关系的定律	0、1律	$A \cdot 1=A;\ A \cdot 0=0$	$A+1=1;\ A+0=A$
	互补律	$A\bar{A}=0$	$A+\bar{A}=1$
逻辑代数的特殊定律	重叠律	$AA=A$	$A+A=A$
	否定律	$\bar{\bar{A}}=A$	$\bar{\bar{A}}=A$
	反演律(狄·摩根定律)	$\overline{AB}=\bar{A}+\bar{B}$	$\overline{A+B}=\bar{A}\bar{B}$

【例 4-3】 用两种不同方法验证反演率。

解 1:用"1"、"0"代替原反变量进行验证(仅验证左边的公式)。

因为左边 $\overline{AB}=\overline{1 \cdot 1}=0$,

右边 $\bar{A}+\bar{B}=0+0=0$。

所以公式成立。

解 2:用真值表进行验证(仅验证右边的公式)。

分别写出公式左边和右边的真值表。比较表4-4所示公式左边的真值表和表4-5所示公式左边的真值表是完全相同的,因此公式成立。

表 4-4 $Y=\overline{A+B}$ 真值表		
A	B	$\overline{A+B}$
0	0	1
0	1	0
1	0	0
1	1	0

表 4-5 $Y=\overline{AB}$ 真值表		
A	B	$\overline{AB}$
0	0	1
0	1	0
1	0	0
1	1	0

2. 对偶规则

对偶式：对于任何一个逻辑函数表达式 F，如果把函数 F 中的"＋"换成"·"；"·"换成"＋"；"1"换成"0"；"0"换成"1"，并保持原优先级（即保持原"非"、"与"、"或"的优先顺序），那么就可以得到原函数 F 的对偶式 F' 函数表达式。例如：

原函数 $F=A(B+C)$，其对偶式 $F'=A+BC$

原函数 $F=AB+AC$，其对偶式 $F'=(A+B)(A+C)$

原函数 $F=A\overline{B}+A(C+0)$，其对偶式 $F'=(A+\overline{B})(A+C \cdot 1)$

对偶规则：如果两个函数相等，其对偶式也相等。

根据对偶规则，读者可以从左边的公式推出右边的公式，反之，也可以从右边的公式推出左边的公式。

4.2.2 逻辑代数的常用公式

由上述八个基本定律通过推理和证明可得逻辑代数常用的 4 个公式。

吸收定律 1： $AB+A\overline{B}=A$

吸收定律 2： $A+AB=A$

吸收定律 3： $A+\overline{A}B=A+B$

多余项定律： $AB+\overline{A}C+BC=AB+\overline{A}C$

注：证明定律和公式最有效、最正确的方法是用真值表验证。

4.2.3 用基本定律和公式化简逻辑函数

任何两个相同变量的逻辑项，只有一个变量取值不同（一项以原变量形式出现，另一项以反变量形式出现），称为逻辑相邻项（简称相邻项）。如 AB 与 $A\overline{B}$，ABC 与 $\overline{A}BC$ 都是相邻关系。

如果函数存在相邻项，可利用吸收定律 1，将它们合并为一项，同时消去一个变量。

【例 4-4】 化简函数 $F=AB+CD+A\overline{B}+C\overline{D}$。

解：
$$F=A(B+\overline{B})+D(C+\overline{C})=A+D \qquad\text{吸收定律 1}$$

【例 4-5】 化简函数 $F=A\overline{B}C+A\overline{B}\overline{C}$。

解： 令 $A\overline{B}=G$，则 \hfill 代入法
$$F=GC+G\overline{C}=G=A\overline{B} \qquad\text{吸收定律 1}$$

【例 4-6】 化简函数 $F=\overline{A}\overline{B}\overline{C}+\overline{A}B\overline{C}+A\overline{B}\overline{C}+AB\overline{C}$。

解：
$$F=\overline{A}\overline{C}(\overline{B}+B)+A\overline{C}(\overline{B}+B)=\overline{A}\overline{C}+A\overline{C}=\overline{C}(\overline{A}+A)=\overline{C} \qquad\text{吸收定律 1}$$

由以上三个实例可以总结出下述规律：

① 凡两逻辑相邻项,可以合并为一项,其合并的逻辑函数是保留相邻项中相同的变量,消去了取值不同的变量。

② 如化简结果仍存在相邻关系,可反复利用吸收定律1。

【例 4-7】 化简函数 $F=\overline{A}\overline{B}\overline{C}D+\overline{A}\overline{B}CD+\overline{A}B\overline{C}D+\overline{A}BCD+AB\overline{C}D$。

解： $F=(\overline{A}\overline{B}\overline{C}D+\overline{A}\overline{B}CD)+(\overline{A}B\overline{C}D+\overline{A}BCD)+(\overline{A}B\overline{C}D+\overline{A}\overline{B}\overline{C}D)+(AB\overline{C}D+\overline{A}B\overline{C}D)$

$\qquad=\overline{A}\overline{B}C+\overline{A}BD+\overline{A}\overline{C}D+B\overline{C}D$

其中 $\overline{A}B\overline{C}D$ 与其余四项均是相邻关系,被重复使用。 重叠率

【例 4-8】 化简函数 $F=\overline{B}+AB+A\overline{B}CD$。

解：
$$F=(\overline{B}+A\overline{B}CD)+AB$$
$$=\overline{B}+AB \qquad\qquad \text{吸收定律2}$$
$$=\overline{B}+A \qquad\qquad \text{吸收定律3}$$

【例 4-9】 化简函数 $F=A\overline{C}+AB\overline{C}D(E+F)$。

解： 令 $A\overline{C}=G$,则
$$F=G+GBD(E+F)$$
$$=G$$
$$=A\overline{C} \qquad\qquad \text{吸收定律2}$$

【例 4-10】 化简函数 $F=A\overline{B}+\overline{A}B+ABCD+\overline{A}\overline{B}CD$。

解：
$$F=A\overline{B}+\overline{A}B+(AB+\overline{A}\overline{B})CD$$
$$=A\overline{B}+\overline{A}B+\overline{(A\overline{B}+\overline{A}B)}CD \qquad\qquad \text{想一想,为什么？}$$

令 $A\overline{B}+\overline{A}B=G$,则
$$F=G+\overline{G}CD=G+CD=A\overline{B}+\overline{A}B+CD \qquad\qquad \text{吸收定律3}$$

【例 4-11】 化简函数 $F=AB+\overline{A}C+BCDE$。

解：
$$F=AB+\overline{A}C \qquad\qquad \text{多余项定律}$$

【例 4-12】 化简函数 $F=AB\overline{C}+(\overline{A}+C)D+BD$。

解：
$$F=AB\overline{C}+\overline{AC}D+BD \qquad\qquad \text{狄·摩根定律}$$
$$=AB\overline{C}+\overline{AC}D \qquad\qquad \text{多余项定律}$$
$$=AB\overline{C}+(\overline{A}+C)D$$
$$=AB\overline{C}+\overline{A}D+CD$$

有时为了消去某些因子,有意加上多余项,将函数化简后,再将它消去。

【例 4-13】 化简函数 $F=AC+\overline{A}D+\overline{B}D+B\overline{C}$。

解：
$$F=AC+B\overline{C}+(\overline{A}+\overline{B})D$$
$$=AC+B\overline{C}+\overline{AB}D+AB \qquad\qquad \text{用多余项定律加多余项}AB$$
$$=AC+B\overline{C}+D+AB \qquad\qquad \text{吸收定律3}$$
$$=AC+B\overline{C}+D \qquad\qquad \text{用多余项定律去掉多余项}AB$$

【例 4-14】 化简函数 $F=AD+A\overline{D}+AB+\overline{A}C+BD+ACEG+\overline{B}EG+DEGH$。

解：
$$F=A+AB+\overline{A}C+BD+ACEG+\overline{B}EG+DEGH \qquad\qquad \text{吸收定律1}$$
$$=A+\overline{A}C+BD+\overline{B}EG+DEGH \qquad\qquad \text{吸收定律2}$$
$$=A+C+BD+\overline{B}EG+DEGH \qquad\qquad \text{吸收定律3}$$

$=A+C+BD+\overline{B}EG$ 　　　　多余项定律

由上述例题可以看出代数化简法没有一个统一的规范步骤可循，主要看对公式的熟练程度和运用技巧，而且化简结果难以判断是否是最简形式。为此，下面介绍一种既简便又直观的化简方法——卡诺图化简法。

4.3 用卡诺图化简逻辑函数

4.3.1 卡诺图化简原理

在学习卡诺图化简原理前我们先回顾一下前面学过的几个概念。

① 卡诺图是真值表的变形，是采用图形的方式表示输入变量和输出变量之间的关系，其中行号＋列号＝输入变量编码组合，行列交叉对应的小方格里为输出变量的值。

图 4-3 为一具有 A、B、C、D 四个输入变量，输出变量为 L 的逻辑函数卡诺图（是空图，没有针对任何一个具体的逻辑函数）。

为方便描述卡诺图，我们常把图中的小方格进行编号，以图 4-3 所示第 2 行第 3 列所对应的小方格为例，该小方格对应的输入变量编码组合为 0111，记作 m_7（7 为二进制数 0111 所对应的十进制数），按此方法，图 4-3 所示卡诺图中的小方格可分别用 m_0、m_1、m_2、…、m_{15} 表示，如图 4-4 所示。

L　AB＼CD	00	01	11	10
00				
01				
11				
10				

图 4-3　四变量卡诺图（空图）

L　AB＼CD	00	01	11	10
00	m_0	m_1	m_3	m_2
01	m_4	m_5	m_7	m_6
11	m_{12}	m_{13}	m_{15}	m_{14}
10	m_8	m_9	m_{11}	m_{10}

图 4-4　四变量卡诺图编号表示

② 逻辑相邻项定义：任何两个相同变量的逻辑项，只有一个变量取值不同（一项以原变量形式出现，另一项以反变量形式出现），我们称为逻辑相邻项（简称相邻项）。如 $A\overline{B}CD(m_{11})$ 和 $ABCD(m_{15})$ 两个逻辑项只有变量 B 取值不同，属于逻辑相邻项。

③ 凡两逻辑相邻项，可合并成一项，其合并结果保留相同变量，并消去取值不同的变量（吸收定律 1）。

分析图 4-4，可以看出，任何相邻的方格所对应的输入组合都具有逻辑相邻项的特点。如小方格 m_{13} 与其相邻的小方格左边 m_{12}、右边 m_{15}、上边 m_5、下边 m_9 都只有一个变量取值不同，因此 m_{13} 可分别与 m_{12}、m_{15}、m_5、m_9 合并消去一个变量（重叠率）。

结论：卡诺图化简的原理就是找相邻关系，用吸收定律 1 和重叠率消去多余的变量达到化简的目的。

思考一下

图 4-3 所示卡诺图中行列号的编码为什么采用格雷码？

4.3.2　卡诺图化简方法

1. 什么是卡诺图上的相邻

① 在卡诺图上的相邻除上面描述的几何相邻外,还存在对称相邻。如图 4-4 所示的 m_0、m_8,m_0、m_2 等。

② 在卡诺图上的相邻除上面描述的两个逻辑项几何相邻外,还有多个变量(2 的指数个：2,4,8)形成的正方形或长方形也为相邻项。如图 4-4 所示的 m_5、m_7、m_{13}、m_{15},m_0、m_2、m_8、m_{10} 等。

2. 利用卡诺图上的相邻关系进行函数化简

① 两个逻辑相邻项可消去一个变量。如图 4-4 所示,假如 m_5、m_{13} 为 1,则有

$$
\begin{aligned}
L &= m_5 + m_{13} \\
&= \overline{A}B\overline{C}D + AB\overline{C}D \\
&= B\overline{C}D(\overline{A} + A) \qquad \text{括号中为变量 } A \text{ 所有编码组合之和} \\
&= B\overline{C}D \qquad\qquad\qquad\qquad\qquad \text{消去了变量 } A
\end{aligned}
$$

② 四个逻辑相邻项可消去两个变量。如图 4-4 所示,假如 m_5、m_7、m_{13}、m_{15} 为 1,则有

$$
\begin{aligned}
L &= m_5 + m_7 + m_{13} + m_{15} \\
&= \overline{A}B\overline{C}D + \overline{A}BCD + AB\overline{C}D + ABCD \\
&= BD(\overline{A}\,\overline{C} + \overline{A}C + A\overline{C} + AC) \quad \text{括号中为两个变量 } A \text{、} C \text{ 所有编码组合之和} \\
&= BD \qquad\qquad\qquad\qquad\qquad\qquad \text{消去了变量 } A \text{、} C
\end{aligned}
$$

③ 8 个逻辑相邻项可消去 3 个变量

在图 4-4 中,假如 m_1、m_3、m_5、m_7、m_9、m_{11}、m_{13}、m_{15} 为 1,则有

$$
\begin{aligned}
L &= m_1 + m_3 + m_5 + m_7 + m_9 + m_{11} + m_{13} + m_{15} \\
&= \overline{A}\,\overline{B}\,\overline{C}D + \overline{A}\,\overline{B}CD + \overline{A}B\overline{C}D + \overline{A}BCD + A\overline{B}\,\overline{C}D + A\overline{B}CD + AB\overline{C}D + ABCD \\
&= D(\overline{A}\,\overline{B}\,\overline{C} + \overline{A}\,\overline{B}C + \overline{A}B\overline{C} + \overline{A}BC + A\overline{B}\,\overline{C} + A\overline{B}C + AB\overline{C} + ABC)
\end{aligned}
$$

$$\text{括号中为 3 个变量 } A \text{、} B \text{、} C \text{ 所有编码组合之和}$$

$$L = D \qquad\qquad\qquad \text{消去了变量 } A \text{、} B \text{、} C$$

用同样的方法可得到 16 个逻辑相邻项可消去 4 个变量。

结论：凡在卡诺图上具有相邻关系的逻辑项可消去取值有变化的变量。

3. 逻辑函数卡诺图的画法

(1) 方法 1

画出与逻辑函数变量数一致的空卡诺图(如图 4-3 所示),计算出输入变量所有编码组合对应的输出变量值并填入空卡诺图的每一个小方格中。由于只有输出为 1 的逻辑项是逻辑函数的有效逻辑项,可只在为"1"的小方格中填"1"。

也可先得到真值表,然后在真值表中找出输出为"1"的输入变量编码组合,在相应的小

方格填入"1"。

（2）方法2

画出与逻辑函数变量数一致的空卡诺图（如图4-3所示），把逻辑函数展开成与-或表达式，每一个与逻辑项中原变量取"1"，反变量取"0"，找出所有行列交叉点对应的小方格填入"1"。想一想，为什么？

【例4-15】 画出逻辑函数 $L = B\overline{C} + C\overline{D} + \overline{B}CD + \overline{A}CD + ABCD$ 的卡诺图。

解：卡诺图的画法一般采用方法二，方法一可用以验证。

本题的函数已是与-或表达式，共有 5 个与项，分别求出其对应的小方格。

① 与项 $B\overline{C}$ 中 B 取"1"，C 取"0"对应的小方格为 m_4、m_5、m_{12}、m_{13}。

② 与项 $C\overline{D}$ 中 C 取"1"，D 取"0"对应的小方格为 m_2、m_6、m_{14}、m_{10}。

③ 与项 $\overline{B}CD$ 中 B 取"0"，C、D 取"1"对应的小方格为 m_3、m_{11}。

④ 与项 $\overline{A}CD$ 中 A、C 取"0"，D 取"1"对应的小方格为 m_1、m_5。

⑤ 与项 $ABCD$ 中 A、B、C、D 取"1"对应的小方格为 m_{15}。

在相应的小方格中填上"1"，就得到了如图4-5所示的卡诺图（可用方法一进行验证）。

4．卡诺图化简的步骤

① 画出逻辑函数卡诺图。

② 在卡诺图上画圈。

③ 将每个圈中的逻辑项消去取值有变化的变量标在圈外。

④ 将所有圈外的逻辑项相加得到化简后的逻辑函数表达式。

L $\quad CD$ AB	00	01	11	10
00		1	1	1
01	1	1		1
11	1	1	1	
10			1	1

图 4-5　例 4-15 卡诺图

特别提示

① 不要忘记边角之间的相邻关系。

② 画圈时遵循"圈大优先"原则，不遗漏任何一个为"1"的小方格，不允许出现一个圈中所有的小方格都被别的圈圈过，但同一个小方格可被圈多次。

【例4-16】 用卡诺图化简函数 $L = \overline{A}\overline{B}C + \overline{A}B\overline{C} + \overline{A}BC + AB\overline{C} + A\overline{B}\overline{C}$。

解：本例的函数已为与-或逻辑表达式，可直接画卡诺图。

① 本例的卡诺图如图4-6所示。

② 在卡诺图上画圈。

③ 在每个圈外标出消去取值有变化的变量后的逻辑项。

④ 将所有圈外的逻辑项相加得化简后的逻辑函数表达式：$L = \overline{A} + B\overline{C}$。

【例4-17】 用卡诺图化简函数 $L = \overline{B}CD + B\overline{C} + \overline{A}\overline{C}D + A\overline{B}C$。

解：$\overline{B}CD$：对应 m_3、m_{11}；$B\overline{C}$：对应 m_4、m_5、m_{12}、m_{13}；$\overline{A}\overline{C}D$：对应 m_1、m_5；$A\overline{B}C$：对应 m_{10}、m_{11}。

其卡诺图和化简过程如图4-7所示。

化简结果为 $\qquad L = B\overline{C} + A\overline{B}C + \overline{A}\overline{B}D$

【例4-18】 用卡诺图化简函数 $L(A, B, C, D) = \sum(0, 1, 2, 5, 6, 7, 12, 13, 15)$，括号中的数字表示输入变量 A、B、C、D 编码组合对应的输出为"1"。后面的同类题目均做如此假设。

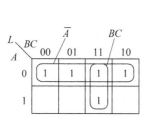

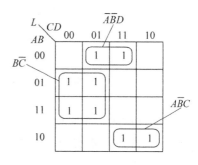

图 4-6　例 4-16 卡诺图　　　　　　　　　图 4-7　例 4-17 卡诺图

解：其卡诺图及化简过程如图 4-8 所示，化简后的函数为 $L = \overline{A}B\overline{C} + AB\overline{C} + BD + \overline{A}C\overline{D}$。

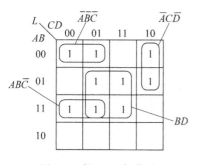

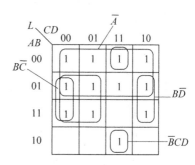

图 4-8　例 4-18 卡诺图　　　　　　　　　图 4-9　例 4-19 卡诺图

【例 4-19】　用卡诺图化简函数 $L(A,B,C,D) = \sum(0,1,2,3,4,5,6,7,11,12,13,14)$。

解：其卡诺图及化简过程如图 4-9 所示，化简后的函数为 $F = \overline{A} + \overline{B}CD + B\overline{C} + B\overline{D}$，注意对称相邻。

【例 4-20】　用卡诺图化简函数 $L(A,B,C,D) = \sum(0,2,5,6,7,8,9,10,11,14,15)$。

解：其卡诺图及化简过程如图 4-10 所示，化简后的函数为 $L = \overline{B}\overline{D} + A\overline{B} + \overline{A}BD + BC$，注意四个角的相邻关系。

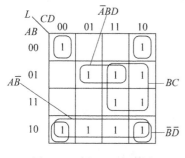

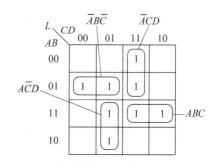

图 4-10　例 4-20 卡诺图　　　　　　　　图 4-11　例 4-21 卡诺图

【例 4-21】　化简 $L(A,B,C,D) = \sum(3,4,5,7,9,13,14,15)$。

解：化简过程如图 4-11 所示，化简后的函数为 $L = \overline{A}B\overline{C} + A\overline{C}D + ABC + \overline{A}CD$。

注意图中间四个"1"虽然可以构成一个最大的圈,但这个圈中的所有"1"都被其他的圈圈过,因此是多余的。

4.4 含有无关项的逻辑函数化简

逻辑问题分完全描述和非完全描述两种,对应于变量的每一组取值,函数都有定义,在每一组变量取值下,函数 L 都有确定的值,不是"1"就是"0",如表 4-6 所示,这类问题称为完全描述问题。

在实际的逻辑问题中,变量的某些取值组合不允许出现,这类问题称为非完全描述问题,如表 4-7 所示,"×"表示可以是"0",也可以是"1"。

表 4-6 完全描述					表 4-7 非完全描述			
A	B	C	L		A	B	C	L
0	0	0	0		0	0	0	0
0	0	1	0		0	0	1	1
0	1	0	0		0	1	0	0
0	1	1	1		0	1	1	×
1	0	0	1		1	0	0	1
1	0	1	1		1	0	1	×
1	1	0	1		1	1	0	×
1	1	1	1		1	1	1	×

与函数无关的变量取值组合称为无关项,有时又称为禁止项、约束项、任意项。无关项的处理是任意的,可以认为是"1",也可以认为是"0"。

对于含有无关项的逻辑函数的化简,要考虑无关项,当它对函数化简有利时,认为它是"1",反之则认为是"0"。

对于表 4-7 含有无关项的逻辑函数可表示为

$$L = \sum(1,4) + \sum_d(3,5,6,7)$$

或

$$\begin{cases} L = \overline{A}BC + A\overline{B}\,\overline{C} \\ 约束条件为 AB + AC + BC = 0 \end{cases}$$

即不允许 AB、AC 或 BC 同为"1"。

对上述函数化简,如不考虑无关项,则不可再化简,如图 4-12 所示,函数表达式为

$$L = \overline{A}\,BC + A\overline{B}\,\overline{C}$$

若考虑无关项时,则函数化简如图 4-13 所示,函数表达式为

$$L = A + C$$

由此可见,利用无关项常常可以进一步化简逻辑函数。

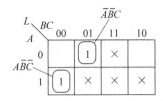

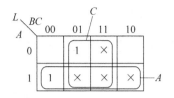

图 4-12 不考虑无关项卡诺图化简   图 4-13 考虑无关项卡诺图化简

【例 4-22】 化简逻辑函数 $L=\sum(1,5,8,12)+\sum_d(3,7,10,11,14,15)$。

解：化简过程如图 4-14 所示，由于 m_{11} 和 m_{15} 对化简不利，因此就没圈进。化简后的函数为

$$L=A\overline{D}+\overline{A}D$$

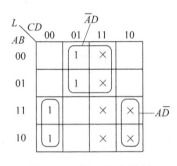

图 4-14 例 4-22 卡诺图

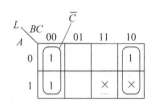

图 4-15 例 4-23 卡诺图

【例 4-23】 化简逻辑函数 $F=\overline{A}B\overline{C}+\overline{B}C$（约束条件 $AB=0$）。

解：$AB=0$ 即 A 与 B 不能同时为 1，则 $AB=11$ 所对应的最小项应视为无关项。其卡诺图及化简过程如图 4-15 所示。化简后的函数为

$$F=\overline{C}$$

🌼 **特别提示**

利用无关项化简逻辑函数时，仅仅将对化简有利的无关项画进圈中，对化简无利的项绝不要圈。

4.5 知识拓展 最小项

1. 最小项定义

对于一个给定变量数目的逻辑函数，所有变量参加相"与"的项叫做最小项。在一个最小项中，每个变量只能以原变量或反变量出现一次。例如：

一个变量 A 有两个最小项：$(2^1)A,\overline{A}$。

两个变量 A、B 有 4 个最小项：$(2^2)\ \overline{A}\overline{B},\overline{A}B,A\overline{B},AB$。

3 个变量 A、B、C 有 8 个最小项：$(2^3)\ \overline{A}\overline{B}\overline{C},\overline{A}\overline{B}C,\overline{A}B\overline{C},\overline{A}BC,A\overline{B}\overline{C},A\overline{B}C,AB\overline{C},ABC$。

以此类推，4 个变量 A、B、C、D 共有 $2^4=16$ 个最小项，n 变量共有 2^n 个最小项。

2. 最小项性质

为了分析最小项性质,我们以 A、B、C 三个变量为例,列出其所有最小项的真值表(见表 4-8)。

表 4-8　三变量最小项真值表

A	B	C	$\overline{A}\overline{B}\overline{C}$	$\overline{A}\overline{B}C$	$\overline{A}B\overline{C}$	$\overline{A}BC$	$A\overline{B}\overline{C}$	$A\overline{B}C$	$AB\overline{C}$	ABC
0	0	0	1	0	0	0	0	0	0	0
0	0	1	0	1	0	0	0	0	0	0
0	1	0	0	0	1	0	0	0	0	0
0	1	1	0	0	0	1	0	0	0	0
1	0	0	0	0	0	0	1	0	0	0
1	0	1	0	0	0	0	0	1	0	0
1	1	0	0	0	0	0	0	0	1	0
1	1	1	0	0	0	0	0	0	0	1

从真值表可看出,最小项具有以下性质:

① 对任何变量的函数式来讲,全部最小项之和为 1;

② 两个不同最小项之积为 0;

③ 对于任何一个最小项,只有一组变量的取值使它的值为 1。

4.6　学习评估

1. 列出下述问题的真值表,并写出逻辑表达式。

(1) 设输入变量 A、B、C 组合中出现奇数个 1 时,$F=1$,否则为 0。

(2) 列出三输入变量多数表决器的真值表。

(3) 一位二进制数加法器,有三个输入端 A_i、B_i、C_i,它们分别为加数、被加数及由低位来的进位位,有两个输出端 S_i、C_{i+1} 分别表示输出和及向高位的进位。

2. 用逻辑代数公式,将下列函数化简成最简的"与或"式。

(1) $F=ABC+\overline{A}+\overline{B}+\overline{C}$

(2) $F=A\overline{B}+A\overline{C}+B\overline{C}+AB\overline{C}+AB\overline{C}D$

(3) $F=AB+ABD+\overline{A}\overline{C}+BCD$

(4) $F=(A\oplus B)\overline{AB}+A\overline{B}+AB$

(5) $F=A(\overline{A}+B)+B(B+C)+B$

(6) $F=\overline{\overline{AB}+\overline{BC}+BC\overline{\overline{AB}}}$

(7) $F=\overline{\overline{\overline{AC}+\overline{B}C+B(A\overline{C}+\overline{A}C)}}$

(8) $F=A\overline{C}\overline{D}+BC+\overline{B}D+A\overline{B}+\overline{A}C+\overline{B}C$

3. 用卡诺图将下列函数化简成最简"与或"式。

(1) $F(A,B,C)=\sum(0,1,4,7)$

(2) $F(A,B,C) = \sum(0,1,3,4,5,7)$

(3) $F(A,B,C) = \sum(0,2,4,6)$

(4) $F(A,B,C,D) = \sum(0,2,8,10)$

(5) $F(A,B,C,D) = \sum(0,2,3,5,7,8,10,11,13,15)$

(6) $F(A,B,C,D) = \sum(1,2,3,4,5,7,9,15)$

4. 用卡诺图将下列含有无关项的逻辑函数化简为最简的"与或"式。

(1) $F(A,B,C,D) = \sum(0,1,5,7,8,11,14) + \sum_d(3,9,15)$

(2) $F(A,B,C,D) = \sum(1,2,5,6,10,11,12,15) + \sum_d(3,7,8,14)$

(3) $F = AB\bar{C} + A\bar{B}C + \bar{A}BCD + A\bar{B}C\bar{D}$（变量 A、B、C、D 不可能出现相同的取值）

(4) $F = \bar{A}\bar{B}C + ABC + \bar{A}\bar{B}C\bar{D}$（约束条件 $A\bar{B} + \bar{A}B = 0$）

第5章

触 发 器

任务描述

① 了解触发器的性质、分类、常用术语和符号。

② 掌握 SR、D、JK、T、T' 时钟触发器的描述方法。

③ 掌握不同触发方式下触发器的特点。

④ 学会用仿真软件 Proteus 仿真常用集成触发器。

⑤ 掌握集成 D 触发器、JK 触发器的应用。

教学、学习方法建议

本章的教学内容实践性较强,在仿真环境下教学可起到事半功倍的作用。

5.1 触发器的性质和分类

在本篇概述中曾提到,数字电路按有无记忆功能可分为组合逻辑电路和时序逻辑电路。

所谓组合逻辑电路是指不具有记忆功能的逻辑电路。其特点是电路任一时刻的输出仅取决于该时刻电路的输入,与电路过去的输出状态无关。逻辑门电路是组合电路的基本单元。

而时序逻辑电路是指具有记忆功能的逻辑电路。其特点是电路在某一时刻的输出不仅与当时的输入信号有关,而且与过去的输出状态有关。触发器是时序电路最基本的组成单元,也可以说是时序电路的标志。

5.1.1 触发器的性质

【例 5-1】 分析如图 5-1 所示电路,指出该电路的主要特点和功能。

解:图 5-1 所示电路是一个由四个二输入"与非"门、一个"非"门、一个电阻和一个按钮构成的逻辑电路。

其中该电路 CP 端连接的是一个由按钮、电阻和"非"门构成的简单信号产生电路:正常情况下输出为"0",当按钮按下时输出为"1",松手后输出回到"0",是一个正脉冲产生电路。也就是说,按一下按钮(仿真时因按钮不自动返回需要按两下)输出一个正脉冲。

电路分析:

(1) 当 $CP=0$

S、R 不管是什么组合对输出都不会产生影响,这意味着只要 $CP=0$,该电路的输出 Q、

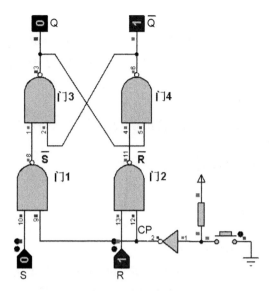

图 5-1　例 5-1 电路图

$\bar{Q}$ 就不会发生变化。

（2）当 $CP=1$

门 1、门 2 成了反向器（"非"门）。

① 在 S、R 输入端加 00 组合时，$\bar{S}\bar{R}=11$，按一下按钮，门 3、门 4 的输出 Q、$\bar{Q}$ 没有变化。

② 在 S、R 输入端加 01 组合时，$\bar{S}\bar{R}=10$，按一下按钮，门 3 的输出 Q 为"0"，门 4 的输出 $\bar{Q}$ 为"1"。

③ 在 S、R 输入端加 10 组合时，$\bar{S}\bar{R}=01$，按一下按钮，门 3 的输出 Q 为"1"，门 4 的输出 $\bar{Q}$ 为"0"。

④ 在 S、R 输入端加 11 组合时，$\bar{S}\bar{R}=00$，按一下按钮，门 3 的输出 Q 为"1"，门 4 的输出 $\bar{Q}$ 为"1"。想一想，对不对？

当按钮回位时，CP 由"1"变"0"，$\bar{S}\bar{R}=11$，这时，$Q\bar{Q}=11$ 是不成立的。因为如果 $Q\bar{Q}=11$ 成立，则门 3、门 4 的两个输入端都为"1"，必然使得 $Q\bar{Q}=00$，而 $Q\bar{Q}=00$ 又使门 3、门 4 的一个输入端为"0"，又有 $Q\bar{Q}=11$，由此可见，$Q\bar{Q}=11$ 或 $Q\bar{Q}=00$ 都不是稳定状态。那么此时 Q、$\bar{Q}$ 的值到底是多少呢？结论是：取决于门 3、门 4 谁的工作速度（取决于元器件本身的性能）更快，因而是不确定的。当门 3 的速度比门 4 快时，$Q\bar{Q}=01$，当门 4 的速度比门 3 快时，$Q\bar{Q}=10$。

根据以上分析可得如表 5-1 所示的真值表。

表 5-1　图 5-1 真值表

输　　入					输　　出	
S	R	CP	$\bar{S}$	$\bar{R}$	Q	$\bar{Q}$
×	×	0	×	×	不变	不变
0	0	⊓	1	1	不变	不变
0	1	⊓	1	0	0	1
1	0	⊓	0	1	1	0
1	1	⊓	0	0	不定	不定

结论:

① 该电路只有两种稳定的互非输出状态:一是 $Q\overline{Q}=01$(称为"0"态),二是 $Q\overline{Q}=10$(称为"1"态),而且在外界信号作用下可以从一个状态转为另一个状态。

② 如果要使 S、R 对电路产生影响,则必须在每次改变 S、R 值后,按一下按钮(在 CP 端输出一正脉冲),也即"触发"一下。

③ $CP=0$ 时,不管 S、R 为什么值,输出端 Q、$\overline{Q}$ 都将保持不变,就好像电路记住了 Q、$\overline{Q}$ 原来的状态"0"或"1"。

具有上述三个特点(性质)的电路就称为触发器。

5.1.2　触发器的分类

一般来讲,触发器可分为以下几类。

按电路结构触发器可分为具有时钟输入端的时钟触发器(如图 5-1 所示)和没有时钟输入端的基本触发器。把如图 5-1 所示电路中 $\overline{S}$、$\overline{R}$ 端的信号输入电路去掉就得到了基本触发器。

按逻辑功能分类,触发器可分为 SR 触发器、D 触发器、JK 触发器、T 触发器、T' 触发器五类。

图 5-1 所示触发器是时钟信号 CP 为 1 时的触发电路,但实际上一个时钟脉冲信号 CP 可分为高电平、低电平、上升沿和下降沿四个部分,如图 5-2 所示。

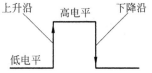

图 5-2　时钟脉冲信号

因此,按触发方式触发器又可分为同步触发器(高电平触发)、维持阻塞触发器(上升沿触发)、边沿触发器(下降沿触发)和主从触发器(触发方式较复杂,但效果与边沿触发器相似)四类。

？思考一下

图 5-1 所示触发器是什么逻辑功能的触发器?

特别提示

① 能让触发器输出变为"0"态的操作称为清"0",能让触发器输出变为"1"态的操作称为置"1"。

② 基本触发器因为没有时钟输入端,清"0"和置"1"操作都必须在 $\overline{S}\,\overline{R}=11$ 状态进行,且操作结束后必须让 $\overline{S}\,\overline{R}=11$,而且不允许出现 $\overline{S}\,\overline{R}=00$ 的输入组合。想一想,为什么?

③ 基本触发器由于没有时钟输入端,不能实现数字电路中各触发器协同工作,因此实际应用较少。

5.2　时钟触发器的逻辑功能和波形图

5.2.1　描述时钟触发器的常用术语

① 时钟输入端 CP——时钟脉冲(Clock Pulse)的输入端。时钟脉冲通常是周期性

脉冲。

② 控制输入端——又称数据输入端。对 SR 触发器来说,控制输入端是 S 和 R;对 D 触发器来说是 D;对 JK 触发器来说是 J 和 K;对 T 触发器来说是 T;T' 触发器没有控制输入端。

③ 初态 Q^n——某个时钟脉冲作用前的触发器状态,即"老状态"。初态也常称为"现态"。

④ 次态 Q^{n+1}——某个时钟脉冲作用后的触发器状态,即"新状态"。

5.2.2　时钟触发器逻辑功能表达形式

在表达时钟触发器的逻辑功能时,常常采用功能真值表、激励表、状态表、特性方程和波形图(时序图)五种形式,下面以图 5-1 所示的 SR 触发器为例逐一介绍。

1. 功能真值表

以表格形式表达了在一定的控制输入下,在时钟脉冲作用前后,初态 Q^n 向次态 Q^{n+1} 转化的规律,又常称做"状态转换真值表"。

功能真值表的获得可参照第 3.1.2 小节讲解的方法进行。

① 在功能真值表的左边一栏列出输入变量的所有组合,把触发器的初态 Q^n 也列入输入栏。想一想,为什么?

② 假定触发器的初态 Q^n 为"0"态,同时 CP 有效($CP=1$),在输入端依次施加输入变量的所有编码组合,分析电路得到触发器次态 Q^{n+1} 的值,依次填入功能真值表的右边一栏。

③ 假定触发器的初态 Q^n 为"1"态,同时 CP 有效($CP=1$),在输入端依次施加输入变量的所有编码组合,分析电路得到触发器次态 Q^{n+1} 的值,依次填入功能真值表的右边一栏。

SR 触发器的功能真值表如表 5-2 所示。

表 5-2　SR 触发器功能真值表

输　　　入			输　　出
S	R	Q^n	Q^{n+1}
0	0	0	0
0	0	1	1
0	1	0	0
0	1	1	0
1	0	0	1
1	0	1	1
1	1	0	不定
1	1	1	不定

2. 激励表

以表格形式表达了在时钟脉冲作用下实现一定的状态变换(初态 $Q^n \rightarrow Q^{n+1}$)所需要的控制输入。

激励表可从功能真值表分析得到。

① 在激励表的左边一栏列出四种可能的状态转换。

② 从功能真值表中找出 $Q^n \to Q^{n+1} = 0 \to 0$ 的所有输入组合：$SR = 00$、$SR = 01$，分析出 SR 触发器从"0"→"0"所需的输入信号是 $SR = 0\times$（其中 $\times$ 表示既可取"0"也可取"1"），填入表格右边的对应位置。

③ 从功能真值表中找出 $Q^n \to Q^{n+1} = 0 \to 1$ 的所有输入组合：$SR = 10$，填入表格右边的对应位置。

④ 从功能真值表中找出 $Q^n \to Q^{n+1} = 1 \to 0$ 的所有输入组合：$SR = 01$，填入表格右边的对应位置。

⑤ 从功能真值表中找出 $Q^n \to Q^{n+1} = 1 \to 1$ 的所有输入组合：$SR = 00$、$SR = 10$，分析出 SR 触发器从"1"→"1"所需的输入信号是 $SR = \times 0$，填入表格右边的对应位置。

SR 触发器的激励见表 5-3。

表 5-3　**SR 触发器激励表**

$Q^n \to Q^{n+1}$	S	R	$Q^n \to Q^{n+1}$	S	R
0→0	0	$\times$	1→0	0	1
0→1	1	0	1→1	$\times$	0

思考一下

为什么激励表的右边没有出现 $SR = 11$ 的情况？

3. 状态图

以图形形式表达了在时钟脉冲作用下实现一定的状态变换（初态 $Q^n \to Q^{n+1}$）所需要的控制输入。状态图也常称做状态转换图，是图形形式的激励表。

状态图可由激励表获得。

① 先画三个圆，圆中分别写上"0"、"1"和 Q。

② 画四根带箭头的线，指向分别为："0"→"0"、"0"→"1"、"1"→"0"、"1"→"1"，表示了可能的四种状态转换。

③ 在四根线上标上四种状态转换所需要的输入条件：$SR = 0\times$、$SR = 10$、$SR = 01$、$SR = \times 0$。

SR 触发器的状态图如图 5-3 所示。

4. 特性方程

以方程形式表达了在时钟脉冲作用下，次态 Q^{n+1} 与初态 Q^n 及控制输入之间的函数关系。

特性方程可由功能真值表获得。

① 根据功能真值表画出次态 Q^{n+1} 的卡诺图，如图 5-4 所示。

② 按卡诺图化简法化简得触发器的次态方程为

$$Q^{n+1} = S + \overline{R} Q^n$$

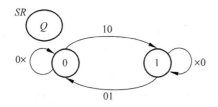

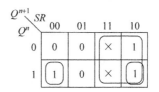

图 5-3　*SR* 触发器状态图　　　　　图 5-4　*SR* 触发器次态卡诺图

次态方程加上约束条件即为 *SR* 触发器的特性方程：

$$Q^{n+1} = S + \bar{R}Q^n \quad (SR \neq 1)$$

约束条件是为了避免触发器状态不定而给输入端规定的限制条件。

特别提示

　　功能真值表、激励表、状态图和特性方程只是表示触发器逻辑功能的形式不同而已,它们的实质都是一样的,只要记住其中的一种形式,就可以推出其他三种形式。

5.2.3　时钟触发器的波形图

　　以波形形式表达了在时钟脉冲作用下,次态 Q^{n+1} 与初态 Q^n 及控制输入之间的函数关系。不同触发方式下其输出波形也不同。

　　图 5-5 为 *SR* 触发器在相同输入、不同触发方式下的波形图。

　　① 在波形图中次态 Q^{n+1} 和初态 Q^n 都用输出 *Q* 表示。因为次态和初态是一个相对的概念。以图 5-5 为例,第 1 个时钟(*CP*1)作用后的触发器输出 *Q*,相对于第一个时钟是次

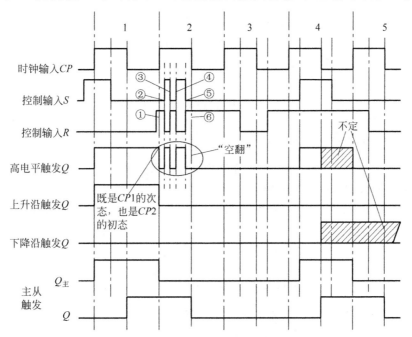

图 5-5　*SR* 触发器时序图

态,而对于第二个时钟($CP2$)又成为初态。

② 对同步触发器而言,一个 CP 内输出 Q 可能出现多次变化。因为同步触发器是高电平触发方式,在一个 CP 内,只要 $CP=1$ 期间输入端的状态发生变化都有可能引起输出的变化。

③ 在一个 CP 脉冲作用下触发器出现两次或两次以上的状态翻转现象称为"空翻"。"空翻"会导致数字系统时序的混乱和工作的不稳定,这是同步触发器的致命缺陷。

④ 因为"空翻",同步式 JK 触发器、T 触发器、T' 触发器是根本不能用的,而同步式 D 触发器和 SR 触发器也仅在 $CP=1$ 时,D 输入或 SR 输入不变时才能使用。

1. 同步触发器——高电平触发的触发器

其触发信号为 $CP=1$,即在 CP 高电平期间,触发器的次态输出 Q^{n+1} 将由输入端的状态和触发器的初态 Q^n 所决定。

(1) 同步触发器的波形图画法

以 $CP2$ 对应的输出 Q 波形画法为例。

① 找出 $CP2=1$ 期间所有 S、R 变化的位置(位置①、②、③、④、⑤、⑥),并用虚线标出。

② 分别计算各位置输出 Q。Q 的值可由触发器的四种表达形式的任何一种得到,但一般采用特性方程获得。以 $CP2$ 的起点(位置①)为例。

因为 $CP2$ 的起点 $Q^n=1$,$S=0$,$R=1$,SR 触发器的特性方程为 $Q^{n+1}=S+\bar{R}Q^n$,所以输出 $Q=Q^{n+1}=0+\bar{1}\cdot 1=0$。

③ 画出 $CP2$ 起点到在 $CP2=1$ 期间第一个 SR 触发器出现变化的位置(位置②)的波形。

④ 用同样的方法画出其他波形。

(2) 同步触发器波形特点

从图 5-5 可以看出:

① 在 $CP=1$ 期间,只要 S、R 有变化,输出 Q 就可能有变化。

② 在 $CP2=1$ 期间,输出 Q 出现了多次翻转,因此同步 SR 触发器有"空翻"现象。

③ 在 $CP4=0$ 期间输出 Q 的状态不能确定,原因是在 $CP4$ 由"1"变"0"时出现了 $SR=11$ 的情况。

注意:$CP4=1$ 期间,虽然 $SR=11$,输出 Q 是确定的,为"1"。

2. 维持阻塞触发器——上升沿触发方式的触发器

其触发信号一般为 $CP=\uparrow$。即仅在 CP 由低变高的瞬间(上升沿),触发器的次态输出 Q^{n+1} 由输入端的状态和触发器的初态 Q^n 所决定。

维持阻塞触发器波形图画法比较简单,只要计算出 CP 上升沿各位置的输出 Q 值,然后依次画出波形即可。

维持阻塞触发器没有"空翻"现象。

3. 边沿触发器——下降沿触发方式的触发器

其触发信号为 $CP=\downarrow$。即仅在 CP 由高变低的瞬间(下降沿),触发器的次态输出 Q^{n+1} 由输入端的状态和触发器的初态 Q^n 所决定。

边沿触发器波形图画法比较简单,只要计算出 CP 下降沿各位置的输出 Q 值,然后依次画出波形即可。

边沿触发器没有"空翻"现象。

❓思考一下

为什么波形中出现了不定态?

4. 主从触发器——主从触发方式的触发器

主从触发器具有主触发器加上从触发器的"主从结构",主触发器的输出为从触发器的输入,从触发器的输出为主从触发器最终的输出。

主从触发器以"双拍工作"方式工作——先"主"后"从":

① 主触发器的触发信号为 $CP=1$,但与同步触发器不同,主触发器的输出 Q 在一个 CP 期间只可以改变一次。

② 从触发器的触发方式为 $CP=\downarrow$,在 CP 下降沿时刻从触发器的输出与主触发器同步。即 $CP=\downarrow$ 时,$Q_从=Q_主$。

画主从触发器的波形时应先画主触发器输出 $Q_主$ 波形,再画从触发器输出 $Q_从$ 波形。

主从触发器没有"空翻"现象。

5.2.4 时钟触发器的逻辑符号

SR 触发器逻辑符号图如图 5-6 所示。图中 S、R 为数据输入端,$C1$ 为时钟输入端,Q、$\overline{Q}$ 为数据输出端。

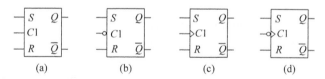

| (a) | (b) | (c) | (d) |

图 5-6 SR 触发器逻辑符号图

其中图 5-6(a)为高电平触发的 SR 触发器,图 5-6(b)为低电平触发的 SR 触发器,图 5-6(c)为上升沿触发的 SR 触发器,图 5-6(d)为下降沿触发的 SR 触发器。

其他逻辑功能触发器的符号基本相同,只有数据输入端不同。

📳特别提示

触发器逻辑符号中 $C1$(有时是 CLK 或 CP 等)端若加">",表示边沿触发;不加">"表示电平触发;加"ο",表示低电平触发;不加"ο",表示高电平触发;既有">",又有"ο",表示下降沿触发;只有">",而无"ο",则表示上升沿触发。

5.3 D 功能触发器

5.3.1 D 触发器的逻辑功能表达与波形图

在同步式 SR 触发器电路(如图 5-1 所示)的 S 和 R 端之间接入一反向器,S 端接输入,

R 端接输出,并把 S 端定义为 D 端,就得到了 D 触发器的电路,如图 5-7 所示。

显然,D 触发器可看成是 SR 触发器在 $R=\overline{S}$ 条件下的特例,但它没有 SR 触发器在 $S=R=1$ 时次态不定的缺陷。想一想,为什么?

D 触发器的逻辑功能描述、波形图画法与本章 5.2 节 SR 触发器相似,在此只给出结论,不再一一细述。

① 状态图如图 5-8 所示。

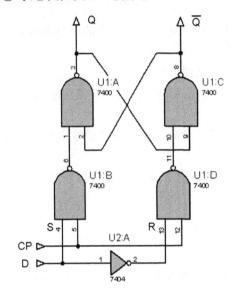

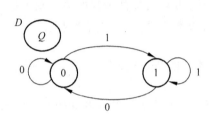

图 5-7　同步式 D 触发器逻辑图

图 5-8　D 触发器状态

② 不同触发方式下的波形图如图 5-9 所示。

③ 功能转换真值表如表 5-4 所示。

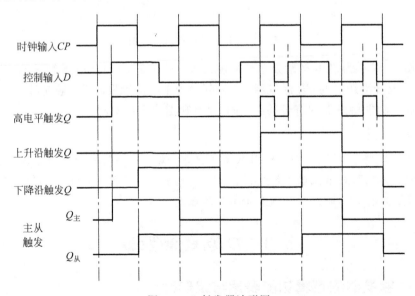

图 5-9　D 触发器波形图

④ 激励表如表 5-5 所示。

⑤ 特性方程为 $Q^{n+1}=D$。

<table>
<tr><th colspan="4">表 5-4　D 触发器功能真值表</th></tr>
<tr><td>D</td><td>Q^n</td><td>Q^{n+1}</td><td>说　明</td></tr>
<tr><td>0</td><td>0</td><td>0</td><td rowspan="2">$Q^{n+1}=0$</td></tr>
<tr><td>0</td><td>1</td><td>0</td></tr>
<tr><td>1</td><td>0</td><td>1</td><td rowspan="2">$Q^{n+1}=1$</td></tr>
<tr><td>1</td><td>1</td><td>1</td></tr>
</table>

<table>
<tr><th colspan="2">表 5-5　D 触发器激励表</th></tr>
<tr><td>$Q^n \rightarrow Q^{n+1}$</td><td>D</td></tr>
<tr><td>$0 \rightarrow 0$</td><td>0</td></tr>
<tr><td>$0 \rightarrow 1$</td><td>1</td></tr>
<tr><td>$1 \rightarrow 0$</td><td>0</td></tr>
<tr><td>$1 \rightarrow 1$</td><td>1</td></tr>
</table>

注：D 触发器次态 Q^{n+1} 与初态 Q^n 无关，总与 D 相等。

5.3.2　集成芯片双 D 触发器 7474

与用二极管、三极管、MOS 管、电阻等分立元件构成的逻辑门电路很少有人采用一样，由多个门电路构成的触发器也很少被使用，在电路设计师们设计的图样里只有集成触发器。想一想，为什么？

1. 7474 双 D 触发器的引脚和功能

7474 集成触发器是一个上升沿触发，带置位、复位输入端（S 为置位端，R 为复位端）的双 D 触发器（指具有两个功能完全相同、完全独立的 D 触发器）。

（1）引脚介绍

7474 双 D 触发器的引脚图如图 5-10 所示。

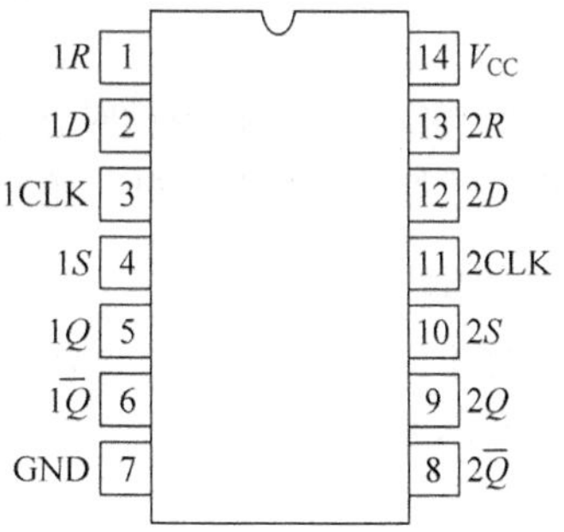

图中 1D、2D 为数据输入端，1CLK、2CLK 为时钟输入端，1Q、2Q、1$\overline{Q}$、2$\overline{Q}$ 为输出信号端，1S、2S 为置位（置"1"）端，1R、2R 为复位（清"0"）端，GND 为接地端，V_{CC} 为电源输入。

其中，1D、1CLK、1Q、1$\overline{Q}$、1S、1R 构成一个 D 触发器，2D、2CLK、2Q、2$\overline{Q}$、2S、2R 构成另一个 D 触发器，GND 和 V_{CC} 公用。

图 5-10　7474 双 D 触发器的引脚图

（2）功能描述

7474 双 D 触发器的功能真值表如表 5-6 所示。

<table>
<tr><th colspan="4">输　入</th><th colspan="2">输　出</th></tr>
<tr><td>R</td><td>S</td><td>D</td><td>CLK</td><td>Q</td><td>$\overline{Q}$</td></tr>
<tr><td>0</td><td>1</td><td>×</td><td>×</td><td>0</td><td>1</td></tr>
<tr><td>1</td><td>0</td><td>×</td><td>×</td><td>1</td><td>0</td></tr>
<tr><td>1</td><td>1</td><td>1</td><td>↑</td><td>1</td><td>0</td></tr>
<tr><td>1</td><td>1</td><td>0</td><td>↑</td><td>0</td><td>1</td></tr>
<tr><td>0</td><td>0</td><td>×</td><td>×</td><td>1</td><td>1</td></tr>
</table>

表 5-6　7474 双 D 触发器功能真值表

注：当 R、S 低电平同时消失时，Q、$\overline{Q}$ 状态无法预知。

从表 5-6 可以看出:

① 当 S 和 R 都为"1"时,触发器处于正常工作状态,可实现 D 触发器功能,"↑"表示上升沿触发。

② 当 $S=1$,在 R 端加负脉冲后,不管 CLK 和输入数据如何,触发器都将被清"0"。

③ $R=1$,在 S 端加负脉冲后,不管 CLK 和输入数据如何,触发器都将被置"1"。

④ 在 S、R 端同时加负脉冲后,触发器状态不可预知。想一想,为什么?

2. 7474 双 D 触发器的逻辑功能测试

7474 双 D 触发器的测试非常简单,只要把所有输入端接上数字信号,输出端接上指示灯,然后按真值表一行一行验证即可。

双 D 触发器 7474 仿真测试图如图 5-11 所示。

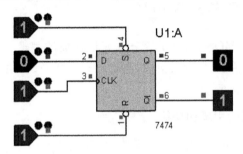

图 5-11 双 D 触发器 7474 仿真测试图

对真实元件进行测试时,应把输入信号元件改为单脉冲信号电路,而输出状态指示元器件则用指示灯电路代替,同时,绝对不能忘记在 7474 的 V_{CC} 和 GND 端分别接上 5V 电源和地线。

特别提示

对于置位、复位端的任何一次操作,操作完成后都必须回到无效状态($SR=11$),使触发器回到正常工作状态。

5.4   JK 功能触发器

5.4.1   JK 触发器的逻辑功能表达与波形图

把同步式 SR 触发器的 S 端改为 J,R 端改为 K,同时把与 J、K 端连接的"与非"门分别增加一输入端并分别与 $\overline{Q}$ 和 Q 相连,就得到了如图 5-12 所示的 JK 触发器。

JK 触发器的逻辑功能描述、波形图画法与本章 5.2 节 SR 触发器相似,在此只给出结论,不再一一细述。

① 功能转换真值表如表 5-7 所示。

② 激励表如表 5-8 所示。

③ 状态图如图 5-13 所示。

④ 特性方程为 $Q^{n+1}=J\overline{Q^n}+\overline{K}Q^n$。

不同触发方式下的波形图如图 5-14 所示。

表 5-7 JK 触发器功能真值表

J K	Q^n	Q^{n+1}	说　明
0　0	0	0	$Q^{n+1} = Q^n$
0　0	1	1	
0　1	0	0	$Q^{n+1} = 0$
0　1	1	0	
1　0	0	1	$Q^{n+1} = 1$
1　0	1	1	
1　1	0	1	$Q^{n+1} = \overline{Q^n}$
1　1	1	0	

表 5-8 JK 触发器激励表

$Q^n \rightarrow Q^{n+1}$	J　K
$0 \rightarrow 0$	0　×
$0 \rightarrow 1$	1　×
$1 \rightarrow 0$	×　1
$1 \rightarrow 1$	×　0

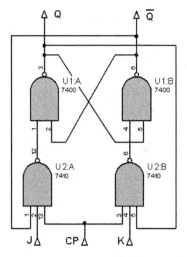

图 5-12 同步 JK 触发器逻辑图

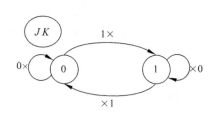

图 5-13 JK 触发器状态图

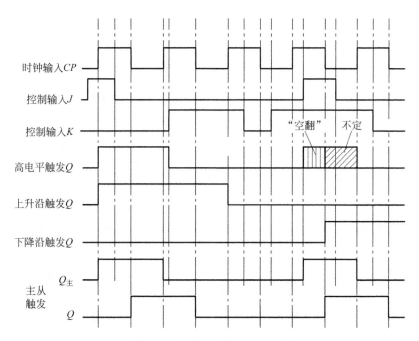

图 5-14 主从 JK 触发器波形图

特别提示

比较 SR 触发器和 JK 触发器的真值表,很容易看出,JK 触发器与 SR 触发器相比,只是一个允许 $J=K=1$,另一个不允许 $S=R=1$。

5.4.2 集成双 JK 触发器 74112

1. 74112 双 JK 触发器的引脚和功能

74112 集成触发器是一个下降沿触发器,带置位、复位输入端的双 JK 触发器(指具有两个功能完全相同、完全独立的 JK 触发器)。

(1) 引脚介绍

图 5-15 为 74112 双 JK 触发器的引脚图。

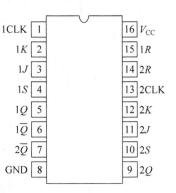

图中 $1J$、$2J$、$1K$、$2K$ 为数据输入端,$1CLK$、$2CLK$ 为时钟输入端,$1Q$、$2Q$、$1\bar{Q}$、$2\bar{Q}$ 为输出信号端,$1S$、$2S$ 为置位(置"1")端,$1R$、$2R$ 为复位(清"0")端,GND 为接地端,V_{CC} 为电源输入。

其中,$1J$、$1K$、$1CLK$、$1Q$、$1\bar{Q}$、$1S$、$1R$ 构成一个 JK 触发器,$2J$、$2K$、$2CLK$、$2Q$、$2\bar{Q}$、$2S$、$2R$ 构成另一个 JK 触发器,GND 和 V_{CC} 公用。

(2) 功能描述

74112 双 JK 触发器的功能真值表,见表 5-9。

图 5-15　74112 双 JK 触发器引脚图

表 5-9　74112 双 JK 触发器的功能真值表

输　　　入					输　　出	
R	S	J	K	CLK	Q	$\bar{Q}$
0	1	$\times$	$\times$	$\times$	0	1
1	0	$\times$	$\times$	$\times$	1	0
1	1	0	0	$\downarrow$	Q^n	$\bar{Q}^n$
1	1	0	1	$\downarrow$	0	1
1	1	1	0	$\downarrow$	1	0
1	1	1	1	$\downarrow$	$\bar{Q}^n$	Q^n
0	0	$\times$	$\times$	$\times$	1	1

注:当 R、S 低电平同时消失时,Q、$\bar{Q}$ 状态无法预知。

从表 5-9 可以看出:

① 当 S 和 R 都为"1"时,触发器处于正常工作状态,可实现 JK 触发器功能,"↓"表示下降沿触发。

② 当 $S=1$,在 R 端加负脉冲后,不管 CLK 和输入数据如何,触发器都将被清"0"。

③ $R=1$,在 S 端加负脉冲后,不管 CLK 和输入数据如何,触发器都将被置"1"。

④ 在 S、R 端同时加负脉冲后,触发器状态不可预知。想一想,为什么?

2. 74112 双 JK 触发器逻辑功能测试

74112 双 JK 触发器的测试与双 D 触发器相似,只要把所有输入端接上数字信号,输出端接上指示灯,然后按真值表一行一行验证即可。

双 JK 触发器 74112 仿真测试图如图 5-16 所示。

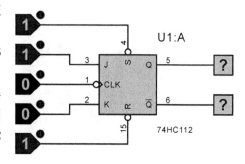

对真实元件进行测试时,应把输入信号元器件改为单脉冲信号电路,而输出状态指示元件则用指示灯电路代替,同时,绝对不能忘记在 74112 的 V_{CC} 和 GND 端分别接上 5V 电源和地线。

图 5-16　74112 逻辑功能测试图

🔖 **特别提示**

对于置位、复位端的任何一次操作,操作完成后都必须回到无效状态($SR=11$),使触发器回到正常工作状态。

5.5　T' 功能触发器

在触发器的分类中曾讲到 T、T' 功能触发器,但实际上这两类触发器本身并不存在,都是由其他触发器转换得到的。

T 功能触发器是 JK 触发器的 $K=J=T$ 的特例,特性方程为 $Q^{n+1}=T\overline{Q^n}+\overline{T}Q^n$,应用极少,因此,本书不做太多讲解。

T' 功能触发器的特性方程为 $Q^{n+1}=\overline{Q^n}$,因其初态与次态总是相反,即来一个 CP 脉冲输出状态就变化(翻转)一次,也常称为"翻转触发器",是构成二进制计数器、移位寄存器的主要器件。既可由 JK 触发器转换得到,也可由 D 触发器转换得到。

5.5.1　用 JK 功能触发器构成 T' 功能触发器

JK 功能触发器的特性方程为 $Q^{n+1}=J\overline{Q^n}+\overline{K}Q^n$。

T' 功能触发器的特性方程为 $Q^{n+1}=\overline{Q^n}$。

要使 JK 功能触发器具有 T' 功能触发器的特性,只要令 $J=K=1$ 即可。

因为当 $J=K=1$ 时,JK 触发器的输出

$$Q^{n+1}=J\overline{Q^n}+\overline{K}Q^n=1\overline{Q^n}+\overline{1}Q^n=\overline{Q^n}$$

与 T' 功能触发器的特性方程完全相同。

JK 触发器构成的 T' 触发器电路图如图 5-17 所示。

5.5.2　用 D 触发器构成 T' 功能触发器

除了可以用 JK 触发器构成 T' 触发器外,也常用 D 触发器构成 T' 触发器。

因为 D 功能触发器的特性方程为 $Q^{n+1}=D$；T' 功能触发器的特性方程为 $Q^{n+1}=\overline{Q^n}$。所以，只要令 $\overline{Q}=D$ 就可使 D 触发器具有 T' 功能触发器的功能。

D 触发器构成的 T' 触发器电路图如图 5-18 所示。

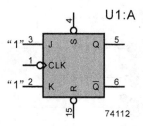

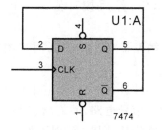

图 5-17　JK 触发器构成的 T' 触发器　　　图 5-18　D 触发器构成的 T' 触发器

5.6　触发器应用

5.6.1　用触发器构成寄存器、移位寄存器

1. 构成寄存器

能够记住一位或一位以上数码的元器件就称为寄存器。触发器本身就是一个能记住一位数码的寄存器，显然，多个触发器协同工作就可构成能记住多位数码的寄存器。

D 触发器构成的四位寄存器示意图如图 5-19 所示，仿真测试时，先改变 $D_0 \sim D_3$ 的内容，然后在 CP 端施加一"↑"，$Q_0 \sim Q_3$ 与 $D_0 \sim D_3$ 同步，只要在 CP 端没有新的"↑"，$Q_0 \sim Q_3$ 将保持不变。

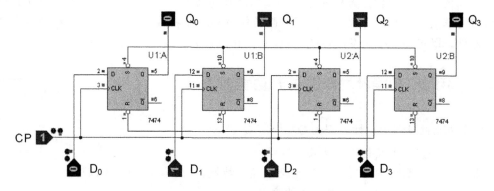

图 5-19　D 触发器构成的四位寄存器示意图
注：数据 $D_0 \sim D_3$ 在时钟的作用下可存入 $Q_0 \sim Q_3$。

2. 构成移位寄存器

移位寄存器除具有寄存数码的功能外，还可实现数码的左移或右移，能实现左移的寄存器称为左移移位寄存器，能实现右移的寄存器称为右移移位寄存器，能实现双向移位的寄存器称为双向移位寄存器。

D 触发器构成的四位右移移位寄存器示意图如图 5-20 所示，图 5-21 为 JK 触发器构

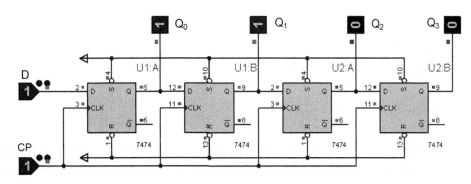

图 5-20 D 触发器构成的四位右移移位寄存器

注：在时钟作用下，从 D 输入端输入的数据可被逐个移到触发器输出端 Q。

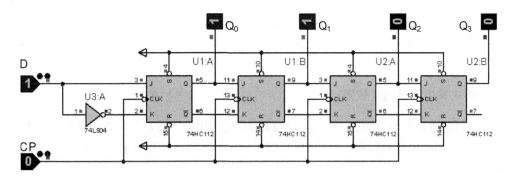

图 5-21 JK 触发器构成的四位右移移位寄存器

成的四位右移移位寄存器示意图。

假设从 D 输入端依次输入 1011 四位数据，可得如表 5-10 所示状态转换真值表及如图 5-22 所示时序图。

从表 5-10 和图 5-22 可清楚地看到经过 4 个 CP 脉冲后，串行输入的四位代码 1011 全部移到 4 个触发器的输出端，此时 $Q_3Q_2Q_1Q_0=1011$，实现了串-并变换（从 D 端一位一位输入的数据从 Q 端同时输出）。

如果在 4 个 CP 脉冲后再加 3 个 CP 脉冲，显然 4 个触发器输出端的代码将从 Q_3 端依次输出（见表 5-10），从而实现并-串变换（$Q_3Q_2Q_1Q_0$ 端的数据依次从 Q_3 端输出）。

表 5-10 图 5-20 状态转换真值表

CP	D	Q_0	Q_1	Q_2	Q_3
0	1	0	0	0	0
1	0	1	0	0	0
2	1	0	1	0	0
3	1	1	0	1	0
4	0	1	1	0	1
5	0	0	1	1	0
6	0	0	0	1	1
7	0	0	0	0	1

图 5-22 图 5-20 工作时序图

思考一下

① 同步触发器可构成移位寄存器吗?

② JK 触发器为什么不能直接构成寄存器?

5.6.2 用触发器构成计数器

计数器、分频器是数字系统中应用最广泛的部件,计数器的主要功能是记录输入脉冲个数,可实现定时器、分频器(主要功能是把较高频率的信号转变成较低频率的信号)等功能。

计数器种类繁多。按构成计数器的触发器是否同时翻转,可分为同步计数器和异步计数器;按计数过程中计数器中的数字是递增或递减,可分为加计数器、减计数器和可逆计数器。可逆计数器也叫加/减计数器,既可加计数,也可减计数;按计数采用的数制,可分为二进制计数器、非二进制计数器。二进制计数器是指按自然态序循环经历 2^n 个独立状态的计数器,也称为模 2^n 进制计数器。非二进制计数器是非模 2^n 进制计数器,如十进制计数器、六十进制计数器等。

1. 构成异步二进制计数器

二进制计数器的设计方法有很多,但最简单、最实用的方法还是先画出计数器工作的时序图,然后根据时序图进行设计。下面以三位二进制加计数器为例对二进制计数器的设计作简要介绍。

(1) 异步二进制加计数器

根据三位二进制加计数规律不难得到如图 5-23 所示时序图。图中 Q_0、Q_1、Q_2 为三个触发器(记录三位二进制数,由低位到高位。)的输出信号端,CP 为触发器的时钟输入($CP1$ 与 Q_0、Q_1、Q_2 构成下降沿触发的三位二进制加计数器时序图,$CP2$ 与 Q_0、Q_1、Q_2 构成上升沿触发的三位二进制加计数器时序图)。

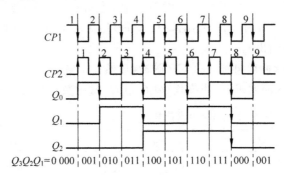

图 5-23   三位二进制加计数器时序图

分析图 5-23 后,不难发现以下规律:

① CP 每来一个脉冲($CP2$ 上升沿或 $CP1$ 下降沿),Q_0 就翻转一次,Q_0 为 CP 的二分频。

② Q_0 每来一个脉冲(下降沿),Q_1 就翻转一次,Q_1 为 Q_0 的二分频。

? **思考一下**

Q_1 是 CP 的几分频?

③ Q_1 每来一个脉冲(下降沿),Q_2 就翻转一次,Q_2 为 Q_1 的二分频。

? **思考一下**

Q_2 是 Q_0 的几分频? 又是 CP 的几分频?

根据以上分析可知,实现三位二进制加计数器,可用三个翻转触发器(特性方程为 $Q^{n+1} = \overline{Q^n}$,用 D 触发器或 JK 触发器均可构成翻转触发器)构成计数器的每一位,其中最低位触发器时钟输入接用来计数的时钟源 CP(上升沿、下降沿触发器都一样),其他位触发器时钟输入端接它们相邻低位的 Q 端或 $\overline{Q}$ 端,如果选用下降沿触发的触发器构成计数器,则接 Q 端(下降沿翻转),如果选用上升沿触发的触发器构成计数器,则接 $\overline{Q}$ 端(Q 端的下降沿就是 $\overline{Q}$ 端的上升沿)。由此可得如图 5-24 所示用上升沿触发的 D 触发器构成的三位异步二进制加计数器逻辑电路图和如图 5-25 所示用下降沿触发的 JK 触发器构成的三位异步二进制加计数器逻辑电路图。注意图中 D 触发器、JK 触发器均已接成翻转触发器。

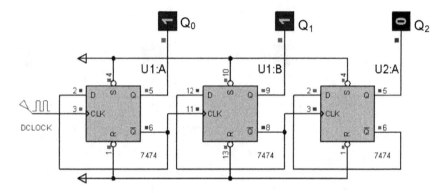

图 5-24　三位异步二进制加计数器(上升沿触发)

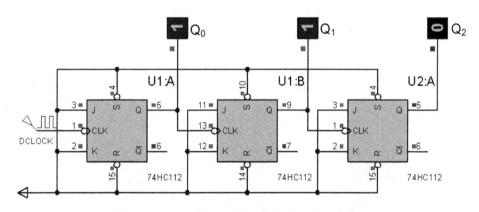

图 5-25　三位异步二进制加计数器(下降沿触发)

(2) 异步二进制减计数器

根据三位二进制减计数规律不难得到如图 5-26 所示时序图。与图 5-23 相比,Q_2、Q_1、

Q_0、CP 具有同样的分频关系,只是 Q_2、Q_1 变成了上升沿时翻转。因此,与异步加计数器相比,同样是用三个翻转触发器构成计数器的每一位,其中最低位触发器时钟输入接 CP,其他位触发器时钟输入接相邻低位的 Q 端或 $\bar{Q}$ 端,但不同的是,如果选用下降沿触发的触发器构成计数器,则接 $\bar{Q}$ 端(下降沿翻转),如果选用上升沿触发的触发器构成计数器,则接 Q 端。由此可得如图 5-27 所示用上升沿触发的 D 触发器构成的三位异步二进制减计数器及如图 5-28 所示下降沿触发的 JK 触发器构成的三位异步二进制减计数器。

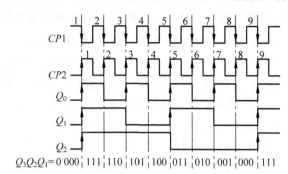

图 5-26 三位异步二进制减计数器时序图

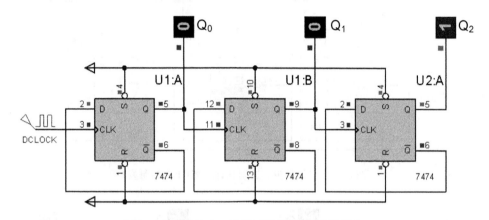

图 5-27 三位异步二进制减计数器(上升沿触发)

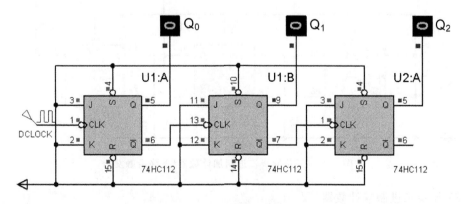

图 5-28 三位异步二进制减计数器(下降沿触发)

（3）异步二进制可逆计数器

比较图 5-24、图 5-27 和图 5-25、图 5-28 可以发现，异步二进制加计数器和减计数器电路极为相似，只是时钟输入端接法不同。上升沿触发的触发器构成的加计数器接的是 $\bar{Q}$，减计数器接的是 Q；下降沿触发的触发器构成的加计数器接的是 Q，减计数器接的是 $\bar{Q}$。如果把 Q、$\bar{Q}$ 接入一个二选一数据选择器的输入端，把数据选择器的输出接到时钟输入端，那么在数据选择器的控制下，就可以选择加计数或减计数，也即构成了异步二进制可逆计数器。

用下降沿触发的 JK 触发器构成的二位异步二进制可逆计数器如图 5-29 所示，用上升沿触发的触发器构成的可逆二进制计数器电路读者可参照图 5-29 自己练习。

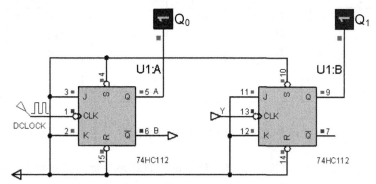

(a) JK 触发器构成的二位异步二进制可逆计数器

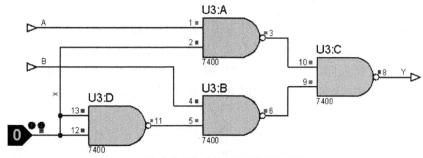

(b) "与非"门构成的二选一数据选择器

图 5-29 二位异步二进制可逆计数器（下降沿触发）

注：①(b)图为用"与非"门构成的二选一数据选择器，当 $X=1$ 时 $Y=A$，$X=0$ 时 $Y=B$；②(a)图和 (b)图通过 LABEL"A"、"B"、"Y"连接，相当于(a)图中的 $\bar{Q}$、Q、CLK 分别与(b)图中的"A"、"B"、"Y"相连。③当 $X=1$ 时，实现加计数，当 $X=0$ 时，实现减计数。

2. 构成同步二进制加计数器

同步计数器的特点是构成计数器的每个触发器的时钟端都连接同一个时钟脉冲源，各触发器同步工作，在这个条件下，重新分析图 5-23 所示的三位二进制加计数器时序图，可发现在统一的时钟脉冲作用下：

① CP 每来一个脉冲（$CP2$ 上升沿或 $CP1$ 下降沿），Q_0 就翻转一次，Q_0 为 CP 的二分频。

② 当 $Q_0=1$ 时，CP 每来一个脉冲（$CP2$ 上升沿或 $CP1$ 下降沿），Q_1 就翻转一次，Q_1 为 Q_0 的二分频。

③ 当 $Q_1Q_0=11$ 时，CP 每来一个脉冲（$CP2$ 上升沿或 $CP1$ 下降沿），Q_2 就翻转一次，Q_2

为 Q_1 的二分频。

由以上分析可知,用三个 JK 触发器(想一想,为什么不能用 D 触发器?)即可构成 3 位同步二进制加计数器: $J_0 = K_0 = 1, J_1 = K_1 = Q_0, J_2 = K_2 = Q_1 Q_0$。由此可得如图 5-30 所示用 JK 触发器构成的三位同步二进制加计数器(上升沿触发和下降沿触发电路相同)。

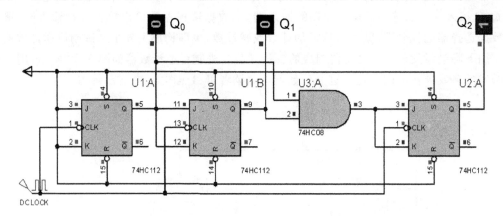

图 5-30　三位同步二进制加计数器

同步二进制减计数器、同步可逆二进制计数器可参照异步二进制计数器自己练习。

3. 构成任意进制计数器

按计数采用的数制来分,计数器可分为二进制计数器和非二进制计数器,前面已经学习了二进制计数器的构成方法,现在来讨论非二进制计数器的构成方法。

请读者再仔细看一下图 5-19～图 5-21、图 5-24 和图 5-25,有没有发现这些图虽然实现了不同功能的电路,但却都有一个共同点:所有触发器的 S、R 端均接为"1"。回忆一下,S、R 在触发器中可以实现什么功能?

利用触发器 R 端的清零功能可以很容易实现任意进制计数器。具体做法是:要实现 n 进制计数器就当出现 n 这个数字时让计数器清零。用此方法实现的十进制加计数器(正常计数时 $R = 1$,当 $Q_3 \sim Q_0 = 1010$ 时 $R = 0$,计数器清零),如图 5-31 所示。

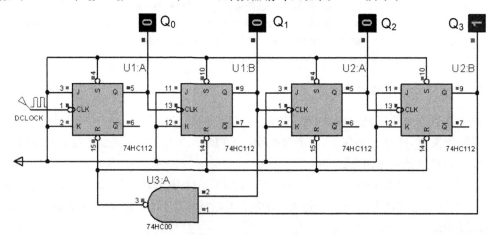

图 5-31　十进制加计数器

5.6.3 用触发器构成分频器

分频器的主要功能是把较高频率的信号转变成较低频率的信号。前面学习的计数器可实现分频,但只能实现 2^n 分频,其他倍数的分频可用移位寄存器实现。

1. 用移位寄存器构成任意整数分频器

将移位寄存器的输出与输入相连构成一个环,环中有 n 个触发器,则环中每一个触发器的输出均为时钟信号的 n 分频。

移位寄存器构成的 3 分频仿真电路图如图 5-32 所示,基准频率为 1Hz。图 5-33 所示为图 5-32 的波形图(可从示波器上得到)。

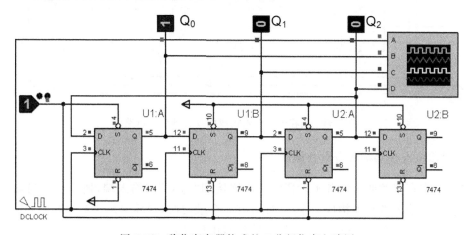

图 5-32 移位寄存器构成的 3 分频仿真电路图

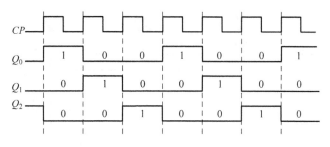

图 5-33 图 5-32 的波形图

从波形图可非常清楚地看出,图 5-32 为一个 3 分频电路图,而且 Q_2、Q_1、Q_0 均为 1/3Hz,同时从波形图还可以看出,在 CP 作用下,Q_2、Q_1、Q_0 在 001、010、100 三个状态之间循环变化,因此图 5-32 所示电路也常称为环形计数器(三进制)。

特别提示

仿真时,应先给环中的触发器置数(一个为"1",其余为"0")。想一想,为什么?

2. 用移位寄存器构成偶数分频器

将移位寄存器的输出反向后与输入相连构成一个环,环中有 n 个触发器,则环中每一个触发器的输出均为时钟信号的 $2n$ 分频,环中触发器的状态也在 $2n$ 个状态中循环,因此也常称为扭环形计数器($2n$ 进制)。移位寄存器构成的 6 分频仿真电路图如图 5-34 所示。

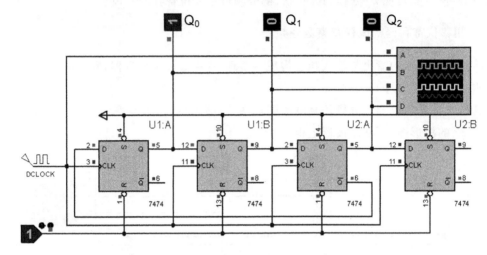

图 5-34 用移位寄存器构成的 6 分频仿真电路图

3. 用移位寄存器构成奇数分频器

将移位寄存器的两个相邻触发器的输出连接到"与非"门输入端,把"与非"门输出端与移位寄存器的输入端相连构成一个环,环中有 n 个触发器,则环中每一个触发器的输出均为时钟信号的 $2n-1$ 分频,同时环中触发器的状态也始终在 $2n-1$ 个状态中循环,因此也常称为奇数计数器($2n-1$ 进制)。移位寄存器构成的 7 分频仿真电路图如图 5-35 所示。

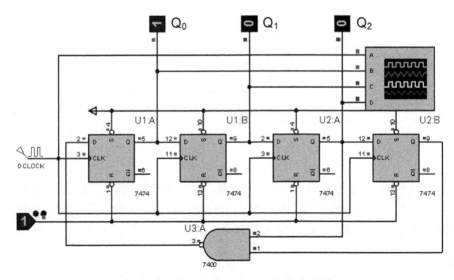

图 5-35 用移位寄存器构成的 7 分频仿真电路图

5.7　知识拓展　施密特触发器

施密特触发器与本章所介绍的触发器不同,实际上是一种特殊的门电路,与普通门电路(如图 5-36(a)所示)只有一个阈值电压不同,施密特触发器有两个阈值电压,分别称为正向阈值电压和负向阈值电压。

在输入信号从低电平上升到高电平的过程中使电路状态发生变化的输入电压称为正向阈值电压;在输入信号从高电平下降到低电平的过程中使电路状态发生变化的输入电压称为负向阈值电压;正向阈值电压与负向阈值电压之差称为回差电压,如图 5-36(b)所示。

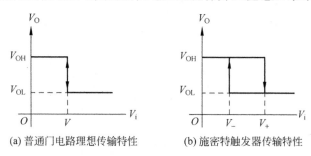

(a) 普通门电路理想传输特性　　(b) 施密特触发器传输特性

图 5-36　普通门电路和施密特触发器传输特性对比图

图中 V_+ 为正向阈值电压,V_- 负向阈值电压,V_+ 与 V_- 之差为回差电压。

从图中可以看出,施密特触发器也有两个稳定状态,但与一般触发器不同的是,施密特触发器采用电位触发方式,其状态由输入信号电位维持。当输入电压从低电平上升到阈值电压或从高电平下降到阈值电压时,电路的状态将发生变化。

施密特触发器常被用于实现波形变换、脉冲鉴幅和脉冲整形。

所谓波形转换,就是将三角波、正弦波等变成矩形波,如图 5-37 所示。

脉冲鉴幅是从幅度不同、不规则的脉冲信号中选择幅度大于预设值的脉冲信号进行输出,如图 5-38 所示。

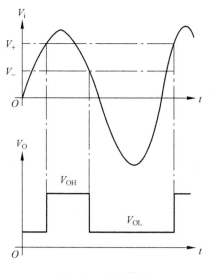

图 5-37　波形转换

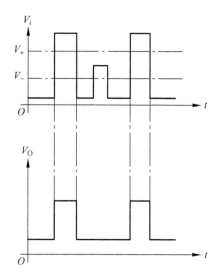

图 5-38　脉冲鉴幅

数字系统中,矩形脉冲在传输中经常发生波形畸变,出现上升沿和下降沿不理想的情况,所谓脉冲整形就是把这些发生畸变的上升沿和下降沿信号恢复正常,如图 5-39 所示。

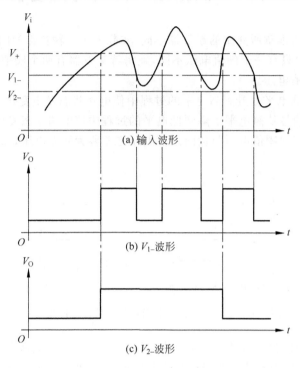

(a) 输入波形

(b) V_{1-} 波形

(c) V_{2-} 波形

图 5-39   脉冲整形

5.8   学 习 评 估

1. D 触发器的输入端,输入如图 5-40 所示波形,请分别画出高电平触发、下降沿触发、上升沿触发方式下 Q 和 $\bar{Q}$ 的波形(设触发器初态 $Q^n=0$)。

2. 分别画出在同步式、维阻式、边沿式、主从式 JK 触发器中输入图 5-41 波形后 Q 和 $\bar{Q}$ 的波形(设触发器初态 $Q^n=0$)。

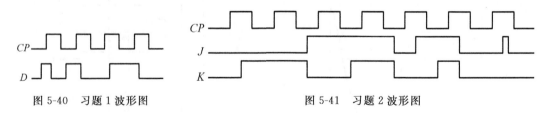

图 5-40   习题 1 波形图   图 5-41   习题 2 波形图

3. 分别用 D 触发器、JK 触发器构成三位左移移位寄存器。

4. 用 JK 触发器构成三位同步二进制减计数器。

5. 用二进制计数器分别构成七进制、九进制、十三进制计数器。

6. 用移位寄存器分别构成五进制、六进制、十一进制计数器。

第6章

逻辑电路分析、设计

任务描述

① 了解逻辑电路分类。

② 掌握分析组合逻辑电路的一般方法。

③ 学会用基本门电路设计组合逻辑电路。

④ 掌握时序逻辑电路分析的一般方法。

⑤ 学会用触发器、基本门电路设计时序逻辑电路。

⑥ 掌握校验器、比较器、全加器、译码器、数据选择器、编码器的基本概念。

教学、学习方法建议

本章的教学内容实践性较强,在仿真环境下教学可起到事半功倍的效果。

6.1 组合逻辑电路分析

组合逻辑电路是数字电路两大组成部分之一,其特点是电路任一时刻的输出仅取决于该时刻电路的输入,而与该电路的过去无关。

所谓组合逻辑电路分析就是根据已有的组合逻辑电路图,分析出电路的功能。

组合逻辑电路的分析方法在第 4.1 节中已讲解过,这里再复习其分析的一般步骤:

① 根据逻辑电路图,写出输出变量对应输入变量的逻辑函数表达式。具体做法可按从左到右或从右到左逐级写出每个门输出与输入的逻辑表达式,最终得到整个电路输出与输入的逻辑表达式。

② 由逻辑表达式推出真值表。关键是计算出全部输入组合对应的输出并按序填入真值表中。

③ 写出逻辑功能。根据真值表分析电路输入与输出的关系,找出规律性的东西,写出电路实现的逻辑功能。

6.1.1 单输出组合逻辑电路分析

【例 6-1】 一由四个与非门构成的组合逻辑电路如图 6-1 所示,试分析其逻辑功能。

解:先在 $U1:D$、$U1:B$、$U1:C$ 的输出端分别加标号 L_1、L_2 和 L_3,然后按以下步骤进行:

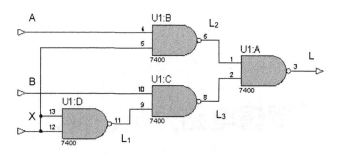

图 6-1　例 6-1 逻辑电路图

（1）写出输出 L 对应输入 A、B、X 的逻辑表达式

分别写出 L_1 与 X，L_2 与 A、X，L_3 与 B、L_1，L 与 L_1、L_2 的逻辑表达式。

$$L_1 = \overline{X}$$
$$L_2 = \overline{AX}$$
$$L_3 = \overline{BL_1}$$
$$L = \overline{L_2 L_3}$$

把 L_1 的逻辑表达式代入 L_3 逻辑表达式中可得 L_3 与 B、X 的逻辑关系表达式。

$$L_3 = \overline{BL_1} = \overline{B\overline{X}} = \overline{B} + X$$

把 L_2、L_3 的逻辑表达式代入 L 逻辑表达式中可得 L 与 A、B、X 的逻辑关系表达式。

$$L = \overline{L_2 L_3} = \overline{\overline{AX}\ \overline{B\overline{X}}} = AX + B\overline{X}$$

（2）列出真值表

可用两种方法实现。

方法 1：在表格的左边按序列出输入 A、B、X 的所有组合，右边的对应位置填入根据表达式计算出的 L 值，得表 6-1 所示真值表。

表 6-1　例 6-1 真值表 1

X	A	B	L	X	A	B	L
0	0	0	0	1	0	0	0
0	0	1	1	1	0	1	0
0	1	0	0	1	1	0	1
0	1	1	1	1	1	1	1

方法 2：在表格的左边按序列出输入 A、B、X 的所有组合，右边的对应位置分别填入根据表达式计算出的 L_1、L_2、L_3、L 的值，得表 6-2 所示真值表。

表 6-2　例 6-1 真值表 2

X	A	B	L_1	L_2	L_3	L
0	0	0	1	1	1	0
0	0	1	1	1	0	1
0	1	0	1	1	1	0
0	1	1	1	1	0	1

续表

X	A	B	L_1	L_2	L_3	L
1	0	0	0	1	1	0
1	0	1	0	1	1	0
1	1	0	0	0	1	1
1	1	1	0	0	1	1

思考一下

这两种方法各有什么优缺点？

（3）写出逻辑功能

分析表 6-1 或表 6-2，可以发现：

当 $X=0$ 时，$L=B$；

$X=1$ 时，$L=A$。

因此，该电路是一个二选一数据选择器。当 $X=0$ 时 B 输出，当 $X=1$ 时 A 输出。

特别提示

① 本例中，填写真值表时如果输入变量的编排顺序为 A、B、X，则分析结果要困难很多。

② 本例在表达式 $L=AX+BX$ 中取 $X=0$，则得 $X=B$；取 $X=1$，则得 $X=A$，同样可知该电路是一个二选一数据选择器。

③ 列出真值表的两种方法各有利弊。方法1填真值表容易，但得到表达式麻烦；方法2不需要得到最终的输入与输出逻辑表达式，但填真值表相对要烦琐些。

【例 6-2】 如图 6-2 所示为一由三个异或门构成的组合逻辑电路，试分析其逻辑功能。

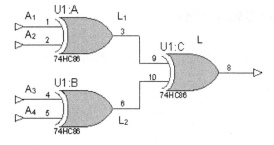

图 6-2 例 6-2 逻辑仿真电路图

解： 先在 $U1{:}A$、$U1{:}B$ 的输出端分别加标号 L_1 和 L_2，然后按以下步骤进行：

① 写出输出 L_1 对应的输入 A_1、A_2 的逻辑表达式

$$L_1 = A_1 \oplus A_2$$

② 写出输出 L_2 对应的输入 A_3、A_4 的逻辑表达式

$$L_2 = A_3 \oplus A_4$$

③ 写出输出 L 对应的输入 L_1、L_2 的逻辑表达式

$$L = L_1 \oplus L_2$$

（4）列出真值表

真值表如表 6-3 所示。

表 6-3 例 6-2 真值表

A_1	A_2	A_3	A_4	L_1	L_2	L
0	0	0	0	0	0	0
0	0	0	1	0	1	1
0	0	1	0	0	1	1
0	0	1	1	0	0	0
0	1	0	0	1	0	1
0	1	0	1	1	1	0
0	1	1	0	1	1	0
0	1	1	1	1	0	1
1	0	0	0	1	0	1
1	0	0	1	1	1	0
1	0	1	0	1	1	0
1	0	1	1	1	0	1
1	1	0	0	0	0	0
1	1	0	1	0	1	1
1	1	1	0	0	1	1
1	1	1	1	0	0	0

（5）写出逻辑功能

分析表 6-3 所示真值表可以发现：

当 A_1、A_2、A_3、A_4 中有偶数个 1 时，输出 L 等于 0；

当 A_1、A_2、A_3、A_4 中有奇数个 1 时，输出 L 等于 1。

因此，该电路是一个奇校验器。即当输入出现奇数个 1 时输出为 1，否则输出为 0。

6.1.2 多输出组合逻辑电路分析

【例 6-3】 由五个与非门构成的组合逻辑电路如图 6-3 所示，试分析其逻辑功能。

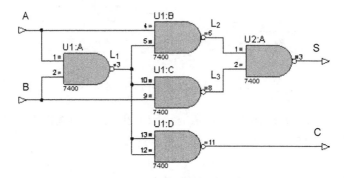

图 6-3 例 6-3 逻辑仿真电路图

解：本例的逻辑电路具有两个输出端 S、C，是一个多输出组合逻辑电路，分析时应分别得到所有输出对应输入的逻辑表达式和真值表，并根据所有输出与输入的对应关系分析电路的逻辑功能。

首先在 $U1:A$、$U1:B$、$U1:C$ 的输出端分别加标号 L_1、L_2、L_3，然后按以下步骤进行：

(1) 写出输出 S 对应 A、B 的逻辑表达式

$$L_1 = \overline{AB}$$

$$L_2 = \overline{AL_1}$$

$$L_3 = \overline{BL_1}$$

$$S = \overline{L_2 L_3} = \overline{\overline{AL_1}\ \overline{BL_1}} = AL_1 + BL_1 = A\overline{AB} + B\overline{AB}$$

$$= A(\overline{A} + \overline{B}) + B(\overline{A} + \overline{B}) = A\overline{B} + \overline{A}B = A \oplus B$$

(2) 写出输出 C 对应 A、B 的逻辑表达式

$$C = \overline{L_1} = \overline{\overline{AB}} = AB$$

(3) 列出 S、C 的真值表

由于 S、C 的输入是一致的，因此 S、C 的真值表合二为一。

输出 S、C 的真值表如表 6-4 所示。

表 6-4　例 6-3 真值表

A	B	S	C	A	B	S	C
0	0	0	0	1	0	1	0
0	1	1	0	1	1	0	1

(4) 写出逻辑功能

分析表 6-4 所示真值表可以发现：

如假设 A 是一个被加数，B 是一个加数，则 S 就为 A、B 这两个一位二进制数相加的和，C 为 A、B 这两个一位二进制数相加的进位。

因此该电路是一个"半加器"电路。

半加器是实现两个一位二进制加法的逻辑电路，该电路将两个二进制数相加，产生累加和以及向高位的进位，但没有考虑从低位来的进位，是不完整的加法电路，故称为半加器。

【例 6-4】　由五个与非门构成的组合逻辑电路如图 6-4 所示，试分析其逻辑功能。

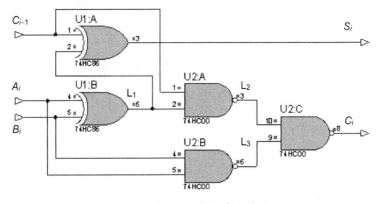

图 6-4　例 6-4 逻辑仿真电路图

解：本例的逻辑电路具有两个输出端 S_i、C_i，是一个多输出组合逻辑电路，分析时应分别得到所有输出对应输入的逻辑表达式和真值表，并根据所有输出与输入的对应关系分析电路的逻辑功能。

首先在 $U1{:}B$、$U2{:}A$、$U2{:}B$ 的输出端分别加标号 L_1、L_2、L_3,然后按以下步骤进行:

(1) 写出输出 S_i 对应 A_i、B_i、C_{i-1} 的逻辑表达式

$$L_1 = A_i \oplus B_i$$

$$S_i = L_1 \oplus C_{i-1} = A_i \oplus B_i \oplus C_{i-1}$$

(2) 写出输出 C_i 对应 A_i、B_i、C_{i-1} 的逻辑表达式

$$L_2 = \overline{L_1 C_{i-1}}$$

$$L_3 = \overline{A_i B_i}$$

$$C_i = \overline{L_2 L_3} = \overline{\overline{L_1 C_{i-1}} \ \overline{A_i B_i}} = L_1 C_{i-1} + A_i B_i$$

$$= (A_i \oplus B_i) C_{i-1} + A_i B_i$$

(3) 列出 S_i、C_i 真值表

由于 S_i、C_i 的输入是一致的,因此 S_i、C_i 的真值表合二为一。

输出 S_i、C_i 的真值表如表 6-5 所示。

表 6-5　例 6-4 真值表

A_i	B_i	C_{i-1}	S_i	C_i
0	0	0	0	0
0	0	1	1	0
0	1	0	1	0
0	1	1	0	1
1	0	0	1	0
1	0	1	0	1
1	1	0	0	1
1	1	1	1	1

(4) 写出逻辑功能

分析表 6-5 所示真值表可以发现:

如假设 A_i 是一个被加数,B_i 是一个加数,C_{i-1} 为低位向高位的进位,则 S_i 就为 A_i、B_i 这两个一位二进制数相加的和,C_i 为 A_i、B_i 这两个一位二进制数相加的进位,并且进位参与了运算。

因此该电路是一个"全加器"电路。

与半加器相比,全加器考虑了从低位来的进位,也即完成了两个二进制加数及低位来的进位三个数相加,同样产生累加和以及向高位的进位,是一个完整的加法器。

多个全加器级联起来就可完成多位二进制数相加。

？思考一下

半加器和全加器的主要区别是什么?

6.2　组合逻辑电路设计

组合逻辑电路的设计方法在第 4.1 节中已讲解过,这里复习设计的一般步骤:

① 把逻辑问题符号化。即输入条件用输入变量表示,输出结果用输出变量表示。

② 根据题意列出真值表。把输入变量的所有输入组合与对应的输出变量值,用表格的形式一一列举出来。

③ 由真值表写出逻辑表达式。

④ 对逻辑表达式进行化简。

⑤ 按化简后的逻辑表达式画出逻辑电路图。

6.2.1 单输入组合逻辑电路设计

【例 6-5】 请用基本门电路设计一个比较器,要求能判断出两个一位二进制数是否相等。

解:本题只要判断两个一位二进制数是否相等,因此只有一个输出。

(1) 把逻辑问题符号化

设两个一位二进制数分别为 A 和 B,输出为 L,并假设 $A=B$ 时,输出 L 为 1。

(2) 根据题意列出真值表

根据"相等为 1 相异为 0"的原则可得如表 6-6 所示真值表。

表 6-6 例 6-5 真值表

A	B	L	A	B	L
0	0	1	1	0	0
0	1	0	1	1	1

(3) 由真值表写出逻辑表达式

$$L = \overline{A \oplus B}$$

(4) 对逻辑表达式进行化简并形式转换

本题如果直接用异或门实现,输出逻辑表达式已不再需要化简,电路图如图 6-5 所示。

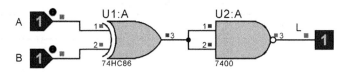

图 6-5 用异或门和与非门构成的比较器

本题如不采用异或门实现,输出逻辑表达式需要作适当转换。

$$L = \overline{A \oplus B} = \overline{\overline{A}B + A\overline{B}} = \overline{\overline{A} \, \overline{B}} \cdot \overline{A\overline{B}} = \overline{\overline{\overline{A} \, \overline{B}} \cdot \overline{A\overline{B}}}$$

思考一下

为什么不直接用与-或非逻辑表达式画逻辑电路图,而把与-或非表达式进一步转换成与非-与非表达式再画图?

按转换后的逻辑表达式画出如图 6-6 所示逻辑电路图。

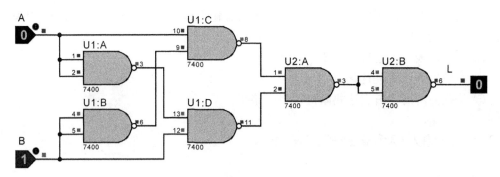

图 6-6   用与非门构成的比较器

🐭 特别提示

比较图 6-3 和图 6-6 可以发现,图 6-5 用了两个集成块,用的是两种元器件;图 6-6 也用了两个集成块,但用的是同一种元器件,虽然看起来电路要比图 6-5 复杂一些,但生产时可以少备一种元器件,节约了成本。

6.2.2　多输入组合逻辑电路设计

【例 6-6】　请用基本门电路设计一个比较器,要求能判断出两个一位二进制数是否相等,如不相等还要判断出谁大谁小。

解:本题既要判断出两个一位二进制数是否相等,同时当不等时还要分出大小,因此有相等、大于、小于三个输出(也可只用大于或相等、小于两个输出)。

(1) 把逻辑问题符号化

设两个一位二进制数分别为 A 和 B,相等为 L_1,大于为 L_2,小于为 L_3,并假设条件成立时对应的输出为 1。

(2) 根据题意列出表 6-7 所示真值表

表 6-7   例 6-6 真值表

A	B	L_1	L_2	L_3
0	0	1	0	0
0	1	0	0	1
1	0	0	1	0
1	1	1	0	0

(3) 由真值表写出逻辑表达式

$$L_1 = \overline{A \oplus B}$$
$$L_2 = A\overline{B}$$
$$L_3 = \overline{A}B$$

(4) 对逻辑表达式进行化简并形式转换

$$L_1 = \overline{A \oplus B} = \overline{\overline{A}B + A\overline{B}} = \overline{\overline{A}B}\,\overline{A\overline{B}} = \overline{\overline{\overline{A}B}\,\overline{\overline{A}\overline{B}}}$$

$$L_2 = A\overline{B} = \overline{\overline{A\overline{B}}}$$

$$L_3 = \overline{A}B = \overline{\overline{\overline{A}B}}$$

按转换后的逻辑表达式画出如图 6-7 所示的逻辑电路图。

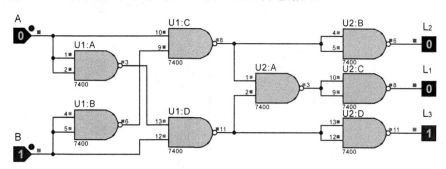

图 6-7 两个一位二进制数比较器

【例 6-7】 请用基本门电路设计一个译码器,要求能实现不管两个输入变量的编码如何组合,四个输出变量都只有一个为 0,且输入的每一种组合都对应不同的输出。

解:从题意可知,本题是一个两输入四输出的组合逻辑电路。

(1) 把逻辑问题符号化

设两个输入分别为 A 和 B,四个输出分别为 Y_0、Y_1、Y_2、Y_3,并且当

$AB=00$ 时,只有 Y_0 为 0;

$AB=01$ 时,只有 Y_1 为 0;

$AB=10$ 时,只有 Y_2 为 0;

$AB=11$ 时,只有 Y_3 为 0。

(2) 根据题意列出表 6-8 所示真值表

表 6-8 例 6-7 真值表

A	B	Y_0	Y_1	Y_2	Y_3
0	0	0	1	1	1
0	1	1	0	1	1
1	0	1	1	0	1
1	1	1	1	1	0

(3) 由真值表写出逻辑表达式

$$Y_0 = \overline{\overline{Y_0}} = \overline{\overline{A}\,\overline{B}}$$

$$Y_1 = \overline{\overline{Y_1}} = \overline{\overline{A}B}$$

$$Y_2 = \overline{\overline{Y_2}} = \overline{A\overline{B}}$$

$$Y_3 = \overline{\overline{Y_3}} = \overline{AB}$$

(4) 对逻辑表达式进行化简并形式转换

本题的逻辑表达式既不需要化简,也不需要转换。

按逻辑表达式画出如图 6-8 所示逻辑电路图。

【例 6-8】 请用基本门电路设计一编码器,要求将四个输入信号转换成对应的二进制编码。

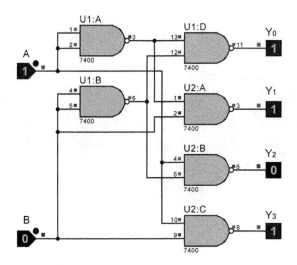

图 6-8　2-4 译码器电路图

解：本题需要转换的输入信号为四个，因此输出为两个。想一想，为什么？

（1）把逻辑问题符号化

本题没有规定编码方式，因此理论上可采用多种编码方式，为了理解和记忆的方便，本题采用的是输出编码的值和输入下标相等的编码方式。

设四个输入分别为 I_0、I_1、I_2、I_3，两个输出为 A、B。并且当

$I_3 I_2 I_1 I_0 = 0001$ 时，$BA = 00$；

$I_3 I_2 I_1 I_0 = 0010$ 时，$BA = 01$；

$I_3 I_2 I_1 I_0 = 0100$ 时，$BA = 10$；

$I_3 I_2 I_1 I_0 = 1000$ 时，$BA = 11$。

同时规定 $I_3 I_2 I_1 I_0$ 只允许出现上述四种编码。

（2）根据题意列出表 6-9 所示真值表

表 6-9　例 6-8 真值表

I_3	I_2	I_1	I_0	B	A
0	0	0	1	0	0
0	0	1	0	0	1
0	1	0	0	1	0
1	0	0	0	1	1
其他输入组合				×	×

（3）对逻辑表达式进行化简

本题可利用无关项对表达式进行化简。输出 A、B 的卡诺图分别如图 6-9、图 6-10 所示。

（4）转换逻辑表达式

$$A = I_1 + I_3 = \overline{\overline{I_1 + I_3}} = \overline{\overline{I_1}\ \overline{I_3}}$$

$$B = I_2 + I_3 = \overline{\overline{I_2 + I_3}} = \overline{\overline{I_2}\ \overline{I_3}}$$

按逻辑表达式画出如图 6-11 所示逻辑电路图。

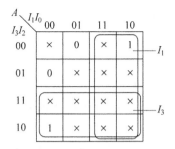

图 6-9　例 6-8 卡诺图 1

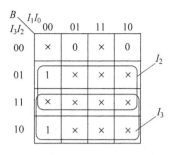

图 6-10　例 6-8 卡诺图 2

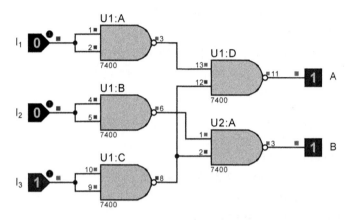

图 6-11　4-2 编码器逻辑电路图

特别提示

① 本题的真值表也可用另一种形式表示,因为本题在把逻辑问题符号化时,实际上已经规定了:

$I_0 = 1$,其他输入信号为 0 时,$BA = 00$;

$I_1 = 1$,其他输入信号为 0 时,$BA = 01$;

$I_2 = 1$,其他输入信号为 0 时,$BA = 10$;

$I_3 = 1$,其他输入信号为 0 时,$BA = 11$。

因此真值表也可写成表 6-10 的形式,这种形式的真值表更容易得到所需要的逻辑表达式。

表 6-10　例 6-8 真值表

输入	B	A	输入	B	A
I_0	0	0	I_2	1	0
I_1	0	1	I_3	1	1

注意:

I_0 代表的实际上是输入组合××××1;

I_1 代表的实际上是输入组合×××1×;

I_2 代表的实际上是输入组合×1××;

I_3 代表的实际上是输入组合 $1\times\times\times$。

根据表 6-10 所示的真值表可直接写出输出逻辑表达式：

$$A = I_1 + I_3 = \overline{\overline{I_1 + I_3}} = \overline{\overline{I_1}\ \overline{I_3}}$$

$$B = I_2 + I_3 = \overline{\overline{I_2 + I_3}} = \overline{\overline{I_2}\ \overline{I_3}}$$

② 本题逻辑电路图输入中本没有 I_0，但并不意味着没有 I_0 所对应的输出 $BA=00$，当 $I_1 I_2 I_3 = 000$ 时，输出 $BA=00$。

【例 6-9】 请用基本门电路设计一个优先编码器，要求将四个输入信号转换成对应的二进制编码，并且四个输入信号具有不同的优先级。

解：例 6-9 与例 6-8 相比，增加了优先级的要求。

（1）把逻辑问题符号化

本题依然采用输出编码的值和输入下标相等的编码方式。

设 4 个输入分别为 I_0、I_1、I_2、I_3，两个输出为 A、B。并且当

$I_3 I_2 I_1 I_0 = 0001$ 时，$BA=00$；

$I_3 I_2 I_1 I_0 = 0010$ 时，$BA=01$；

$I_3 I_2 I_1 I_0 = 0100$ 时，$BA=10$；

$I_3 I_2 I_1 I_0 = 1000$ 时，$BA=11$。

同时规定四个输入信号的优先级顺序从高到低为 $I_0 I_1 I_2 I_3$，即

当 I_0 为 1 时，一定有 $BA=00$；

当 I_1 为 1，且 I_0 为 0 时，一定有 $BA=01$；

当 I_2 为 1，且 $I_1 I_0$ 为 00 时，一定有 $BA=10$；

当 I_3 为 1，且 $I_2 I_1 I_0$ 为 000 时，一定有 $BA=11$。

（2）根据题意列出表 6-11 所示真值表

表 6-11 例 6-9 真值表

I_3	I_2	I_1	I_0	B	A
0	0	0	0	$\times$	$\times$
0	0	0	1	0	0
0	0	1	0	0	1
0	0	1	1	0	0
0	1	0	0	1	0
0	1	0	1	0	0
0	1	1	0	0	1
0	1	1	1	0	0
1	0	0	0	1	1
1	0	0	1	0	0
1	0	1	0	0	1
1	0	1	1	0	0
1	1	0	0	1	0
1	1	0	1	0	0
1	1	1	0	0	1
1	1	1	1	0	0

（3）用卡诺图对函数进行化简

A、B的卡诺图分别如图6-12、图6-13所示。

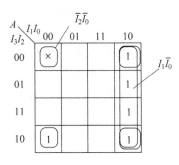

图6-12 例6-9卡诺图1

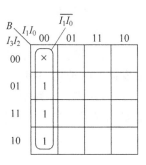

图6-13 例6-9卡诺图2

（4）转换逻辑表达式

$$A = \overline{I_2}\,\overline{I_0} + I_1\,\overline{I_0} = \overline{\overline{\overline{I_2}\,\overline{I_0}}\,\overline{I_1\,\overline{I_0}}}$$

$$B = \overline{I_1}\,\overline{I_0} = \overline{\overline{\overline{I_1}\,\overline{I_0}}}$$

按逻辑表达式画出如图6-14所示的逻辑电路图。

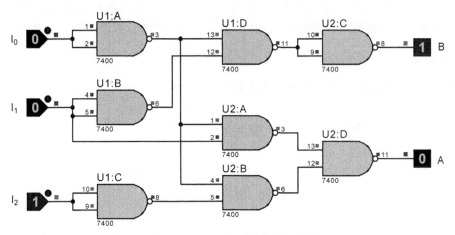

图6-14 4-2优先编码器逻辑电路图

特别提示

仿真时，普通编码器状态转换时会出现许多不需要的中间状态，而优先编码器可正确地从一种状态转换到另一种状态。

6.3 时序逻辑电路分析

6.3.1 时序逻辑电路分类

时序逻辑电路是一种在任一时刻的输出不仅取决于该时刻电路的输入而且还与电路过去有关的逻辑电路。其特点是具有记忆功能，主要标志是电路中以触发器为主。

1. 同步时序逻辑电路和异步时序逻辑电路

时序逻辑电路按存储(记忆)单元的状态是不是同时变化,可分为同步时序逻辑电路和异步时序逻辑电路。

① 在同步时序逻辑电路中,电路中所有触发器的状态变化在同一时刻发生,主要特征是:所有触发器的时钟端接同一个时钟源。

② 在异步时序逻辑电路中,电路中各触发器的状态变化有先有后,主要特征是:不是所有触发器的时钟端接同一个时钟源。

思考一下

第5章所学时序逻辑电路中哪些电路是同步时序逻辑电路?哪些电路是异步时序逻辑电路?

2. 穆尔型电路和米莱型电路

时序逻辑电路按电路的输出状态是只取决于电路过去还是同时与当时的输入信号有关又可分为穆尔型(Moore)时序逻辑电路和米莱型(Mealy)时序逻辑电路。

① 穆尔型时序逻辑电路的典型标志是除时钟信号外没有其他外加信号源。

② 米莱型时序逻辑电路除时钟信号外,一定还有额外的信号源施加到电路中。

思考一下

前面所学时序逻辑电路中哪些电路是穆尔型电路?有没有米莱型电路?

6.3.2 时序逻辑电路分析的一般步骤

根据时序逻辑电路的逻辑电路图,分析出时序逻辑电路的逻辑功能,就称为时序逻辑电路的分析。时序逻辑电路的分析一般按以下步骤进行:

(1) 确定时序逻辑电路的类型

是同步时序逻辑电路,还是异步时序逻辑电路;是 Mealy 型时序逻辑电路,还是 Moore 型时序逻辑电路。

(2) 根据给定电路写出各触发器驱动方程、时钟方程和输出方程

驱动方程是指触发器输入信号的逻辑表达式。如 JK 触发器输入信号 J、K 的逻辑表达式。

时钟方程是指触发器的时钟信号的逻辑表达式,即各触发器 CP 信号的逻辑表达式。对于同步时序电路可不写出时钟方程,因为电路中所有触发器的时钟输入端都连接在一起,所有触发器均在同一时刻被触发。

输出方程是指时序电路输出信号的逻辑表达式。需要指出的是,不是所有时序逻辑电路都具有输出方程。

(3) 写出各触发器的状态方程

把各触发器的驱动方程代入相应的特性方程,即可得各触发器的次态 Q^{n+1} 的逻辑表达

式——触发器的状态方程。

（4）进行状态和输出计算

把电路的输入和现态所有可能的取值组合代入状态方程和输出方程进行计算，得到相应的次态和输出。

计算时应注意以下几点。

① 应根据给定的或设定的初态和输入变量组合计算出相应的次态和输出状态。

② 所有触发器现态的组合即为时序电路的现态。

③ 对于异步时序逻辑电路，应注意是不是具有有效的触发信号，如没有，则状态将保持不变。

（5）填写真值表、状态转换表，画出次态卡诺图、输出卡诺图、状态转换图和时序图（波形图）

将输入变量和电路初态（现态）所有输入组合，代入输出方程和状态方程，计算出每一组组合情况下电路的输出和次态的值，填入表格，就得到了真值表，由真值表可得表 6-13 所示状态转换表。

将状态转换表以图形形式表示出来，就得到了状态转换图。状态转换图以圆圈中的内容表示电路的各个状态，用圆圈之间的带箭头的弧线表示状态转换的方向，弧线上方的标注注明状态转换所需的输入变量取值和输出变量的值，输入和输出的值用斜线分开，斜线上方为输入，斜线下方为输出。

在时钟脉冲序列和输入变量的作用下，电路状态、输出变量随时间变化的波形图叫做时序图，它是状态转换表的另一种表示形式。

（6）概括出时序电路的逻辑功能

需要指出，上面罗列的是时序逻辑电路分析的一般步骤，并不是一成不变的，可根据电路的繁简、个人的熟练程度灵活应用。

6.3.3 时序逻辑电路分析举例

1. 同步时序逻辑电路分析

【例 6-10】 分析图 6-15 所示时序逻辑电路的功能，图中所有元件均为 TTL 电路。

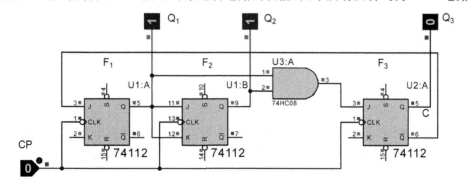

图 6-15 例 6-10 逻辑电路图

解：(1) 确定该电路的类型。

该电路所有触发器的 CP 端都连接在一起，是一个同步时序电路；

除 CP 外没有额外的输入信号，是一个 Moore 型电路。

(2) 写出驱动方程、输出方程(同步时序逻辑电路，不需要写时钟方程)。

触发器 F_1 的驱动方程为：$J_1=\overline{Q_3^n}$ $\qquad$ $K_1=1$

触发器 F_2 的驱动方程为：$J_2=Q_1^n$ $\qquad$ $K_2=Q_1^n$

触发器 F_3 的驱动方程为：$J_3=Q_2^nQ_1^n$ $\qquad$ $K_3=1$

触发器的输出方程为：$C=Q_3^n$

思考一下

为什么 $K_1=K_3=1$?

(3) 将各驱动方程代入相应特性方程得各触发器状态方程。

本例电路中所有触发器均为 JK 触发器，JK 触发器特性方程为：

$$Q^{n+1}=J\overline{Q^n}+\overline{K}Q^n$$

分别把 J_1、K_1，J_2、K_2 和 J_3、K_3 代入该特性方程，可得各触发器状态方程。

触发器 F_1 的状态方程为：

$$Q_1^{n+1}=J_1\overline{Q_1^n}+\overline{K_1}Q_1^n=\overline{Q_3^n}\,\overline{Q_1^n}$$

触发器 F_2 的状态方程为：

$$Q_2^{n+1}=J_2\overline{Q_2^n}+\overline{K_2}Q_2^n=Q_1^n\overline{Q_2^n}+\overline{Q_1^n}Q_2^n$$

触发器 F_3 的状态方程为：

$$Q_3^{n+1}=J_3\overline{Q_3^n}+\overline{K_3}Q_3^n=Q_1^nQ_2^n\overline{Q_3^n}$$

(4) 进行状态和输出的计算，填入表 6-12 所示的真值表中。

表 6-12 真值表

各触发器初态			各触发器次态			输出
Q_3^n	Q_2^n	Q_1^n	Q_3^{n+1}	Q_2^{n+1}	Q_1^{n+1}	C
0	0	0	0	0	1	0
0	0	1	0	1	0	0
0	1	0	0	1	1	0
0	1	1	1	0	0	1
1	0	0	0	0	0	0
1	0	1	0	1	0	0
1	1	0	0	1	0	0
1	1	1	0	0	0	0

(5) 根据真值表，填写状态转换表(表 6-13)，画出次态卡诺图(如图 6-16 所示)、状态转换图(如图 6-17 所示)和时序图(如图 6-18 所示)。

表 6-13　状态转换表

状态顺序	各触发器状态			输　出	脉冲个数
	Q_3	Q_2	Q_1	C	
0	0	0	0	0	0
1	0	0	1	0	1
2	0	1	0	0	2
3	0	1	1	0	3
4	1	0	0	1	4
5	0	0	0	0	5

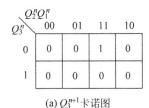

(a) Q_3^{n+1} 卡诺图

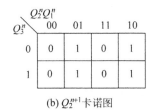

(b) Q_2^{n+1} 卡诺图

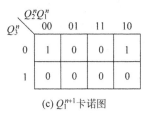

(c) Q_1^{n+1} 卡诺图

图 6-16　次态卡诺图

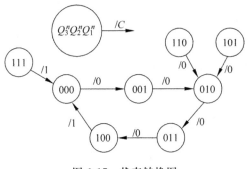

图 6-17　状态转换图

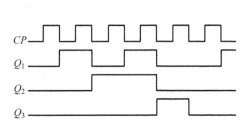

图 6-18　时序图

（6）经过以上分析，可知该电路是每来五个脉冲输出状态就循环一次的同步时序电路，通常称为同步五进制计数器。又因其不管初始时处于什么状态，均可回到计数状态，又称该电路为可自启动的同步五进制计数器。

特别提示

① 所有触发器状态连在一起就是整个时序电路的状态。

② 在填表、画图过程中要确保各触发器状态排列成的初态、次态排列顺序（如 $Q_3 Q_2 Q_1$）要一致，以避免不必要的错误。

③ 波形图上的时间先后是从左到右。

④ 在时序电路的分析中，并不是每次都要填写真值表、状态转换表，画出卡诺图、状态转换图，以及波形图，可根据需要选择。一般情况下，卡诺图在时序电路的分析中没有什么实际意义，波形图也主要用于 2^n 进制计数器电路的分析和设计，状态转换表也是可有可无，最有用的只有真值表，有了真值表就可得到时序电路的所有其他表示形式。通常，为了更直

观地看出时序电路的功能，应画出状态转换图。

【例 6-11】 分析如图 6-19(不能仿真)所示的逻辑功能。

解：(1) 确定该电路的类型。

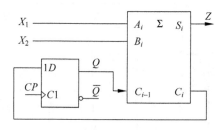

该电路由一个全加器和一个 D 触发器组成，因其只有一个触发器，肯定是同步触发器，又因其输出受全加器输入 X_1、X_2 的影响，所以是 Mealy 电路。

(2) 写出驱动方程、输出方程(同步时序电路，不需要写时钟方程)。

根据例 6-4 的分析可知本例驱动方程为：

图 6-19　例 6-11 时序电路图

$$D = C_i = (A_i \oplus B_i)C_{i-1} + A_iB_i$$
$$= (X_1 \oplus X_2)Q^n + X_1X_2$$

输出方程为：

$$Z = S_i = A_i \oplus B_i \oplus C_{i-1}$$
$$= X_1 \oplus X_2 \oplus Q^n$$

(3) 写出状态方程。

因 D 触发器的特性方程为：

$$Q^{n+1} = D$$

所以状态方程为：

$$Q^{n+1} = D = C_i = (A_i \oplus B_i)C_{i-1} + A_iB_i$$
$$= (X_1 \oplus X_2)Q^n + X_1X_2$$

(4) 进行状态计算，填写表 6-14。

表 6-14　例 6-11 真值表

输 入		初 态	次 态	输 出
X_1	X_2	Q^n	Q^{n+1}	Z
0	0	0	0	0
0	0	1	0	1
0	1	0	0	1
0	1	1	1	0
1	0	0	0	1
1	0	1	1	0
1	1	0	1	0
1	1	1	1	1

这个真值表是不是与组合电路中所学的全加器真值表(把 X_1、X_2 看成加数与被加数，触发器的初态看成是低位向高位的进位，全加器的输出看成是累加和，触发器的次态看成是产生的进位)完全一样，当然该电路也是一个全加器，而且是一个串行加法器。

下面通过一个实例说明该串行加法器的工作过程。假定要完成的加法是 $A_2A_1A_0$ 和 $B_2B_1B_0$ 相加。

① 让 $X_1 = X_2 = 0$,给一个 CP 脉冲,使 $Q = 0$,也即清进位输入,因为首先进行的是最低位相加。

② 让 $X_1 = A_0$,$X_2 = B_0$,此时从 Z 端输出的就是 A_0、B_0 相加的结果,再给 CP 端一个脉冲,触发器的次态就是产生的进位。

③ 让 $X_1 = A_1$,$X_2 = B_1$,此时从 Z 端输出的就是 A_1、B_1 及 A_0、B_0 相加产生的进位相加的结果,再给一个 CP 脉冲,触发器的次态就是产生的进位。

④ 让 $X_1 = A_2$,$X_2 = B_2$,此时从 Z 端输出的就是 A_2、B_2 及 A_1、B_1 相加产生的进位相加的结果,再给一个 CP 脉冲,触发器的次态就是产生的进位。

⑤ 让 $X_1 = 0$,$X_2 = 0$,给一个 CP 脉冲,此时从 Z 端输出的就是最高位相加产生的进位。记录下每一步的 Z 值,就得到了最终的结果。

显然,该串行加法器可以完成任意位数的二进制数相加。

2. 异步时序电路分析举例

异步时序电路的分析与同步时序的分析过程大致相同,但要特别指出的是:由于异步时序电路中各触发器的 CP 端并不全部连接在一起,因此在写出各触发器状态方程时,必须同时给出相应的时钟方程,因为状态方程所表示的逻辑功能只有在 CP 有效时才成立。

【例 6-12】 请分析图 6-20 所示时序电路逻辑功能。图中所有元件均为 TTL 电路。

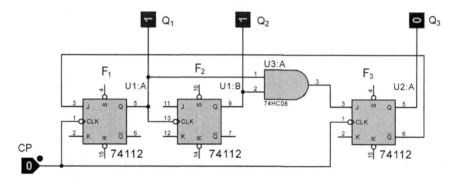

图 6-20 例 6-12 时序电路图

解:(1)确定该电路的类型。

该电路不是所有触发器的时钟输入端都连接在一起,是一个异步时序电路;

该电路除 CP 外没有额外的输入信号,是一个 Moore 型电路。

(2)写出驱动方程、时钟方程(本例中除次态外无其他输出,故无输出方程)。

触发器 F_1 的驱动方程为:$J_1 = \overline{Q_3^n}$ $K_1 = 1$

            时钟方程为:$CP_1 = CP$

触发器 F_2 的驱动方程为:$J_2 = 1$ $K_2 = 1$

            时钟方程为:$CP_2 = Q_1^n$

触发器 F_3 的驱动方程为:$J_3 = Q_2^n Q_1^n$ $K_3 = 1$

            时钟方程为:$CP_3 = CP$

注意：在 TTL 电路中，输入端悬空，相当于接"1"。

（3）将各驱动方程代入相应特性方程得各触发器状态方程。

本例电路中所有触发器均为 JK 触发器，JK 触发器特性方程为：

$$Q^{n+1} = J\overline{Q^n} + \overline{K}Q^n$$

分别把 J_1、K_1，J_2、K_2 和 J_3、K_3 代入该特性方程，可得各触发器状态方程。

触发器 F_1 的状态方程为：

$$Q_1^{n+1} = J_1\overline{Q_1^n} + \overline{K_1}Q_1^n = \overline{Q_3^n}\overline{Q_1^n} \qquad (CP_1 = CP)$$

触发器 F_2 的状态方程为：

$$Q_2^{n+1} = J_2\overline{Q_2^n} + \overline{K_2}Q_2^n = \overline{Q_2^n} \qquad (CP_2 = Q_1^n)$$

触发器 F_3 的状态方程为：

$$Q_3^{n+1} = J_3\overline{Q_3^n} + \overline{K_3}Q_3^n = Q_1^nQ_2^n\overline{Q_3^n} \qquad (CP_3 = CP)$$

（4）进行状态和输出的计算，填入表 6-15。

表 6-15　例 6-12 真值表

初　态			时 钟 输 入	次　态		
Q_3^n	Q_2^n	Q_1^n	$CP_2 = Q_1^n$	Q_3^{n+1}	Q_2^{n+1}	Q_1^{n+1}
0	0	0	(0→1) ↑	0	0	1
0	0	1	(1→0) ↓	0	1	0
0	1	0	(0→1) ↑	0	1	1
0	1	1	(1→0) ↓	1	0	0
1	0	0	(0→0) 0	0	0	0
1	0	1	(1→0) ↓	0	1	0
1	1	0	(0→0) 0	0	1	0
1	1	1	(1→0) ↓	0	0	0

这里需要说明的是，由于 $CP_1 = CP_3 = CP$，因此 Q_1^{n+1}、Q_3^{n+1} 可以和同步时序电路一样，直接由状态方程算出，而 $CP_2 = Q_1^n$，Q_2^{n+1} 必须在 Q_1^n 出现下降沿时才可以由状态方程算出，而其他情况保持原来的状态（初态）。

（5）根据真值表，画出如图 6-21 所示的状态转换图。

经过以上分析，可知该电路是每来五个脉冲输出状态就循环一次的异步时序电路，通常称为异步五进制计数器。又因其不管初始时处于什么状态，均可回到计数状态，又称该电路为可自启动的异步五进制计数器。

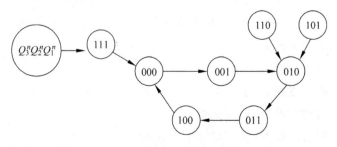

图 6-21　例 6-12 状态图

6.4 时序逻辑电路设计

6.4.1 时序逻辑电路设计原则、步骤

根据给出的具体逻辑问题,求出实现这一逻辑功能的时序逻辑电路,就称为时序逻辑电路的设计。

1. 时序逻辑电路设计原则

时序逻辑电路的设计一般应遵循以下几个原则。

① 所得到的结果应为最简。

② 当选用小规模集成电路设计时,电路最简的标准是所用的触发器和门电路的数量最少,而且触发器和门电路的输入端数量也最少。

③ 当选用中、大规模集成电路时,电路最简的标准是使用的集成电路数量最少,种类最少,而且相互间的连线也最少。

2. 时序逻辑电路设计步骤

由于异步时序逻辑电路设计方法较多、较复杂、随意性也较大,且在第5章围绕 2^n 进制异步计数器的设计已有介绍,所以在本节中仅介绍同步时序逻辑电路的设计。

同步时序逻辑电路的设计一般按以下步骤进行。

(1) 逻辑抽象,得出状态转换图或状态转换表

要把一个实际的逻辑问题用状态转换图或状态转换表表示出来,需要做以下几件事。

① 分析给定的逻辑问题,确定输入变量、输出变量以及电路有几个状态。通常取原因(或条件)作为输入逻辑变量,取结果作为输出逻辑变量。

② 定义输入、输出逻辑状态和每个电路状态的含义,并将电路状态编号。

③ 按照题意列出电路的状态转换表或画出电路的状态转换图。

(2) 状态化简

电路的状态数越少,设计出来的电路就越简单。对已经画好的状态图(或列好的状态转换表)必须进一步观察、分析,看有无化简的可能。

若在定义的状态中,有两个状态在相同的输入条件下有相同的输出,并且转换到同一个次态,则称这两个状态为等价状态,等价状态可以合并为一个。

(3) 状态分配

状态分配又称状态编码。时序逻辑电路的状态是组成时序电路的各触发器的状态组合。需要做以下几件事。

① 确定需要的触发器数量 n。因为 n 个触发器具有 2^n 种编码组合,所以如假设所需设计的时序电路有 M 个电路状态,则有:

$$2^{n-1} < M \leqslant 2^n$$

② 把触发器的状态组合与电路状态对应起来。从触发器的 2^n 个状态组合中选取 M 个状态分配给电路状态。每一个状态唯一一对应一个电路状态。

③ 如果编码方案选择得当,将可以使设计的电路简单,反之,会使设计的电路复杂。为便于记忆和识别,一般选用的状态编码应遵循一定的规律。

(4) 选定触发器的类型并给出次态方程、输出方程和驱动方程

触发器有多种类型,不同类型的触发器其功能不同、触发方式不同,因而用不同类型的触发器设计的电路也不同。因此,在设计具体电路前应首先选定触发器类型。触发器的选择应考虑到设计的电路简单,并使电路中触发器种类较少。

根据状态转换图(或状态转换表)和选定的状态编码、触发器类型,可写出电路的状态方程和输出方程,再将状态方程与特性方程进行比较,得到各触发器的驱动方程。

(5) 画逻辑电路图和状态转换图

根据得到的状态方程、驱动方程及选定的触发器类型画出逻辑电路图和状态转换图。

(6) 检查设计的电路能否自启动

若逻辑电路中存在无关状态(当 $M<2^n$ 时)应做如下分析:一旦电路进入该状态,能否在时钟脉冲作用下,转入有效状态? 若能转入,则设计的电路有自启动能力,否则无自启动能力。

如果最终检查设计的电路没有自启动能力,则应重新选择编码方案。

需要指出,上面罗列的是时序电路设计的一般步骤,并不是一成不变的,可根据逻辑问题的复杂程度、个人的熟练程度灵活应用。

6.4.2 同步时序逻辑电路设计举例

1. Mealy 时序逻辑电路设计

【例 6-13】 设计一个串行数据检测器。要求实现当连续输入三个或三个以上的"1"时输出为"1",其他输入情况下输出为"0"。

解:本题除 CP 外有额外的输入信号,因此是一个 Mealy 型电路。

(1) 进行逻辑抽象,画出状态转换图

根据题意,要求设计的电路应有以下四个状态:

初态 S_0,电路在没有输入"1"以前的状态;

状态 S_1,电路输入一个"1"以后的状态;

状态 S_2,电路连续输入两个"1"以后的状态;

状态 S_3,电路连续输入 3 个或 3 个以上"1"以后的状态。

如取输入数据为输入变量,用 X 表示,取检测结果为输出变量,用 Y 表示,则有:

① 如果开始时电路处于初态 S_0,在时钟作用下,若 $X=1$ 时,电路转向 S_1 态,$Y=0$。反之,若 $X=0$,则电路仍为 S_0 态,$Y=0$。

② 如果电路已处于 S_1 态,在时钟作用下,若 $X=1$ 时,电路转向 S_2 态,$Y=0$。反之,若 $X=0$,则电路转向 S_0 态,$Y=0$。

③ 如果电路已处于 S_2 态,在时钟作用下,若 $X=1$ 时,电路转向 S_3 态,$Y=1$。反之,若

$X=0$,则电路转向 S_0 态,$Y=0$。

④ 如果电路已处于 S_3 态,在时钟作用下,若 $X=1$ 时,电路仍为 S_3 态,$Y=1$。反之,若 $X=0$,则电路转向 S_0 态,$Y=0$。

根据以上分析可得如图 6-22 所示的状态转换图。

（2）状态化简

比较一下 S_2 和 S_3 这两个状态可以发现,它们在同样的输入下具有同样的输出,而且转向同一个次态,因此 S_2 和 S_3 是等价状态,可以合并为一个。

从物理概念上也不难理解,因为当电路处于 S_2 状态时,表明已经连续输入了两个"1",这时只要再输入一个"1",就输入了 3 个"1"进入 S_3 态,进入 S_3 态后,即使输入更多个"1",也和输入了 3 个"1"一样,保持在 S_3 态,而在任何状态只要输入"0",总要回到初态。

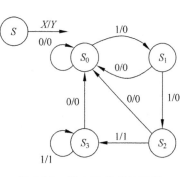

图 6-22　例 6-13 状态转换图

经过化简,得到如图 6-23 所示的状态转换图。

（3）状态分配得编码形式的状态转换图

化简后电路的状态数为 $M=3$,触发器的个数取 $n=2$ 时,满足公式

$$2^{n-1} < M \leqslant 2^n$$

因此,触发器个数 n 应选为 2。

取触发器状态 Q_1Q_0 的 00、01 和 10 分别代表电路状态 S_0、S_1 和 S_2,没有用到的 11 为随意态,得如图 6-24 所示编码形式的状态转换图。

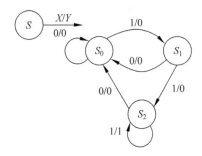

图 6-23　例 6-13 简化状态转换图

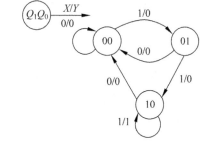

图 6-24　例 6-13 编码形式状态转换图

（4）求电路的次态方程、输出方程

由编码形式的状态转换图,可得如表 6-16 所示真值表,通过真值表可画出输出 Y 函数的卡诺图、电路中各触发器的次态卡诺图,如图 6-25 所示。

表 6-16　例 6-13 真值表

X	Q_1^n	Q_0^n	Q_1^{n+1}	Q_0^{n+1}	Y
0	0	0	0	0	0
0	0	1	0	0	0
0	1	0	0	0	0
0	1	1	×	×	×

续表

X	Q_1^n	Q_0^n	Q_1^{n+1}	Q_0^{n+1}	Y
1	0	0	0	1	0
1	0	1	1	0	0
1	1	0	1	0	1
1	1	1	$\times$	$\times$	$\times$

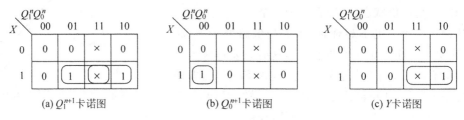

图 6-25　例 6-13 输出卡诺图和次态卡诺图

经化简后得到电路的状态方程和输出方程为

$$Q_1^{n+1} = XQ_1^n + XQ_0^n$$

$$Q_0^{n+1} = X\,\overline{Q_1^n}\,\overline{Q_0^n}$$

$$Y = XQ_1^n$$

（5）求触发器的驱动方程

选用 JK 边沿触发器构成此时序电路，则由 JK 触发器特性方程可知

$$Q_1^{n+1} = J_1\,\overline{Q_1^n} + \overline{K_1}Q_1^n$$

$$Q_0^{n+1} = J_0\,\overline{Q_0^n} + \overline{K_0}Q_0^n$$

比较次态方程和特性方程可得驱动方程

因为　$Q_1^{n+1} = XQ_1^n + XQ_0^n = XQ_1^n + XQ_0^n(Q_1^n + \overline{Q_1^n}) = (XQ_0^n)\overline{Q_1^n} + XQ_1^nQ_0^{n+1}$

$$= X\,\overline{Q_1^n}\,\overline{Q_0^n} = (X\,\overline{Q_1^n})\overline{Q_0^n} + \overline{1}Q_0^n$$

所以驱动方程为

$$J_1 = XQ_0^n$$

$$K_1 = \overline{X}$$

$$J_0 = X\,\overline{Q_1^n}$$

$$K_0 = 1$$

（6）画逻辑电路图和状态转换图

根据得到的状态方程、驱动方程及选定的触发器类型，可画出如图 6-26 所示的逻辑电路图及如图 6-27 所示的状态转换图。

（7）检查设计的电路能否自启动

状态转换图表明，当电路进入无效状态"11"后，若 $X=1$ 则次态为"10"，若 $X=0$ 则次态为"00"，因此该电路具有自启动能力。

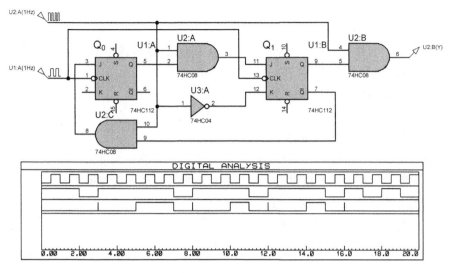

图 6-26 例 6-13 逻辑电路图及波形图

特别提示

① 本例若不画出图 6-27 所示的电路状态转换图，也可以判断该电路是否有自启动能力。因为画状态转换图的依据是状态和输出计算，当初态为"11"，X 分别取值"0"和"1"时的状态计算结果为有效状态时，就可确认该电路具有自启动能力。

② 图 6-26 中的波形图是由 Proteus 脉冲序列发生器(DPATTERN)模拟获得。

③ 本例中若改用 D 触发器，只需将状态方程和 D 触发器的特性方程 $Q^{n+1}=D$ 比较，即可得 D 触发器的驱动方程。显然有

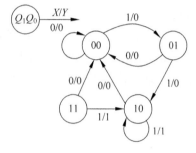

图 6-27 例 6-13 电路状态转换图

$$D_1 = XQ_1^n + XQ_0^n$$
$$D_0 = X\overline{Q_1^n}\,\overline{Q_0^n}$$

而输出方程不受影响，仍然是

$$Y = XQ_1^n$$

由次态方程和输出方程即可画出逻辑电路图(省略)。

【例 6-14】 设计一个自动售饮料机的逻辑电路。它的投币口每次只能投入一枚五角或一元的硬币。投入一元五角钱硬币后机器自动给出一杯饮料，投入两元(两枚一元)硬币后，在给出硬币的同时找回一枚五角的硬币。

解：本题除 CP 外有额外的输入信号，因此是一个 Mealy 型电路。

(1) 根据设计要求，画出符合题意的状态转换图

根据题意，要求设计的逻辑电路应有以下几个状态。

① 初态 S_0，表示未投币时的状态；

② 状态 S_1，表示投入一枚五角硬币以后的状态；

③ 状态 S_2，表示投入一枚一元或两枚五角硬币以后的状态；

④ 状态 S_3，表示投入一元五角或二元钱以后的状态。

显然，S_0 和 S_3 是等价状态。因为在状态 S_2，如投入一枚五角硬币，饮料机给出饮料后，当然要回到初态；如投入一枚一元硬币，饮料机给出饮料后，找回一枚五角硬币，当然也要回到初态。因此，S_3 可以和 S_0 合并。

在状态分配时，触发器的个数取 $n=2$。

设 $S_0=00,S_1=01,S_2=10$。"11"为无效状态。

取投币信号为输入逻辑变量，即有

① $A=1$ 表示投入一枚一元硬币，$A=0$ 表示未投入一枚一元硬币；

② $B=1$ 表示投入一枚五角硬币，$B=0$ 表示未投入一枚五角硬币。

取给饮料和找钱为输出变量，即有

① $Y=1$ 表示给出饮料，$Y=0$ 表示未给出饮料；

② $Z=1$ 表示找回一枚五角硬币，$Z=0$ 表示未找回一枚五角硬币。

可得如图 6-28 所示的状态转换图。

注意：假定每次投币后产生的投币信号，在电路转入新状态的同时也随之消失，否则将被认为是又一次投币信号。

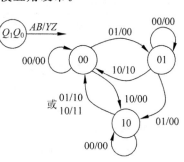

图 6-28　例 6-14 编码形式
状态转换图

（2）求状态方程、输出方程和驱动方程

由状态转换图，可画出输出 Y、Z 函数的卡诺图，电路中各触发器的次态卡诺图，如图 6-29 所示。

(a) Q_1^{n+1} 卡诺图

(b) Q_0^{n+1} 卡诺图

(c) Y 卡诺图

(d) Z 卡诺图

图 6-29　例 6-14 次态和输出卡诺图

经化简后得到电路的状态方程和输出方程为

$$Q_1^{n+1} = \overline{AB}Q_1^n + A\,\overline{Q_1^n}\,\overline{Q_0^n} + BQ_0^n$$

$$Q_0^{n+1} = B\,\overline{Q_1^n}\,\overline{Q_0^n} + \overline{AB}Q_0^n$$

$$Y = BQ_1^n + AQ_1^n + AQ_0^n$$

$$Z = AQ_1^n$$

选用 D 触发器构成此时序电路,则由 D 触发器特性方程可知

$$Q_1^{n+1} = D_1$$

$$Q_0^{n+1} = D_0$$

比较次态方程和特性方程可得驱动方程

$$D_1 = Q_1^{n+1} = \overline{AB}Q_1^n + A\,\overline{Q_1^n}\,\overline{Q_0^n} + BQ_0^n$$

$$D_0 = Q_0^{n+1} = B\,\overline{Q_1^n}\,\overline{Q_0^n} + \overline{AB}Q_0^n$$

(3) 转换逻辑表达式

$$Y = BQ_1^n + AQ_1^n + AQ_0^n = \overline{\overline{BQ_1^n}\,\overline{AQ_1^n}\,\overline{AQ_0^n}}$$

$$Z = AQ_1^n = \overline{\overline{AQ_1^n}}$$

$$D_1 = \overline{AB}Q_1^n + A\,\overline{Q_1^n}\,\overline{Q_0^n} + BQ_0^n = \overline{\overline{\overline{AB}Q_1^n}\,\overline{A\,\overline{Q_1^n}\,\overline{Q_0^n}}\,\overline{BQ_0^n}}$$

$$D_0 = B\,\overline{Q_1^n}\,\overline{Q_0^n} + \overline{AB}Q_0^n = \overline{\overline{B\,\overline{Q_1^n}\,\overline{Q_0^n}}\,\overline{\overline{AB}Q_0^n}}$$

(4) 画出逻辑电路图

根据输出方程和驱动方程画出的逻辑电路图如图 6-30 所示。

(5) 检查设计的电路能否自启动

假定初态为"11",AB 分别取值"00"、"01"和"10"(不要取"11",因为不允许同时投入两枚硬币),代入状态方程分别计算出次态和输出,结果如下:

① 初态 $Q_1^n Q_0^n = 11$,输入 $AB = 00$,次态 $Q_1^{n+1}Q_0^{n+1} = 11$,输出 $YZ = 00$,由于初态和次态相同,所以在这种情况下,不能进入有效状态,电路不能自启动。

② 初态 $Q_1^n Q_0^n = 11$,输入 $AB = 01$,次态 $Q_1^{n+1}Q_0^{n+1} = 10$,输出 $YZ = 10$,由于次态为有效状态,电路能自启动,但在这种情况下,输出 $Y = 1$,也即将给出饮料,这是错误的,因为只付了一枚五角硬币。

③ 初态 $Q_1^n Q_0^n = 11$,输入 $AB = 10$,次态 $Q_1^{n+1}Q_0^{n+1} = 00$,输出 $YZ = 11$,由于次态为有效状态,电路能自启动,但在这种情况下,输出 $YZ = 11$,也即将给出饮料并找回一枚五角硬币,这是错误的,因为只付了一枚一元硬币。

由于机械设计将限制同时输入两枚硬币,因此 $AB = 11$ 的情况不予讨论。

从左到右,八根线的排列顺序为 A、$\overline{A}$、B、$\overline{B}$、Q_0、$\overline{Q_0}$、Q_1、$\overline{Q_1}$。

特别提示

① 为使自动售饮料机能正常工作,必须在开始工作时使电路处于"00"状态,办法是开始工作前在触发器的置"0"端(R_D)加一正脉冲。

② 电路仿真时,由于输入信号一直施加在电路中,因此当进入状态 10 时,Y、Z 就可能有输出。

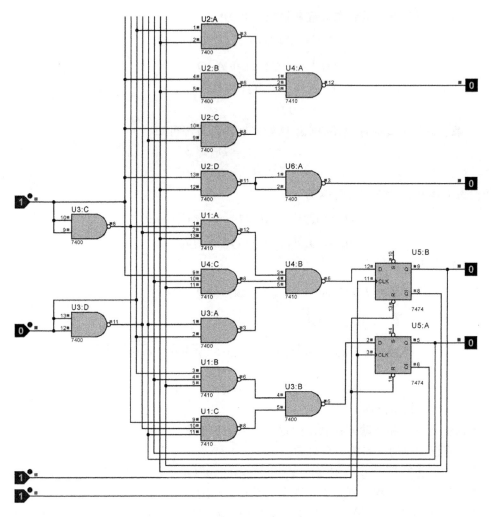

图 6-30　例 6-14 逻辑电路图

2. Moore 型时序逻辑电路设计

【例 6-15】　设计一个同步七进制计数器,要求能自启动。已知该计数器的状态转换图如图 6-31 所示。

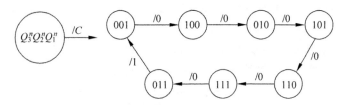

图 6-31　例 6-15 的状态转换图

解:由状态转换图,可画出电路中各触发器的次态卡诺图,如图 6-32 所示。图中状态"000"为无效状态。

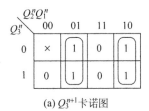
(a) Q_3^{n+1} 卡诺图

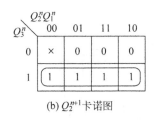
(b) Q_2^{n+1} 卡诺图

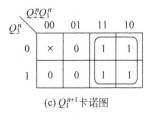
(c) Q_1^{n+1} 卡诺图

图 6-32 例 6-15 次态卡诺图

如果不考虑电路能否自启动,显然应优先考虑把结果化成最简,则可得到

$$Q_3^{n+1} = \overline{Q_2^n} Q_1^n + Q_2^n \overline{Q_1^n}$$

$$Q_2^{n+1} = Q_3^n$$

$$Q_1^{n+1} = Q_2^n$$

在卡诺图化简过程中,在圈内的"×"相当于取"1",而圈外的"×"相当于取"0",也就是说实际上已经指定了无效状态的次态。如果这个次态是有效状态,电路是能启动的,否则电路将不能自启动。在后一种情况下,应重新考虑"×"的值,使无效状态的次态变为有效状态。

在图 6-32 所示的次态卡诺图中所有的"×"都在圈外,因此都等于"0",这意味着无效状态的次态为"000",与无效状态的初态相同,所以如按该卡诺图化简的结果设计出的电路肯定不能自启动。

为使设计的电路能自启动,应把"×××"取为有效状态,本例中可取除"000"以外的任何一个状态。本例取为"010",重新化简(把 Q_2^{n+1} 卡诺图中的"×"改为"1")后得

$$Q_3^{n+1} = \overline{Q_2^n} Q_1^n + Q_2^n \overline{Q_1^n}$$

$$Q_2^{n+1} = Q_3^n + \overline{Q_2^n}\,\overline{Q_1^n}$$

$$Q_1^{n+1} = Q_2^n$$

若选用 D 触发器组成这个电路,可得驱动方程为

$$D_3 = Q_3^{n+1} = \overline{Q_2^n} Q_1^n + Q_2^n \overline{Q_1^n}$$

$$D_2 = Q_2^{n+1} = Q_3^n + \overline{Q_2^n}\,\overline{Q_1^n}$$

$$D_1 = Q_1^{n+1} = Q_2^n$$

计数器的进位输出信号由电路的"001"状态译出,故输出方程为

$$C = \overline{Q_3^n}\,\overline{Q_2^n} Q_1^n$$

按照现在的驱动方程和输出方程画出的电路图(图 6-33),必然是可以自启动的,不再需要校验。

特别提示

① 检查电路是否能自启动一般不要放在最后一步进行,而应在设计过程中就判断出电路能否自启动,并在发现电路不能自启动时采取措施加以解决,以免出现设计结束后发现电路不能自启动,而设计又要求电路能自启动,只好回过来重新修改设计的尴尬。

② 在无效状态不止一个的情况下,为保证电路能够自启动,必须使每个无效状态都能直接或间接地(即经过其他无效状态以后)转为某一有效状态。

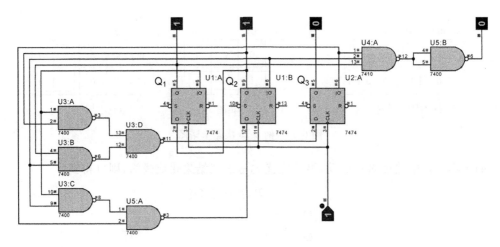

图 6-33　例 6-15 逻辑电路图

6.5　知识拓展　数/模与模/数转换器

随着计算机在自动控制、自动检测及许多领域中的广泛应用,计算机越来越多地用于处理模拟信号。然而,大家都知道,计算机只能处理数字信号。为了能使计算机可以处理模拟信号,就必须在计算机和模拟信号之间架起一座桥梁,这座桥梁就是数/模与模/数转换器,也称 D/A 与 A/D 转换器。我们把用于数字信号转换成模拟信号的转换电路称为数模转换器,把用于模拟信号转换成数字信号的转换电路称为模数转换器。

数/模与模/数转换器,是计算机系统中不可缺少的组成部分。在计算机控制系统中,是重要的接口电路;在智能仪表中,D/A 与 A/D 转换器是核心电路。

1. D/A 转换器

D/A 转换器有权电阻网络 D/A 转换器、倒梯形电阻网络 D/A 转换器、权电流型 D/A 转换器、权电容网络 D/A 转换器及开关树形 D/A 转换器等多种类型。这里仅以权电阻网络 D/A 转换器为例,说明 D/A 转换器的工作原理。

权电阻网络 D/A 转换器示意图如图 6-34 所示。图中 S_0、S_1、$\cdots$、S_{n-1} 为二选一数据选择器,$D_{n-1}\cdots D_1D_0$ 为数字量输入,用于控制数据选择器的数据选择,为"1"的数据量输入使数据选择器的输出与 V^+ 相连,R_0、R_1、$\cdots$、R_{n-1} 上有电流流过。R_0、R_1、$\cdots$、R_{n-1} 为权电阻,假定 $R_{n-1}=2^0R$,通常取 $R_{n-2}=2^1R$,$R_{n-3}=2^2R$,$\cdots$,$R_1=2^{n-2}R$,$R^0=2^{n-1}R$。由

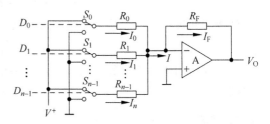

图 6-34　权电阻网络 D/A 转换器

于运算放大器 A 的输入阻抗很大(接近于∞),因此流入运算放大器 A 的电流接近于"0",通常认为 $I_F=I=I_0+I_1+\cdots+I_n$。

因为 $V_O=I_FR_F=IR_F=(I_0+I_1+\cdots+I_n)R_F$,而 I_0、I_1、$\cdots$、I_n 上有没有电流取决于

$D_{n-1}\cdots D_1 D_0$ 的数值,所以 V_0 的值与 $D_{n-1}\cdots D_1 D_0$ 的数值有一一对应的关系,可见,该电路完成了由数字量 $D_{n-1}\cdots D_1 D_0$ 到模拟量 V_0 的转换。

D/A 转换器有以下几个主要参数:

(1) 转换精度

在 D/A 转换器中通常用分辨率来描述转换精度。

分辨率可用两种方法来描述:一是用输入二进制数码的位数给出。D/A 转换器的输入二进制数码的位数越多,其精度越高;二是用 D/A 转换器能够分辨出来的最小电压(此时输入的二进制码只有最低有效位为 1,其余各位为 0)与最大输出电压(此时输入的二进制码所有位是 1)之比给出分辨率。例如,八位 D/A 转换器的分辨率可以表示为

$$\frac{1}{2^8 - 1} = \frac{1}{255} \approx 0.004$$

(2) 转换速度

通常用建立时间来定量描述 D/A 转换器的转换速度。

建立时间是指从输入二进制码开始,到输出电流或电压达到稳态所需要的时间。一般情况下,输入二进制码位数越多,精度越高,转换时间越长。

2. A/D 转换器

A/D 转换器通常分为并行比较型、逐次比较型和双积分型等。本书仅以示意图的形式说明 A/D 转换器的一般工作原理。

在图 6-35 所示的示意图中,电压比较器输出初值为 1,锁存器被锁定,与门被打开,计数器开始计数,当 D/A 转换器的输出为 V_i 时,电压比较器输出为 0,与门被封闭,计数器停止计数,锁存器被打开,A/D 转换器的输出 b_n、$\cdots$、b_1、b_0 等于计数器的输出,就等于 V_i 所对应的数字量,也即完成了模拟量到数字量的转换。

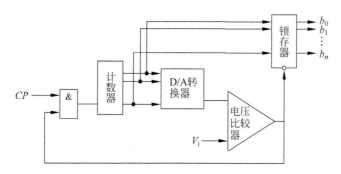

图 6-35 并行输出 A/D 转换器示意图

A/D 转换器有以下两个主要参数。

(1) 转换精度

与 D/A 转换器一样,A/D 转换器也常采用分辨率来描述转换精度。分辨率以输出二进制数码的位数表示,输出二进制数码的位数越多,其精度越高。

(2) 转换速度

转换速度是指 A/D 转换器从接到转换控制信号起,到输出稳定的数字量为止所用的转

换时间。转换时间越少,速度越快。

另外,模/数转换需要一定的时间。为使转换的结果正确无误,必须确保转换过程中,模拟量输入信号的值保持不变,实现此功能的电路称为采样保持器。

6.6 学 习 评 估

1. 请分析如图 6-36 所示的逻辑电路,指出电路的功能。

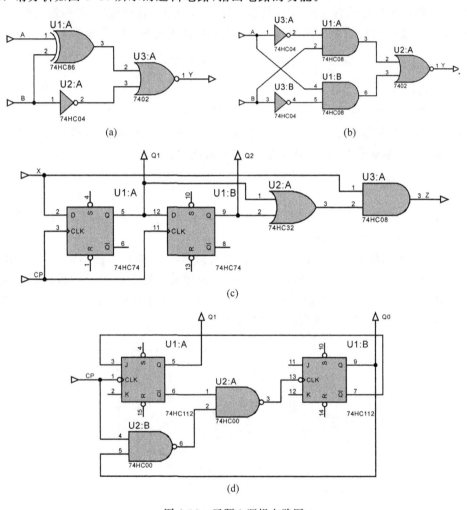

图 6-36 习题 1 逻辑电路图

2. 设 ABCD 是一个 8421BCD 码的四位,若此码表示的数字 X 符合下列条件,则输出 L 为 1,否则输出 L 为 0,请用与非门实现此逻辑电路。

(1) $4 < X_1 \leqslant 9$ (2) $X_2 < 3$ 或者 $X_2 > 6$

3. 小张参加四场乒乓球比赛。规则如下:

第一场   胜得 1 分   负得 0 分

第二场   胜得 2 分   负得 0 分

第三场　胜得 4 分　负得 0 分

第四场　胜得 8 分　负得 0 分

若总得分不到 5 分就被淘汰。试用"与非"门设计小张是否被淘汰的逻辑电路。

4. 仿照全加器设计一个一位二进制数的全减器：输入被减数为 A_1、减数为 B_1、低位来的借位信号为 J_0，输出差为 D_1，向高位的借位信号为 J_1。

5. 试设计一个将四位循环码(Gray)转换成四位二进制码的码制变换器。（用与非门构成逻辑电路）

6. 设计一个将余三码转换为 8421BCD 码的组合逻辑电路。

7. 请用维持阻塞 D 触发器设计一个如图 6-37 所示的状态转换图变化的同步时序逻辑电路。

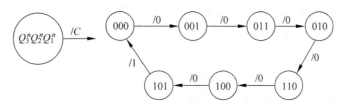

图 6-37　习题 7 状态转换图

8. 请用边沿 JK 触发器设计一个满足如图 6-38 所示波形要求的同步时序电路。

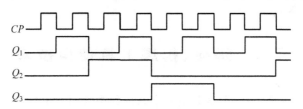

图 6-38　习题 8 波形图

第7章

常用工具与仪器

任务描述

① 掌握电烙铁的使用方法及使用过程中的注意事项。

② 会用吸锡器进行拆焊。

③ 会用热风枪进行芯片的拆焊。

④ 会用万用表、示波器进行电路的调试及故障诊断。

⑤ 会使用尖嘴钳、偏口钳、镊子等常用工具。

教学、学习方法建议

本章的教学、学习均要在真实环境下,利用实物进行动手实践,在练中学,这样才能达到最佳的教学、学习效果。

7.1 焊接、拆焊工具使用技术

智能电子产品的硬件制作、调试和检测维修过程中常用的工具有:十字及一字旋具(螺丝刀,最好带磁性)、尖嘴钳、偏口钳、十字锥、镊子、清洁毛刷和电烙铁、吸锡器、热风枪、松香及焊锡丝等,如图 7-1 所示。

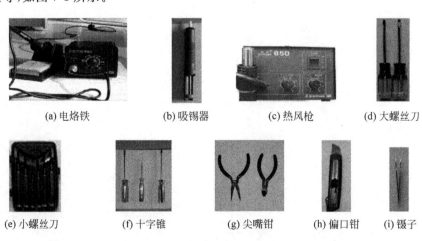

(a) 电烙铁　　(b) 吸锡器　　(c) 热风枪　　(d) 大螺丝刀

(e) 小螺丝刀　　(f) 十字锥　　(g) 尖嘴钳　　(h) 偏口钳　　(i) 镊子

图 7-1 常用工具实物图

7.1.1 电烙铁焊接技术

电烙铁是最常用的焊接工具。在电子产品制作中,元器件的连接处需要焊接,焊接的质量对制作的电路板质量影响很大。因而,学习电子制作技术,必须掌握电烙铁的使用技巧,练好焊接基本功。

1. 电烙铁

电烙铁分为内热式和外热式两种。

内热式电烙铁一般功率较小,发热效率较高,更换烙铁头方便,体积较小,而且价格便宜,20～30W 的内热式电烙铁非常适合普通电子产品的制作。

外热式电烙铁一般功率都较大,常用于焊接熔点高、散热快的焊接场所。

使用最为广泛的 20W 内热式电烙铁如图 7-2 所示。使用时要特别注意安全,应认真做到以下几点。

① 正确使用交流电。20W 内热式电烙铁使用 220V 交流电源。

② 交流电源插头应使用三极插头,使外壳可靠接地。

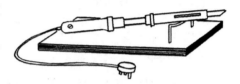

图 7-2 内热式电烙铁

③ 焊接前,应认真检查电源插头、电源线有无破损,并检查烙铁头是否松动。

④ 电烙铁使用中,不能用力敲击,要防止跌落。

⑤ 烙铁头上焊锡过多时,可用布擦掉,不可乱甩,以防烫伤他人。

⑥ 焊接过程中,烙铁不能到处乱放,不焊时,应放在烙铁架上,应特别注意电源线不可搭在烙铁头上,以防因烫坏绝缘层而发生事故。

⑦ 焊接结束后,应及时切断电源,拔下电源插头,冷却后,再将电烙铁收回工具箱。

⑧ 电烙铁严禁带电拆卸。

特别提示

新烙铁使用前,应用细砂纸将烙铁头打光亮,通电烧热,蘸上松香后,用烙铁头刃面接触焊锡丝,使烙铁头上均匀地镀上一层锡。这样做,可以便于焊接和防止烙铁头表面氧化。旧的烙铁头如严重氧化而发黑,可用钢锉锉去表层氧化物,使其露出金属光泽后,重新镀锡,才能使用。

2. 焊锡和助焊剂

电烙铁是用来焊锡的,因此必须和锡一起使用。有时焊接面(或点)太脏,如不清洁干净是不可能焊得牢的,甚至有可能根本焊不上,这时就需要用到能帮助焊接的助焊剂。因此焊接时,除了要有电烙铁、锡,还要配备助焊剂。

(1)焊锡

焊接用的锡俗称"焊锡",为使用方便,通常做成"焊锡丝",如图 7-3 所示。焊锡丝使用约 60% 的锡和 40% 的铅合成,熔点较低,并且一般都内含助焊剂。

（2）松香

松香是一种最常用的助焊剂,既可以直接使用,也可以配置成松香溶液。焊锡丝中的助焊剂就是松香。

图 7-3 焊锡丝

松香溶液的配制十分简单,把松香碾碎,放入小瓶中,再加入酒精搅匀即可。值得注意的是,酒精易挥发,用完后一定记得把瓶盖拧紧。为方便使用,瓶里可以放一小块棉花,用时用镊子夹出来涂在印制电路板或元器件上。

（3）焊锡膏

焊锡膏也是一种助焊剂,因其腐蚀性太强,在一般焊接中应用较少。但在清除金属表面的氧化物、焊接较大元器件或导线时也有一定的应用。需要注意的是,用完后应及时清除残留物,以防腐蚀设备。

特别提示

市面上有一种焊锡膏(又称焊油),这是一种带有腐蚀性的助焊剂,通常用在工业上,不适合电子产品制作使用。还有市面上的松香水,并不是通常用的松香溶液。

3. 辅助工具

为了方便焊接,操作中常采用尖嘴钳、偏口钳、镊子和小刀等作为辅助工具,如图 7-4 所示。正确使用这些工具对焊接质量至关重要。如小刀可以用于刮去金属表面的氧化层,尖嘴钳、镊子可以帮助固定焊接物体,偏口钳可以用于修剪元器件引脚等。

4. 焊前处理

焊接前,应对元器件引脚或电路板的焊接部位进行焊前处理,如图 7-5 所示。

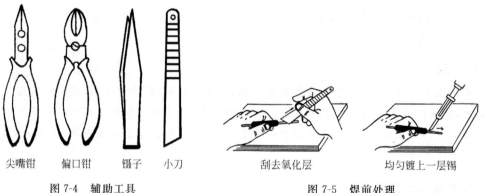

尖嘴钳   偏口钳   镊子   小刀   刮去氧化层   均匀镀上一层锡

图 7-4 辅助工具   图 7-5 焊前处理

（1）清除焊接部位的氧化层

金属引线表面的氧化层,可用小刀刮去,使引脚发出金属光泽。

印制电路板上的不洁物,可用细纱纸将铜箔打光后,涂上一层松香酒精溶液。

（2）元器件镀锡

在刮净的引线上镀锡。将引线蘸一下松香酒精溶液后,将带锡的热烙铁头压在引线上,并转动引线,即可使引线均匀地镀上一层很薄的锡层。

导线焊接前,应将绝缘外皮剥去,再经过镀锡,才能正式焊接。

若是多股金属丝的导线,打光后应先拧在一起,然后再镀锡。

5.焊接技术

做好焊前处理之后,就可正式进行焊接。

(1)焊接方法

电子器件的焊接过程及方法如图 7-6 所示。具体步骤如下:

① 右手持电烙铁,左手用尖嘴钳或镊子夹持元器件或导线。

注意:焊接前,电烙铁要充分预热,在烙铁头刃面上要镀上锡,即带上一定量焊锡。

② 将烙铁头刃面紧贴在焊点处,电烙铁与水平面大约成 60°角,以便于熔化的锡从烙铁头上流到焊点上。

③ 抬开烙铁头,左手仍持元器件不动,待焊点处的锡冷却凝固后,松开左手。

④ 用镊子转动引线,确认不松动,然后用偏口钳剪去多余的引线。

(a)焊接　　　　　　(b)检查　　　　　　(c)剪短

图 7-6　焊接过程

(2)焊接质量判断

焊接时,要保证每个焊点焊接牢固、接触良好,确保焊接质量。焊接过程中可能出现的各种焊点如图 7-7 所示。

图 7-7(a)、图 7-7(d)所示的合格焊点应该光亮、圆滑、无毛刺,且锡量适中,锡和被焊物熔合牢固,没有虚焊和假焊。

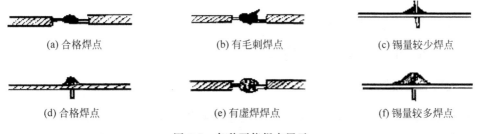

(a)合格焊点　　　　　(b)有毛刺焊点　　　　　(c)锡量较少焊点

(d)合格焊点　　　　　(e)有虚焊点　　　　　(f)锡量较多焊点

图 7-7　各种可能焊点展示

虚焊是指焊点处只有少量焊锡,造成接触不良,时通时断。

假焊是指看上去好像焊住了,但实际上并没有焊上,有时用手一拔,引线就可以从焊点中拔出。

虚焊和假焊都会给电子产品的调试和检修带来极大的困难。

🔲 **特别提示**

　　焊接电路板时,一定要控制好时间。若时间太长,则电路板将被烧焦,或造成铜箔脱落,一般情况下,烙铁头在焊点处停留的时间控制在 2～3 秒。

7.1.2　吸锡器拆焊技术

　　维修时常遇到元器件损坏的情况,这时需要把已经损坏的元器件拆下,重新装上好的元器件。

　　拆除元器件的关键是把元器件引线上的锡除去,吸锡器就是一种能熔化焊锡并收集熔化的焊锡的装置,有手动和电动两种,如图 7-8 所示,是检修电子、电器产品最常用的工具之一。

1. 用手动吸锡器拆焊

　　① 先把吸锡器活塞向下压至卡住,清除出吸锡器里面的空气,如图 7-9 所示。

　　② 用电烙铁加热焊点至焊料熔化。

　　③ 移开电烙铁的同时,迅速把吸锡器嘴贴上焊点,并按动吸锡器按钮,则活塞向上弹起,如图 7-10 所示。

图 7-8　常用吸锡器

图 7-9　步骤 1

图 7-10　步骤 3

　　④ 一次吸不干净,可重复操作多次。

2. 用吸锡电烙铁(电热吸锡器)拆焊

　　吸锡电烙铁是一种专用拆焊烙铁,结构与手动吸锡器类似,操作方法也相似,但比手动吸锡器使用更为方便,因为吸锡电烙铁能在对焊点加热的同时,把锡吸入内腔,从而完成拆焊。

3. 吸锡器使用注意事项

　　了解了吸锡器的使用步骤不等于就学会了用吸锡器拆焊,如果拆焊的方法不当,就会造成元器件的损坏、印制导线的断裂,甚至焊盘的脱落。尤其是更换集成电路块时,对拆焊技术要求更高。

使用吸锡器要特别注意以下几点。

① 要确保吸锡器活塞密封良好。用手指堵住吸锡器头的小孔,按下按钮,如活塞不易弹出到位,说明密封是好的。

② 吸锡器头的孔径有不同尺寸,要选择合适的规格使用。

③ 吸锡器头用旧后,要适时更换新的。

④ 使用电动吸锡器时,接触焊点以前,每次都蘸一点松香,改善焊锡的流动性,同时头部接触焊点的时间稍长些,当焊锡熔化后,以焊点针脚为中心,手向外按顺时针方向画一个圆圈之后,再按动吸锡器按钮。

7.1.3 其他焊接、拆焊工具

1. 用热风枪拆焊、焊接

热风枪如图 7-11 所示,是通过热空气加热焊锡、焊盘来实现焊接、拆焊功能的,通常由焊台和风嘴组成。

焊台

各种风嘴

图 7-11 TOP850 热风枪

焊台中的黑盒子里面是一个气泵,气泵不间断地吹出空气通过橡皮管流向前面的手柄。手柄里面是加热芯,通电后会发热,因此从手柄里面出来的气流是热的。想象一下,是不是有点像电吹风?

每个热风枪都配有多个风嘴,以适应不同芯片的焊接、拆焊,但大多数情况下一两个风嘴就可以完成大多数的焊接工作了,其中圆孔的用得最多。

热风枪有很多型号,使用方法大同小异,一般可按照下面步骤操作。

① 根据需要选择不同的风嘴。集成线路、元器件的封装不同,所需风嘴的型号也不同。

② 打开电源开关。

③ 把温度调节钮调至适当的温度。

④ 把风量调节钮调至适当的风量。

⑤ 预热,当温度达到所调温度时即可使用。

⑥ 拆焊时,让喷嘴对准所要熔化芯片的引脚加热,待所有的引脚都熔化时把芯片取下。取下芯片后,可以涂适量助焊剂在电路板的焊盘上,用风嘴加热使焊盘尽量平齐。

具体操作时,应先在芯片的周边放松香,吹的时候有些芯片中间是空的,要尽量围绕芯片四周吹,大约一分钟左右,用镊子轻轻地碰一下芯片看有没有松动,如果没有松动就继续吹,如有松动,则应立刻拿镊子将芯片慢慢地向上抬,直到四面全部抬起即可。

⑦ 焊接时,在焊盘上涂适量助焊剂,将要更换的芯片对齐固定在电路板上,再用风嘴向引脚均匀地吹出热气,等所有的引脚对应焊盘上的焊锡都熔化后,焊接就完成了。焊完后,要注意检查一下焊接元器件是否有短路、虚焊的情况。

2. 热风枪使用注意事项

热风枪使用方便,在电子产品维修中发挥着很重要的作用,但使用时必须注意以下几点。

① 如果短时不用,可将风量调节钮调至最小,温度调节钮调至中间位置,使加热器处在保温状态。再使用时,需重新调整风量、温度。

② 针对不同焊点大小,应调整温度、风量及风嘴距电路板的距离。

③ 使用后,要记得冷却机身。关电后,发热管会自动短暂喷出凉气,在这个冷却的时段,请不要拔去电源插头。否则会影响发热芯的使用寿命。

④ 工作时风嘴及它喷出的热空气温度很高,能够把人烫伤,切勿触摸,替换风嘴时必须等它的温度降下来后才可操作。

⑤ 不使用时,请把手柄放在支架上,以防意外。

⑥ 在焊枪内部,装有过热自动保护开关,枪嘴过热保护开关动作,机器停止工作。必须把风量调节钮调至最大,延迟两分钟左右,加热器才能工作,机器恢复正常。

3. 用吸锡带(铜编织线)进行拆焊

在电子产品维修中,还有一种拆焊工具——吸锡带。吸锡带实际上就是网状的铜丝。既可以到市场上去买,也可以自制。

(1) 自制吸锡带步骤

① 将话筒线或视频线(其他多股细铜线也行),剥取其中的护套和屏蔽网。

② 将屏蔽网线放入松香中,再将烧热的电烙铁头搭在屏蔽网线上,烙铁头不动,慢慢抽取屏蔽网线滑过烙铁与松香,使熔化的松香均匀地渗入到屏蔽网线中,这样屏蔽网吸锡带就做成了。如果有松香酒精溶液,只需把屏蔽网线放在溶液中浸蘸一下就可以了。

③ 为防止线材氧化或松香脱落,可将其放入塑料袋中保存。

(2) 自制吸锡带注意事项

① 屏蔽网线的铜材应光亮无氧化,以利于焊锡的流动吸附,提高吸锡效果。

② 屏蔽网线不可太粗太密,太粗影响烙铁的加热温度,太密不利吸锡。

③ 松香浸入量要合适。

(3) 用吸锡带拆焊步骤

① 将吸锡带放在要拆焊的焊脚上。

② 用电烙铁加热焊脚上方的吸锡带部分。因为热传导作用,吸锡带下方的焊锡会迅速熔化并自动吸附在吸锡带上,使焊脚及焊盘上的焊锡被吸掉,实现了元器件焊脚与焊盘的脱离。

③ 将吸锡带吸满焊料的部分剪去。

（4）用吸锡带拆焊注意事项

① 选择功率合适的电烙铁。电烙铁功率太小，由于屏蔽网自身的散热作用会使烙铁头温度降低，不利于焊锡的熔化，影响吸锡效果；电烙铁功率太大，使用不当又会烧坏元器件或焊盘。

② 加热部位应选在紧贴元器件焊脚根部的吸锡带上方，加热时应将烙铁压紧吸锡带、贴实焊盘，以利于热传导，加速焊锡熔化。

③ 要控制好加热时间。时间太短，焊锡不易完全熔化，流动性差，影响吸锡效果；时间太长，有可能烧坏元器件或焊盘。

7.2 直流稳压电源

稳压电源是进行电子产品设计与制作过程中必不可少的工具仪器，在电子产品中经常要用到－24～24V 之间的直流电压。

多用途 WD-5 稳压电源是一种通用型线性电源，如图 7-12 所示。可以提供稳定的＋12V/0.5A、－12V/0.5A、＋5V/3A、－5V/0.5A 电源，很适合用于小电压的电子产品制作和检修场合。

下面以 WD-5 稳压电源为例，介绍直流稳压电源的使用及注意事项。

从图 7-12 可以看出，在 WD-5 稳压电源的面板上有一个当前电压指示屏，指示针指示当前的电压；有四个不同电压的输出接线孔，在每个孔隙的旁边标示出了该孔输出的电压值和电流值，可根据需要选择；除了四个电源接线孔之外，还有一个地线接线孔，用于电源地线的输出。

图 7-12 WD-5 稳压电源

电源接线孔和地线接线孔一样，每个孔都有一个开关，开关按下后可将电源线或地线插入对应的孔中，松开开关，则电源线或地线即被压紧。

特别提示

稳压电源的输入端一般要使用 220V 交流电源，使用时要注意安全。在使用过程中应认真做到以下几点。

① 稳压电源最好使用三极插头，要使外壳妥善接地。

② 使用前，应认真检查电源插头、电源线有无损坏，并检查有无漏电情况。

③ 在通电前，应认真检查电源、地线是否插入对应的孔中，并特别注意电压等级。以免因一时疏忽插错孔，造成过电压或过电流，从而烧坏线路或元器件。

④ 稳压电源在使用时，将电源开关拨到"ON"挡，这时指示灯亮；不用时，则将开关拨到"OFF"挡，以免在不使用时被供电的电子设备触到别人，虽然电压不高，但也会让人有触电感。

⑤ 使用结束后，应及时切断电源，拔下电源插头。

7.3　数字万用表

万用表,是一种最常用的测量电信号的工具,可测量电压、电流、电阻等物理量,以及电子元器件(三极管、二极管、电容、电感等)的有关参数,并依此作为判断元器件质量好坏的依据。另外,可用数字式万用表内的蜂鸣器方便地判断电路中有无短路、断路现象。

常用的万用表分两种:一种为指针式;另一种为数字式,分别如图7-13(a)、(b)所示,其功能大同小异。在实际电路的检测使用中,指针式万用表和数字式万用表各自有其特点,可根据实际情况选择使用。现在,数字式测量仪表已成为主流,有取代指针式仪表的趋势。与指针式仪表相比,数字式仪表灵敏度高、准确度高、显示清晰、过载能力强、便于携带,且使用更简单。

下面以MY61型数字式万用表为例,简单介绍数字式万用表的使用方法和注意事项,MY61型数字式万用表的各种功能如图7-14所示。

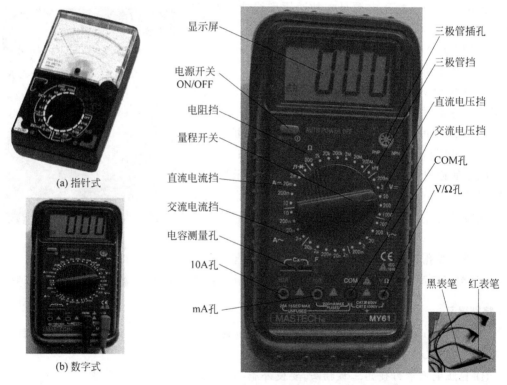

(a) 指针式

(b) 数字式

图 7-13　万用表

图 7-14　MY61 型数字式万用表

万用表使用前,应认真阅读有关的使用说明书,熟悉电源开关、量程开关、插孔、特殊插口的作用,使用时应将电源开关置于"ON"挡。

7.3.1　交/直流电压的测量及其应用

利用万用表检查线路板上的电路电压情况,可为查找电路板故障部位提供线索,这也是电子产品故障查找的有效方法。

1. 交/直流电压的测量

电压的检测一般可分为两种：一种是直流电压；另一种是交流电压。

根据需要将量程开关拨至 V－(直流)或 V～(交流)的合适量程,红表笔插入 V/Ω 孔,黑表笔插入 COM 孔,并将表笔与被测线路并联,显示的读数就为被测线路电压值。

2. 测量交/直流电压判断电路故障

检查有故障的电子产品有关电路的交/直流电压,与正常电子产品该部分的交/直流电压相比较,可以快速有效地判断故障、隔离故障,进而查到损坏的元器件,修复故障。最实用也是最常用的方法有如下三种。

(1) 利用测量元器件"压降"的办法来判断元器件的好坏及周围电路是否正常

这种方法实际应用比较方便,操作比较简单,也比较直观。例如,当怀疑某一电阻有问题时,可以将万用表的两支表笔直接跨接在该电阻的两端,这时在万用表的表盘上会有一个读数,如果这个读数与正常的电子产品中该电阻的"压降"相等或相差微小,基本上可以说这个电阻没有损坏,这个支路的电流也基本正常,也就是说这个支路不会有大毛病,如果这个读数与正常的电子产品中该电阻的"压降"相差很大,则可以说明有以下三个问题。

① 电阻已损坏。或者是烧断开路,或者是击穿短路,也可能是电阻变质,使阻值变大或变小。实际调试和检修经验告诉我们,电阻击穿短路的故障现象极少见,较普遍的是电阻烧断开路,电阻值改变的故障现象也时有发生。

② 电阻所在的支路存在故障。可以顺着这条支路查下去,直到找出损坏的元器件。

③ 电阻所在的支路供电有问题。请检查供电电路。

比如,在测量电路中某二极管的电压降时,正常的电压值为一个 PN 结的压降,即 0.7V 左右,而实测值大于或小于这个值太多,基本上可以说这个二极管损坏或性能不良。这比用万用表电阻挡来静态测量判断二极管的好坏更准确些。

(2) 利用手册或图样给出的集成电路芯片各引脚的波形和电压值来判断电路故障

这种方法是将手册或图样给出的波形和电压值与用万用表测量出的各引脚实际电压值相比较,判断芯片或电路的故障。

(3) 利用"关键点"的电压测试来隔离故障部位

所谓"关键点"是指对判断电路正常与否具有代表性的测试点。

7.3.2 交/直流电流的测量及应用

在对电子产品的调试和检修中,用测量电流的方法来查找故障的做法比较少。一是因为检查工作完全可以用测量电压的方法来代替;二是测量电流需切断印制电路板,比较麻烦。但是需要的时候,也是可行的。

检测电流,通常是指对直流电流的检测。经常检测的是开关稳压电源的输出电流和各单元电路的工作电流。一般来说,检测电流,往往比检测电阻更能定量地反映电路的静态工作是否正常。在测量电路电流时,要注意选用内阻小的表(一般应小于能测电路内阻的

1/10),以免影响电路的正常工作。

测量电流时,要将量程开关拨至 A－(直流)或 A~(交流)的合适量程,红表笔插入 mA 孔(<200mA 时)或 10A 孔(>200mA 时),黑表笔插入 COM 孔,并将万用表串联在被测电路中即可。测量直流量时,数字万用表能自动显示极性。

测量电流时常用两种方法。

① 直接测量法:把万用表或电流表串接在电路中直接测量。

② 间接测量法:测量电路中电阻两端的电压,通过计算求得电流值。

7.3.3　电阻的测量

测量电阻时,指针式万用表与数字式万用表都适用。充分利用万用表设置的电阻挡来查找电子产品的故障部位,在对电子产品的调试和检修时应用得很广泛。这种方法简单、易行,能够解决问题,是我们在电子产品的调试和检修中常用的方法之一。可以通过它来测量电阻、电容、晶体管以及变压器、电感线圈等元器件的阻值,从而判断这些元器件的好坏。

测量电阻时,要将量程开关拨至 Ω 的合适量程,红表笔插入 V/Ω 孔,黑表笔插入 COM 孔。如果被测电阻值超出所选择量程的最大值,万用表将显示"1",这时应选择更高的量程。测量电阻时,红表笔为正极,黑表笔为负极,这与指针式万用表正好相反。因此,测量晶体管、电解电容器等有极性的元器件时,必须注意表笔的极性。

检查电阻的方法如下:

① 测量故障元器件的电阻值,用来判断这些元器件是否损坏。

② 测量电路有无短路或漏电,防止烧坏其他元器件。

③ 测量二极管、三极管、集成电路芯片以及其他怀疑有故障的元器件对地的电阻,进而查找出有故障的元器件。

例如,对于烧保险丝(熔丝)的故障,可以在断电的情况下,重新换上一根新熔丝,合上电源开关,用万用表的电阻挡,从电源线的两端测量其阻值。如果电阻值为 0Ω 或很小,则说明电源开关变压器以前的电路有严重的短路故障;如果电阻值很大,则说明故障不在开关变压器以前的电路中,可能是电源的输出电路或电源的负载电路有故障。

特别提示

① 实际测量前电路一定要先断电。

② 实际测量中由于挡位选择的不同,结果会有差别,需要具体情况具体分析。

③ 测量集成电路或晶体管时,由于 PN 结的作用,需要进行正反向两次测量,单向测量不能判断元器件是否损坏。

④ 如果无法预先估计被测电压或电流的大小,则应先拨至最高量程挡测量一次,再视情况逐渐把量程减小到合适位置。测量完毕,应将量程开关拨到最高电压挡,并关闭电源。

⑤ 满量程时,仪表仅在最高位显示数字"1",其他位均消失,这时应选择更高的量程。

⑥ 测量电压时,应将数字万用表与被测电路并联。测电流时应与被测电路串联,测直流量时不必考虑正、负极性。

⑦ 当误用交流电压挡去测量直流电压,或者误用直流电压挡去测量交流电压时,显示

屏将显示"000",或低位上的数字出现跳动。

⑧ 禁止在测量高电压(220V以上)或大电流(0.5A以上)时换量程,以防止产生电弧,烧毁开关触点。

⑨ 当显示" "、"BATT"或"LOW BAT"时,表示电池电压低于工作电压。

⑩ 万用表在使用前,应选择合适的挡位和量程,以防测量时错挡或测量值大于所设量程范围,烧坏表内部件。

⑪ 另外在测量前须先校零(指针式校零位,数字式校零显示),以求测量的准确性。

⑫ 在测量磁头线圈时,要选择数字式万用表而不能用指针式,这样可以防止磁头线圈的磁化。

7.3.4 使用实例

用数字万用表判别二极管极性与电路的通断。

① 按下左上角"ON/OFF"键,将其置于 ON 位置。

② 开关拨至电阻测量挡内(Ω挡)的"二极管、蜂鸣器"挡位。

③ 测试黑色表笔插入 COM 插孔,红色表笔插入"V/Ω"插孔(电压、电阻、二极管测量公用右下角"V/Ω"插孔)。

④ 二极管极性测量。将红、黑表笔分别接二极管的两个引脚,若出现溢出,则为反向特性;交换表笔后再测试时,则出现一个三位数字,这些数字是以小数表示的二极管正向压降,由此可判断二极管的极性,显示正向压降时,红表笔所接引脚为二极管正极。

⑤ 电路通断检测。在确信电路不带电的情况下,用红、黑两个表笔分别接待测两点,蜂鸣器有声响时表明电路是通的,无声响时则表示电路不通。

7.4 示 波 器

在数字电路设计调试,生产测试,维修维护等过程中广泛应用的工具之一就是示波器。通过示波器可以直观地观察被测电路的波形,包括形状、幅度、频率(周期)、相位,还可以对两个波形进行比较,从而迅速、准确地找到故障原因。正确、熟练地使用示波器是电子产品设计人员的一项基本功。

虽然示波器的牌号、型号、品种繁多,但其基本组成和功能却大同小异,本书以如图 7-15 所示的泰克示波器(即 DS1102E 型双通道示波器)为例,简单介绍示波器的使用方法。

DS1102E 数字存储示波器是带宽为 100MHz 的两通道信号输出。DS1102E 的设计非常人性化,在使用时只需按下面板上的功能键,显示屏上会出现选择帮助窗口,方便使用者的操作。它一改传统示波器在测量时繁琐的调节环节,只要按下自动键,在屏幕上就会自动显示被测波形,数字读出频率,周期、正负峰值及峰峰值等测量结果。在测量时为了便于观察,还可以通过调节功能键和旋钮来改变波形的幅度和疏密。独有的自动记录、数据和波形保存功能是它的又一亮点。方便大家做比较分析,如果把测量模式设定为自动保存状态,在测量时就可以把大家的眼睛从观看屏幕中解放出来,眼睛只需要看 IC 的引脚(可避免测量时表笔造成引脚间的短路),当表笔接触到引脚且测量结果稳定后,用蜂鸣声告知保存成功。

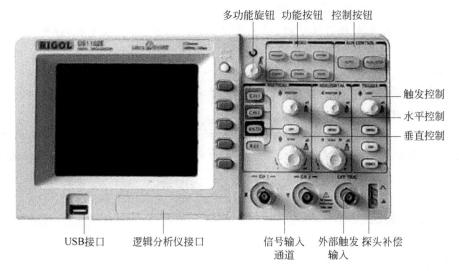

多功能旋钮　功能按钮　控制按钮

触发控制
水平控制
垂直控制

USB接口　　逻辑分析仪接口　　信号输入　外部触发　探头补偿
通道　输入

图 7-15　DS1102E 型双通道示波器

接下来介绍它的快速使用及测量方法。

特别提示

带宽是示波器的基本指标,与放大器带宽的定义一样,是所谓的－3dB 点,即在示波器的输入加正弦波,幅度衰减为实际幅度的 70.7% 时的频率点称为带宽。也就是说,使用 100MHz 带宽的示波器测量 1V,100MHz 的正弦波,得到的幅度只有 0.707V。这还只是正弦波的情形。因此,在选择示波器的时候,为达到一定的测量精度,应该选择信号最高频率 5 倍的带宽。

7.4.1　面板介绍

首先,我们了解一下 RIGOL DS1102E 这款示波器的操作面板。下面将对示波器前操作面板的基本操作和功能做一简要的说明和介绍。面板上包括旋钮和功能按键,显示屏右侧五个灰色按键为菜单操作键(从上到下定义为 1～5 号)通过它们可以设置当前菜单的不同选项;其他按键为功能按键,通过它们可以进入不同的功能菜单或直接进入特定的功能。具体的功能布局如图 7-16 所示,按键名称和功能如图 7-17 所示。

1. 荧光屏

荧光屏是示波管的显示部分,如图 7-16 左边荧光屏所示。屏上水平方向和垂直方向各有多条刻度线,指示出信号波形的电压和时间之间的关系。水平方向指示时间,垂直方向指示电压。水平方向分为 12 格,垂直方向分为 8 格,每格又分为 5 份。垂直方向标有 0%,10%,90%,100% 等标志,水平方向标有 10%,90% 标志,供测直流电平、交流信号幅度、延迟时间等参数使用。根据被测信号在屏幕上占的格数乘以适当的比例常数(V/DIV,s/DIV)能得出电压值与时间值。

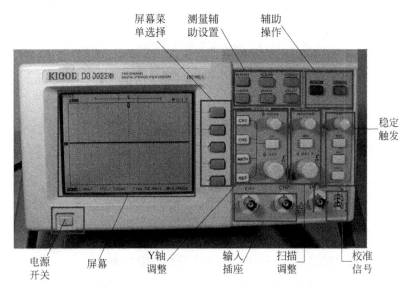

图 7-16 DS1102E 型双通道示波器面板布局图

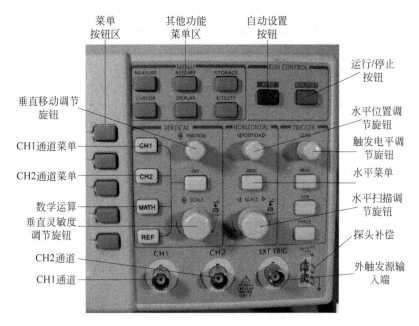

图 7-17 DS1102E 型双通道示波器面板按钮

2. 信号输入通道

常用示波器多为双踪示波器，有两个输入通道，分别为通道 1(CH1)和通道 2(CH2)，如图 7-17 所示面板下方的 CH1、CH2 通道按钮，可分别接上示波器探头(如图 7-18 所示)，再将示波器外壳接地，探针插至待测部位进行测量。

3. 通道选择键

常用示波器有五个通道选择键。

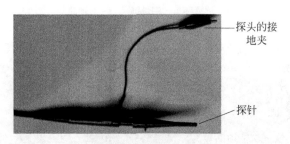

探头的接地夹

探针

图 7-18 示波器探头

① CH1：通道 1 单独显示。

② CH2：通道 2 单独显示。

③ ALT：两通道交替显示。

④ CHOP：两通道断续显示,用于扫描速度较慢时双踪显示。

⑤ ADD：两通道的信号叠加。维修中以选择通道 1 或通道 2 为多。

4. 垂直灵敏度调节旋钮

调节垂直偏转灵敏度,应根据输入信号的幅度调节旋钮的位置,将该旋钮指示的数值(如 0.5V/DIV,表示垂直方向每格幅度为 0.5V)乘以被测信号在屏幕垂直方向所占格数,即得出该被测信号的幅度。

5. 垂直移动调节旋钮

用于调节被测信号光迹在屏幕垂直方向的位置。

6. 水平扫描调节旋钮

调节水平速度,应根据输入信号的频率调节旋钮的位置,将该旋钮指示数值(如 0.5ms/DIV,表示水平方向每格时间为 0.5ms)乘以被测信号一个周期占有格数,即得出该信号的周期,也可以换算成频率。

7. 水平位置调节旋钮

用于调节被测信号光迹在屏幕水平方向的位置。

8. 触发方式选择

DS1102E 型示波器触发方式如下。

① 普通(NORM)：无信号时,屏幕上无显示；有信号时,与电平控制配合显示稳定波形。

② 自动(AUTO)：无信号时,屏幕上显示光迹；有信号时与电平控制配合显示稳定的波形。

③ 单次(TV)：用单次捕获(Single Sequence)按钮每次捕获一个单次触发的捕获序列。

9. 触发源选择

示波器触发源有内触发源和外触发源两种。如果选择外触发源,那么触发信号应从外触发源输入端输入。如果选择内触发源,一般选择通道1(CH1)或通道2(CH2),应根据输入信号通道选择,如果输入信号通道选择为通道1,则内触发源也应选择通道1。

图 7-19 为触发系统设置对话窗口,如要求设置触发模式为边沿触发、信号源为 CH1、边沿类型为上升沿、触发方式为自动等。一般可按如下步骤进行:

- 按 触发模式(①号)菜单操作按键,选择 边沿触发 。
- 按 信源选择(②号)菜单操作按键,选择"信源选择"为 CH1 。
- 按 边沿类型(③号)菜单操作按键,设置"边沿类型"为 上升沿 。
- 按 触发方式(④号)菜单操作按键,设置"触发方式"为 自动 。
- 按 触发设置(⑤号)菜单操作按键,进入"触发设置"二级菜单,对触发的耦合方式,触发灵敏度和触发释抑时间进行设置。

图 7-19 触发系统实例图

(1) 按稳定触发区的 MENU,在荧光屏右侧显示 5 个菜单项。
(2) 按①号菜单,设置"触发模式":边沿触发。
(3) 按②号菜单,选择"信源选择":CH1。
(4) 按③号菜单,设置"边沿类型":上升沿。
(5) 按④号菜单,设置"触发方式":自动。
(6) 按⑤号菜单,进入"触发设置"二级菜单。

10. 自动设置按钮

以单一按钮自动设置所有通道的垂直、水平系统和触发系统,并设有取消自动设置的功能。

7.4.2 测量方法

首先执行以下步骤,快速检查示波器是否正确启动且正常工作,打开示波器时自动执行所有的初始化设置程序。将探头连到任何输入通道时,应执行探头补偿程序,如图 7-20 所示。示波器校正步骤如下:
① 接示波器电缆到电源,打开示波器电源开关,等待确认所有自检通过。
② 将示波器探头连接至任意通道,固定探头尖和基准导线至探头补偿连接器。
③ 按下 AUTO 自动设置按键。你应该在显示屏上看见一个方形波。
否则进行探头补偿调节来使你的探头与输入通道相匹配。每次使用设备前都应该这样做。检查显示波形的形状,是否过度补偿、补偿不足,如有必要,则要调节探头。

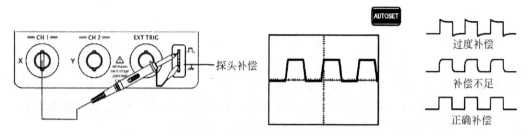

图 7-20　示波器校正方法示意图

1. 电压测量

（1）交流成分电压的测量

测量被测波形的交流成分时，必须将 Y 轴输入耦合设置为"交流"，才能把输入波形的交流成分在示波管屏幕上显示出来。但当输入波形的交流成分频率很低时，则应将 Y 轴输入耦合设置为"直流"。

设示波器幅度旋钮旋置于 20mV/DIV，如图 7-21 所示。测量信号电压峰值为

$$V_{\text{P-P}} = 4\text{DIV} \times 20\text{mV/DIV} = 80\text{mV}$$

（2）直流电压的测量

将 Y 轴耦合开关置于"GND"位置，此时显示的时基线为零电平的参考时基线。将 Y 轴输入耦合设置为"直流"，加入被测信号，此时，时基线在 Y 轴方向产生位移。这时 V/DIV 开关在面板上的指示值与时基线在 Y 轴方向位移的度数的乘积即为测得的直流电压值。当被测电压相当高，需外接衰减探头时，示波器探头设置应相应增加倍数。

设示波器幅度旋钮置于 1V/DIV，如图 7-22 所示。测量信号直流电压值为

$$V_{-} = 2\text{DIV} \times 1\text{V/DIV} = 2\text{V}$$

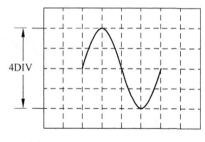

图 7-21　测量交流电压示意图

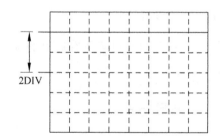

图 7-22　测量直流电压示意图

2. 时间测量

（1）测量时间间隔

图 7-23 为示波器测量时间间隔示意图。设示波器时基旋钮旋置于 1ms/DIV，如图 7-23 所示。测量信号时间间隔值为

$$T = 3\text{DIV} \times 1\text{ms/DIV} = 3\text{ms}$$

（2）上升时间测量

图 7-24 为示波器测量信号上升时间示意图。上升时间是信号脉冲上升沿中从信号幅度 10% 到信号幅度 90% 所占的时间间隔。设示波器时基旋钮置于 5μs/DIV，如图 7-24 所示。测量信号上升时间值为

$$T_r = 1DIV \times 5\mu s/DIV = 5\mu s$$

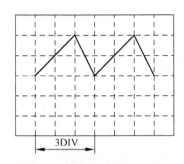

图 7-23　测量时间间隔示意图

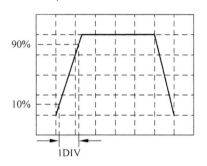

图 7-24　测量信号上升时间示意图

（3）下降时间测量

图 7-25 为示波器测量信号下降时间示意图。下降时间是信号脉冲下降沿中从信号幅度 90% 到信号幅度 10% 所占的时间间隔。设示波器时基旋钮置于 5μs/DIV，如图 7-25 所示。测量信号下降时间值为

$$T_f = 1DIV \times 5\mu s/DIV = 5\mu s$$

3. 频率测量

图 7-26 为示波器测量信号频率示意图。对周期性的重复频率来说，可先测定其每一周的时间，它的倒数即为被测波形的频率值。设示波器时基旋钮置于 5μs/DIV，如图 7-26 所示。测量信号频率值为

$$f = \frac{1}{4DIV \times 5\mu s/DIV} = \frac{1}{20}\mu s = 50kHz$$

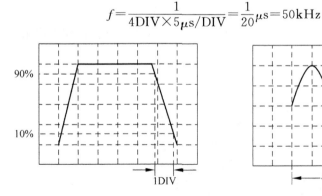

图 7-25　测量信号下降时间示意图

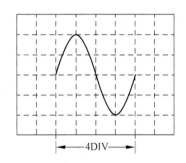

图 7-26　测量信号频率示意图

7.4.3　应用举例

下面以实际测试电路来说明 DS1102E 数字存储示波器的使用。

1. 简单信号测量

观测电路中未知信号,使用示波器测量其频率和峰峰值。操作步骤如下:

(1) 将探头菜单衰减系统设置为×10,并将探头上的开关设定为×10,如图 7-27 所示。

(2) 将通道 1 的探头连接到电路被测点。

(3) 按下 AUTO 设置按钮,示波器将自动设置使波形显示达到最佳,在此基础上,可以进一步调整垂直、水平挡位,直到波形达到要求。

(4) 自动测量峰峰值。按下测量辅助设置区的 MEASURE 按键,以显示自动测量菜单项。从菜单项中依次选择信源:CH1;测量类型;电压测量。然后在电压测量弹出菜单中选择测量参数:峰峰值。此时可在荧光屏左下角发现峰峰值(V_{P-P})显示。

(5) 自动测量频率。按下测量辅助设置区的 MEASURE 按键,以显示自动测量菜单项。从菜单项中选择测量类型:时间测量。然后在时间测量弹出菜单中选择测量参数:频率。此时可在荧光屏左下角发现频率值显示,如图 7-28 所示,Freg(1)=1.0000kHz。

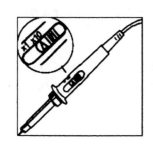

图 7-27 示波器探针示意图

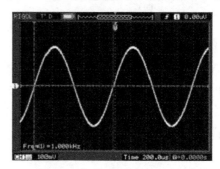

图 7-28 测量信号频率示意图

2. 测量交流信号

交流信号是一些电路调试和检修时经常要测量的信号之一。下面介绍测量的步骤:

(1) 打开示波器,调节亮度和聚焦旋钮,使屏幕上显示一条亮度适中、聚焦良好的水平亮线。

(2) 按上述方法校准好示波器,然后将耦合方式设置为"交流"。

(3) 连接示波器通道 1 探头,将探针插到图 7-29 所示电路板上的探头测量点,将探头的接地夹夹在电路板的接地点。

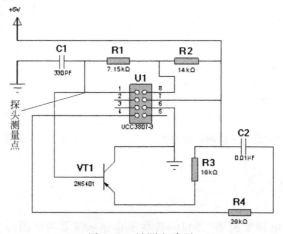

图 7-29 被测电路图

（4）接通电源，按下 AUTO 设置按键。观察屏幕上会出现如图 7-30 所示的波形图。如果需要进一步优化波形的显示，可以手动调节垂直扫描和水平扫描旋钮。

3. 利用光标测量周期和频率

本示波器可以自动测量 20 多种波形的参数，自动测量的波形参数都可以通过光标进行测量，下面以利用光标测量周期和频率为例，说明测量步骤。

（1）按下测量辅助设置区的 Cursor 按键，以显示光标测量菜单。

（2）按下 `触发模式` ①号菜单，选择光标模式为：手动。

（3）按下 `信源选择` ②号菜单，选择光标类型：X。

（4）按下 `边沿类型` ③号菜单，选择信源：CH1。

（5）按下 `触发方式` ④号菜单，选中 CurA---。

（6）旋动多功能旋钮 ↻，将光标 1 置于波形信号的第一个峰值处。

（7）按下 `触发设置` ⑤号菜单，选中 CurB---。

（8）旋动多功能旋钮 ↻，将光标 2 置于波形信号的第二个峰值处。

此时在荧光屏的右上角显示如图 7-31 所示的类似信息，CurA 与 CurB 的差值 ΔX 为测量信号的周期，$1/\Delta X$ 为测量信号的频率。

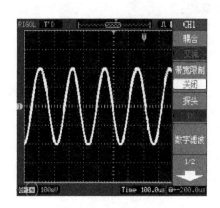

图 7-30　实测波形图

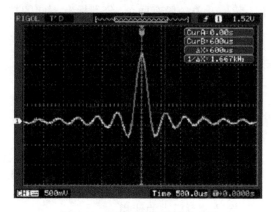

图 7-31　周期、频率测量示意图

7.5　知 识 拓 展

7.5.1　指针式万用表

指针式万用表由表头、测量电路及转换开关等三个主要部分组成，下面以 500 型指针式万用表为例，介绍其使用方法及注意事项。

1. 指针式万用表的结构

（1）表头

表头是一只高灵敏度的磁电式直流电流表，万用表的主要性能指标基本上取决于表头的性能。表头的灵敏度是指表头指针满刻度偏转时流过表头的直流电流值，这个值越小，表头的灵敏度越高。测电压时的内阻越大,其性能就越好。

表头上有四条刻度线,它们的功能如下:

第一条(从上到下)标有 R 或 Ω,指示的是电阻值,转换开关在欧姆挡时,即读此条刻度线。

第二条标有∽和 VA,指示的是交、直流电压和直流电流值,当转换开关在交、直流电压或直流电流挡,量程在除交流 10V 以外的其他位置时,即读此条刻度线。

第三条标有 10V,指示的是 10V 的交流电压值,当转换开关在交、直流电压挡,量程在交流 10V 时,即读此条刻度线。

第四条标有 dB,指示的是音频电平。

(2) 测量线路

测量线路是用来把各种被测量转换到适合表头测量的微小直流电流的电路,它由电阻、半导体元件及电池组成,它能将各种不同的被测量(如电流、电压、电阻等)、不同的量程经过一系列的处理(如整流、分流、分压等),统一变成一定量限的微小直流电流送入表头进行测量。

(3) 转换开关

转换开关的作用是用来选择各种不同的测量线路,以满足不同种类和不同量程的测量要求。转换开关一般有两个,分别标有不同的挡位和量程。

2. 指针式万用表符号含义

① ∽表示交直流。

② V-2.5kV 4000Ω/V,表示对于交流电压及 2.5kV 的直流电压挡,其灵敏度为4000Ω/V。

③ A-V-Ω,表示可测量电流、电压及电阻。

④ 45-65-1000Hz,表示使用频率范围为 1000Hz 以下,标准工频范围为 45～65Hz。

⑤ 2000Ω/V DC,表示直流挡的灵敏度为 2000Ω/V。

3. 指针式万用表的使用

(1) 熟悉表盘

熟悉表盘上各符号的意义及各个旋钮和选择开关的主要作用。

(2) 进行机械调零

(3) 选择挡位及量程

根据被测量的种类及大小,选择转换开关的挡位及量程,找出对应的刻度线。

(4) 选择表笔插孔的位置

(5) 测量电压

测量电压(或电流)时要选择好量程,如果用小量程去测量大电压,则会有烧表的危险;如果用大量程去测量小电压,那么指针偏转太小,无法读数。

量程的选择应尽量使指针偏转到满刻度的 2/3 左右。如果事先不清楚被测电压的大小时,应先选择最高量程挡,然后逐渐减小到合适的量程。

① 交流电压的测量。将万用表的一个转换开关置于交、直流电压挡,另一个转换开关

置于交流电压的合适量程上,万用表两表笔和被测电路或负载并联即可。

② 直流电压的测量。将万用表的一个转换开关置于交、直流电压挡,另一个转换开关置于直流电压的合适量程上,且"+"表笔(红表笔)接到高电位处,"-"表笔(黑表笔)接到低电位处,即让电流从"+"表笔流入,从"-"表笔流出。若表笔接反,表头指针会反方向偏转,容易撞弯指针。

(6) 测电流

测量直流电流时,将万用表的一个转换开关置于直流电流挡,另一个转换开关置于 $50\mu A\sim500mA$ 的合适量程上,电流的量程选择和读数方法与电压一样。测量时必须先断开电路,然后按照电流从"+"到"-"的方向,将万用表串联到被测电路中,即电流从红表笔流入,从黑表笔流出。如果误将万用表与负载并联,则因表头的内阻很小,会造成短路烧毁仪表。其读数方法如下:

$$实际值 = 指示值 \times 量程/满偏$$

(7) 测电阻

用万用表测量电阻时,应按下列方法操作:

① 选择合适的倍率挡。万用表欧姆挡的刻度线是不均匀的,所以倍率挡的选择应使指针停留在刻度线较稀的部分为宜,且指针越接近刻度尺的中间,读数越准确。一般情况下,应使指针指在刻度尺的 $1/3\sim2/3$ 间。

② 欧姆调零。测量电阻之前,应将两个表笔短接,同时调节"欧姆(电气)调零旋钮",使指针刚好指在欧姆刻度线右边的零位。如果指针不能调到零位,说明电池电压不足或仪表内部有问题。并且每换一次倍率挡,都要再次进行欧姆调零,以保证测量准确。

③ 读数。表头的读数乘以倍率,就是所测电阻的电阻值。

特别提示

① 在测电流、电压时,不能带电换量程。

② 选择量程时,要先选大的,后选小的,尽量使被测值接近于量程。

③ 测电阻时,不能带电测量。因为测量电阻时,万用表由内部电池供电,如果带电测量则相当于接入一个额外的电源,可能损坏表头。

④ 用毕,应使转换开关在交流电压最大挡位或空挡上。

7.5.2 逻辑分析仪

逻辑分析仪实际上是一种带存储器的多踪示波器,它可以把拾取的或储存的许多数字信号同时显示出来。

如果每个信号代表数据总线上的一位数据,则用逻辑分析仪可同时看到整个数据总线上的信息,即所传递的数据。这意味着可将信号取样时间内所储存的任一瞬间各数据位的逻辑电平显示出来。换句话说,将总线上的信号储存于存储器后,可随时加以显示与分析,这就是逻辑分析仪的杰出优点。

同示波器一样,逻辑分析仪也有带宽,其带宽一般为 $2\sim200MHz$。它有16路和32路等几种。逻辑分析仪的用途之一是做软件分析和侦错工作。可用机器码的形式将程序或数据读入,并追踪这些数据在电路中的流动情况。可以针对某个有故障的芯片(例如 RAM)同时进行输入及输出分析。此时,可能发现间歇性的杂乱脉冲,这种干扰可能会对计算机系统造成极大破坏。此外,逻辑分析仪还可用于其他许多方面,例如,分析磁盘读/写操作情况等。

逻辑分析仪可以称为数字领域中的示波器,对于软件或硬件设计人员来说是一种强有力的测试辅助工具,但对于一般的计算机使用者而言,逻辑分析仪的价格就显得太昂贵了。

7.6　学习评估

1. 新电烙铁的最初使用应做如何处理? 每次用完之后做如何处理?

2. 如何用手动吸锡器拆卸一个直插式二极管小灯?

3. 用 MY61 型数字万用表测量电路板上的电源电压、电源电流、电源小灯前的电阻阻值。

4. 用 DS1102E 数字存储示波器测试 DCLOCK 信号,并给出时钟周期和频率。

数字电路项目实践
——数字电子钟制作与调试

数字电路相关课程是高职院校电子信息类专业一门重要的专业基础课,目的是让学生获得从事电子信息行业生产一线岗位所必需的仪器、仪表使用技能;常用工具使用技能;电子产品设计、安装、焊接、调试、维修等专项基础技能;并掌握相关的支撑知识,突出的是知识应用,基本技能的训练。而以往的教材大多以知识体系为架构,教学中也大多以理论为主,辅之以实验仪上的实验,教出来的学生只会考试,不会解决问题,与企业的要求相距甚远。究其原因,最主要的是教学内容与企业需求不符,实践方式与企业不符,教学环境与企业不符。对数字电路相关课程进行教学改革可以说刻不容缓。

教学改革需要教师转变教学观念、改变教学方法,站在企业的角度选择教学内容、建设教学环境,按企业的要求管理学生,但一门适应教学改革的教材对保障教学质量也十分重要。

本教材上篇重点介绍了数字电路的基本概念、基本电路、分析设计一般方法和基本的数字电路学习、技能实践。下篇将围绕数字电子钟的制作、调试的全过程来组织编写。在介绍电子产品设计一般方法的基础上,分五章详细介绍了数字电子钟显示电路、信号电路、计时电路、校时电路、报时电路这五个功能模块的制作、调试过程,同时对各模块电路涉及的知识、技能进行了详细的阐述,并对电子产品制作、调试的技巧进行了指导。

本教材选择数字电子钟作为载体是基于以下几点。

(1) 数字电子钟是大众化商品

数字电子钟是一种用数字电路技术实现时、分、秒计时的装置,与机械式时钟相比更准确、更直观、更耐用。

(2) 数字电子钟实现方法多

数字电子钟既可以用非智能的数字电路实现,可以用 EDA 技术实现,也可以用单片机等智能化技术实现,利用不同的技术实现相同的产品设计,利于课程与课程的衔接,更利于教师的教学,也利于学生的学习。

考虑到数字电路相关课程的教学目标,选择用非智能的数字电路作为实现数字电子钟的载体是合适的。

（3）数字电子钟涉及知识点多

非智能的数字电子钟从电气原理上讲是一种典型的数字电路，其中包括了组合逻辑电路和时序逻辑电路，涵盖了本课程主要知识培养目标。因此用数字电子钟作为载体组织教学，既可保持数字电路应用课程知识体系的完整性，又能较方便地实施基于工作过程的任务导向教学方法。

（4）数字电子钟便于教学实施

数字电子钟电路易分解成若干个独立的子电路，便于教学实施，一般来讲数字电子钟可分解成五个子电路。其中：

① 显示电路主要由译码器、驱动器和数码显示器组成，实现计时电路输出的时、分、秒信号的数字显示。

② 信号电路由振荡器和分频器组成，为计时电路、校时电路、报时电路提供需要的频率信号。

③ 计时电路由秒计数器、分计数器和小时计数器组成，完成计时。

④ 校时电路主要由按钮电路、信号选择电路组成，实现校小时、校分和校秒。

⑤ 报时电路主要由报时音频合成电路、音频驱动电路和发声元件等组成，用于实现整点报时或按设定时间报时。

（5）数字电子钟可用多种方案实现

数字电子钟实施方案较多，便于培养学生分析问题的能力。如校时电路，既可采用从秒输入端加入不同频率信号实现，也可通过在时、分、秒各输入端分别加入校对信号实现；再如报时电路，既可采用所有整点相同报时信号报时，也可实现几点响几下的整点报时。在教学中充分利用仿真软件实现数字电子钟的多种方案，既可拓展学生的思路，又能培养学生应用知识的能力。

（6）数字电子钟的教学可用仿真软件丰富

数字电子钟可选择 Multisim、PSpice A/D、Proteus 等仿真软件，考虑到 Proteus 仿真软件可以与 51 单片机开发软件 Keil 相结合实现单片机硬件的仿真，本教材选用 Proteus 软件组织编写。

（7）数字电子钟的生产过程可训练技能多

数字电子钟的生产过程中，既可训练学生常用工具、仪器、仿真软件的应用能力，也可训练学生对电子产品安装、焊接、调试、维修的能力，并可提高学生的职业素质和自我学习能力。

第8章

电子产品制作与调试概述

任务描述

① 了解电子产品设计步骤,掌握电子产品总体设计、硬件设计的一般方法。

② 了解电子产品安装的基本方法,掌握常用电子元器件的安装、焊接方法。

③ 了解电子产品调试步骤,掌握电子产品调试的基本方法。

8.1 电子产品设计的一般方法

电子产品设计就是通常所说的电子设计,从广义上说,就是涉及电子电路相关产品的设计。电子产品设计一般包括总体方案设计、电子系统设计、结构设计、软件设计、技术文件准备等几个方面。

① 总体方案设计的主要任务就是根据待设计的电子产品功能、性能、外观等具体要求,进行市场调研、资料查阅、产品分析、方案论证等,并在此基础上确定产品的主要技术指标、设计的技术路线及制订工作计划、实施细则等。

② 电子系统设计,也称为硬件设计,主要任务是完成电子电路设计、元器件选型、部分元器件的设计、电气原理图绘制、电路仿真调试、印制电路板(PCB)设计及可靠性、稳定性保障设计等。

③ 结构设计主要任务是产品的外壳设计、外观设计、散热设计、安全设计及各部件内部的安装设计。

④ 软件设计,不是所有产品都需要,本教材选取的数字电子钟产品也不需要,但对于含有其他高级芯片,如 FPGA、DSP 类的产品或含有单片机等微处理器的智能产品,软件设计就是必须的。

⑤ 技术文件准备的主要任务是编制好产品生产所需的必要文件。

8.1.1 电子产品总体方案设计

以数字电子钟为例。本教材所要设计的数字电子钟不是一般的企业电子产品,而是项目教学用的产品,因此设计时除了考虑数字电子钟的功能、性能等指标外还应考虑如何更有利于教学。

(1) 数字电子钟基本功能

数字电子钟是一个大众化产品,一般来讲应具有以下基本功能。

① 能进行小时、分、秒显示。

② 能进行小时、分、秒设置。

③ 能实现整点报时。

④ 能通过设置,实现任意时间报时。

(2) 数字电子钟基本性能

一个实用的数字电子钟应满足三个"度":精度、亮度和响度。

① 精度是指显示的时间必须准确。

② 亮度是指显示的时间必须让人看得清楚。

③ 响度是指报时的声音必须清脆有力。

(3) 数字电子钟用于教学设计时必须考虑的因素

从教学的角度来看,数字电子钟的设计应考虑以下几点。

① 数字电子钟可由多种不同方案实现,在方案比较时应着重考虑所选用的方案在设计时能否把数字电路包含的主要知识点全部囊括进去。

② 应把数字电子钟分解成若干个模块,并在印制电路板设计时把各模块固定在不同的区域。

③ 应确保绝大多数学生能在规定的时间内完成制作与调试。

④ 数字电子钟印制电路板(PCB)设计时除留下足够的训练内容让学生完成外,应设计一标准印制电路板设计示范区。

(4) 本教材设计的数字电子钟总体方案

根据以上分析,本教材把数字电子钟分解为信号电路、显示电路、计时电路、校时电路和报时电路五个功能相对独立的模块(如图 8-1 所示),采用如图 8-2 所示的设计方案,并要求实施时参照以下规定进行。

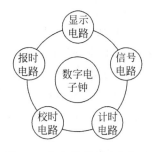

图 8-1 数字电子钟功能框图

① 为训练学生安装、焊接、布线、调试等技能,印制电路板主体采用类面包板结构,并分割为五个部分——对应五个模块电路。元器件与元器件、元器件与电源引线、元器件与接地线等接线由学生用"飞线"完成。

② 各模块的制作、调试按显示电路、信号电路、计时电路、校时电路和报时电路的顺序进行。

③ 报时电路采用规范的印制电路板设计,并集中放置输入信号接入点。

④ 重复电路部分采用规范的印制电路板设计,部分留给学生用"飞线"完成。

⑤ 使用外部电源供电。

⑥ 计时电路中的小时计数器设计为二十四进制或十二进制。

⑦ 校时电路设计为校时信号统一从计时电路的秒输入端输入,这样可确保相对独立。基本思路是:校时时首先终止正常的计时,然后将频率较高的方波信号加到秒计数器输入端,校时结束后,再转入正常计时状态。

⑧ 为确保数字电子钟走时准确,信号电路应用石英晶体振荡器产生基准频率。

⑨ 整点报时设计为每到整点时发出相同的报警声(九高一低,每秒响一下,整点结束),这样电路相对简单。

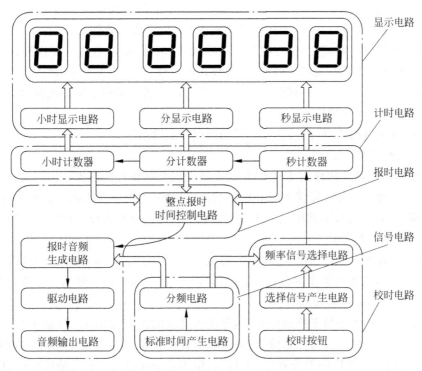

图 8-2 数字电子钟整机原理框图

8.1.2 电子产品硬件设计

电子产品的硬件设计一般包括电子电路设计、元器件选型、印制电路板设计及可靠性、稳定性保障设计等。如产品设计时选用 FPGA、DSP 等可编程器件,还要进行元器件设计。

1. 电子电路设计

电子电路设计主要有两个任务,一是进行电气原理设计,二是电气原理图绘制。

(1)电气原理设计

电气原理设计是电子产品设计最核心的工作,电子产品的所有功能都得通过电子电路来实现。一般来讲,电气原理设计可按以下步骤进行。

① 设计各模块电子电路,设计时应尽量选择成本低、容易购买、可靠性高的元器件。

数字电子钟的设计应按照总体设计的要求分别完成显示电路、信号电路、计时电路、校时电路和报时电路的设计。设计时要特别注意各模块之间输入输出信号的联系。

② 对自己不熟悉的电路应借助 Proteus 等仿真软件辅助设计,关键电路还要在面包板搭电路或制作实验电路板进行调试。如信号产生电路为获得高品质、高精度的基准信号,必须对电容、电阻进行调整,报时电路也需要通过调整报时的音频、驱动信号的强度等才能确保报时的响度、音质,这些电路就必须通过搭电路进行调试。

③ 调试电路时要预先制订方案,按照预订方案进行调试,并对试验过程和结果进行详细地记录。这样可使调试更有计划、更有效果、更利于团队工作。

④ 电子电路仿真一般可使用 Multisim 或 Proteus 仿真软件。由于 Proteus 软件可对单片机等智能元器件进行仿真,因此本教材选用 Proteus 仿真软件。

⑤ 用面包板搭建调试电路时,应注意走线规范、清晰,搭好电路后要仔细检查,确认接线无误后方可开始调试。建议连线时,电源线用红色线,地线用黑色线,输入、输出和中间连线分别使用不同颜色的线,同时需要操作的元器件应放置在最便于操作的位置,这样既方便调试,也便于分析、定位故障。

⑥ 当所有电路确认可行后,就可以开始画电气原理图了。

(2) 电气原理图绘制

电气原理图绘制是仿真调试的基础,也是印制电路板设计的前提。

① 电气原理图绘制首先应考虑好选用的绘图软件,因为现在印制电路板设计是与电气原理图绘制密切相关的,通常电气原理图绘制、仿真、印制电路板设计用的都是同一个软件。本教材选用 Protel 软件。

② 先画出各模块电路的电气原理图,然后用标号连接各模块,这样更容易看清各模块电路之间的关系,当出现错误时也便于按模块进行更改。也可画一张电气原理框图,再给各模块各画一张电气原理图,形成图册。

③ 使用虚线对各模块电路进行分隔,并加入必要的注释,如功能、注意事项等。

④ 电气原理图画完后要注意检查,确保没有任何错误。重点可检查两个内容:一是元器件的属性,确认元器件的编号有序,型号、数值等信息正确无误;二是特别注意网络标号有没有错误,如标号出错,则电气连接将出错,印制电路板设计必然错误。

⑤ 电气原理图检查无误后,开始为每个元器件确定封装,有时选用的元器件在所选用的印制电路板设计软件的元器件库中找不到封装,这时需要自己为该元器件设计封装。

2. 元器件选型

元器件选型的关键是,在满足电路性能要求的基础上,尽可能选用通用的,最好也是市场上比较常见的元器件,这样便于采购,且成本较低。本教材中设计的数字电子钟是用于教学的,因此,还应尽可能选用与数字电路相关课程知识点相关的元器件。几种常用元器件选型方法如下。

(1) 电阻器的选用

① 选型号。一般选用通用型电阻器。通用型电阻器种类较多、规格齐全、生产批量大,且阻值范围、外观形状、体积大小都有选择的余地,便于采购、维修。高频电路中,分布参数越小越好,应选用金属膜电阻、金属氧化膜电阻等高频电阻;低频电路中,选择绕线电阻、碳膜电阻均可;功率放大电路、偏置电路、取样电路,对稳定性要求比较高,应选温度系数小的电阻器;退耦电路、滤波电路,对阻值变化没有严格要求,任何类电阻器都适用。

② 选阻值。原则是所用电阻器的标称阻值与所需电阻器阻值差值越小越好。RC 电路所需电阻器的误差尽量小,一般可选 5% 以内;对退耦电路、反馈电路、滤波电路、负载电路等对误差要求不太高的应用场合可选误差在 10%~20% 的电阻器。

③ 选额定功率。为保证安全使用,一般所选电阻器的额定功率应比实际承受的功率大 1.5~2 倍。

注意:当电阻器的额定功率小于电路工作功率时,电阻器的阻值将发生变化,甚至发热、烧毁。

（2）电容器的选用

① 选型号。用于低频、旁路等应用场合，可选用纸介、有机薄膜电容器；高频、高压电路中可选用云母、瓷介电容器；电源滤波、去耦、延时电路中可选用电解电容器。

② 选精度。在延时、信号发生、音调等电路中，电容器的容值必须和计算值一致，一般误差不应超过±(0.3%～0.5%)。

③ 选额定电压。额定工作电压必须高于电路工作电压的20%以上。

注意：当电容器额定工作电压低于电路工作电压时，可能使电容器发生爆炸。

（3）二极管的选用

① 选材料。根据二极管制作时所用材料不同，二极管由锗管、硅管之分，锗管、硅管的钳位电压是不同的，锗管为0.1～0.3V，硅管为0.5～0.7V。在二极管两端施加正向电压时，只有电压值超过其钳位电压时方可导通，并且导通后在二极管上产生的压降等于其钳位电压。

② 选最大正向平均电流。二极管的最大正向平均电流也称最大整流电流，二极管电路工作电流必须小于此电流，否则会造成损坏。

③ 选反向击穿电压。正常情况下，在二极管两端施加反向电压时，二极管是不会导通的，但当反向电压增加到某一数值时，二极管可能被反向击穿而损坏。通常二极管的反向击穿电压应是最高反向工作电压的2～3倍。

④ 发光二极管选用时，还应考虑发光亮度、颜色、形状等。

（4）三极管的选用

① 选类型。三极管由NPN型与PNP型两类，由于这两类三极管工作时对电压的极性要求不同，所以它们是不能相互代换的。

② 选材料。与二极管一样，制作三极管的材料也有锗、硅两种，锗管、硅管的钳位电压不同，锗管为0.1～0.3V，硅管为0.5～0.7V，使用时一般不可直接互换。

③ 在数字电路中，三极管通常工作于截止和饱和状态，一般只需要考虑以上两个内容即可。但在模拟电路中三极管经常用于小信号放大，因此在模拟电路中三极管的选择还应考虑放大倍数等。

（5）集成块的选用

① 选封装。所谓封装是指集成电路的外壳，起着安放、固定、密封、保护芯片等作用，同时还是芯片内部电路与外部电路沟通的桥梁。集成块的封装常分为直插式封装、贴片式封装、BGA封装、厚膜封装等类型。

直插式封装集成块是引脚插入印制电路板中，然后再焊接的一种集成电路封装形式，主要有单列式（SIP）封装和双列式（DIP）封装。直插式封装适合PCB的穿孔安装，是目前最常用的封装之一。

贴片式封装集成块引脚很小，引脚可做得较多，可以直接焊接在印制电路板的印制导线上，当对电子产品体积要求较高时常用此封装集成块。

BGA封装，又名球栅阵列封装，BGA封装的引脚以圆形或柱状焊点按阵列形式分布在封装下面。采用该封装形式的集成电路主要有CPU以及南北桥等高密度、高性能、多功能集成电路。

厚膜封装集成电路就是把专用的集成电路芯片与相关的电容、电阻元件都集成在一个基板上,然后在其外部采用标准的封装形式,并引出引脚的一种模块化的集成电路。

② 考虑兼容性。数字电路用集成块通常为两类,一类为 TTL 电路,另一类为 CMOS 电路。其中 TTL 电路又分为 74 系列(商用)和 54 系列(军用),74 系列和 54 系列又分别有 74/54××、74/54LS××、74/54S×× 等类型。CMOS 电路也有 74HC 系列和 4000 系列,其中 74HC 又分为 74HC××、74HCT×× 等类型。一般情况下,设计电路时应选择同一种类型的集成块,以确保不出现兼容性问题。

3. 可靠性、稳定性设计

在进行电子产品硬件设计时,还必须进行可靠性、稳定性设计,以确保电路性能得以保证。就本教材所设计数字电子钟而言,主要考虑了以下几点。

① 在 PCB 电源进线端设计一个电源接入插座,并加滤波电路、电源指示电路。

② 考虑使用的是外部电源,学生在制作、调试数字电子钟时容易误接电源线、地线,应在电源进线端采取防接反措施。

③ 为减少噪声干扰,在所有集成块的电源引脚和地线引脚之间加上去耦电容。

4. 印制电路板设计

印制电路板设计是电子产品硬件设计的重要工作之一。印制电路板设计一般可选用专用设计软件完成。如 Protel 软件就是非常好用的印制电路板设计软件之一。本教材对印制电路板设计软件不作介绍,读者可参考其他书籍,这里仅介绍印制电路板设计时应注意的几个关键知识点。

(1) 印制电路板规划

在进行印制电路板设计前,必须首先对将要设计的印制电路板进行一个初步的规划。比如说印制电路板采用多大的物理尺寸、什么形状,是单面板还是双面板,或者要采用多面板,以及元器件封装形式,一些发热元件的散热处理,印制电路板定位孔设计等。

(2) 印制电路板元器件布局基本规则

① 通常条件下,所有元器件均应放置在印制电路板的顶层上,只有在顶层元器件放置过密时,才能将一些高度有限且发热量很小的元器件,如贴片电阻、贴片电容、贴片集成块等放在底层。

② 在保证电气性能的前提下,元器件放置应相互平行或垂直放置,且分布均匀、疏密一致。位于板边缘的元器件离板边缘至少有两个板厚的距离,并且一般不允许出现元件重叠。

③ 输入、输出元器件尽量分开放置,压差较大的元器件或导线之间应加大放置距离,带高电压的元器件应尽量布置在调试时手不易触及的地方。

④ 按照信号流向逐个安排各个功能电路单元的位置,并围绕每个功能电路的核心元件进行布局。多数情况下,信号的流向安排为从左到右或从上到下,与外部设备连接的接插件或连接器应放置在板的边缘。

⑤ 电磁辐射较强的元件、电磁感应较灵敏的元件放置时,相互之间应保持足够的距离,必要时应加以屏蔽。

⑥ 发热元件应优先安排在利于散热的位置,并与其他元件隔开一定距离,必要时可以

单独设置散热器或小风扇。底层一般不放置发热元件。

⑦ 对于电位器、可变电容器、可调电感线圈或微动开关等可调元件的布局应考虑整机的结构要求,若是机外调节,其位置要与调节旋钮在机箱面板上的位置相适应。若是机内调节,则应放置在印制电路板上便于调节的地方。

(3) 电源、地线的处理

电源、地线所产生的噪声干扰对产品的性能影响极大,有时可能导致产品根本不能工作。因此印制电路板设计时一定要重视电源线、地线的处理。

① 尽量加宽电源、地线宽度,最好是地线比电源线宽,它们的关系是:地线>电源线>信号线,通常信号线宽为 0.2~0.3mm,最细宽度可达 0.05~0.07mm,电源线为 1.2~2.5mm。

② 用大面积铜层作地线用,在印制板上把没有用上的地方都与地相连接作为地线用,或是做成多层板,电源、地线各占用一层。

③ 对数字电路的印制电路板可用宽的地导线组成一个回路,即构成一个地网来使用。

注意:模拟电路的地线不能这样使用。

(4) 数字、模拟混合电路处理

① 现在有许多印制电路板不再是单一的数字电路或模拟电路,而是由数字电路和模拟电路混合而成的,因此在布线时必须考虑它们之间互相干扰的问题,特别是地线上的噪声干扰。

② 数字电路的频率高,模拟电路的敏感度强,对信号线来说,高频的信号线尽可能远离敏感的模拟电路器件。

③ 对地线来说,印制电路板对外部设备只有一个连接点,所以必须在印制电路板内部进行处理数、模共地的问题。印制电路板内部数字地和模拟地之间互不相连,只是在印制电路板上应分开布线,只可由一个点相互连接,一般在与外部设备连接的接口处(如插头等)。

注意:只有一个连接点。

(5) 信号线布在电源层或地线层

在多层印制电路板布线时,在信号线层布不下的线也可考虑在电源层或地线层进行布线,布线时应优先考虑布在电源层上,其次才考虑地线层,因此地线层最好是独立的。

(6) 大面积接地铜层中焊盘的处理

在大面积的接地铜层中,元器件的地线引脚焊盘的处理需要进行综合考虑。

① 就电气性能而言,元器件地线引脚的焊盘与接地铜层完全融为一体效果最好。

② 从焊接角度来看,当元器件地线引脚的焊盘与接地铜层完全融为一体时,因为大面积铜层散热太快,焊接时需用大功率电烙铁,稍有不慎还容易造成虚焊点。

③ 兼顾电气性能与工艺需要,大面积的接地铜层中元器件地线引脚的焊盘一般做成十字花焊盘,称之为热隔离焊盘,俗称热焊盘。这样,可使在焊接时因铜层过快散热而产生虚焊点的可能性大大减小。

④ 多层板的接电(地)层焊盘的处理同上。

5. 数字电子钟印制电路板设计

按照数字电子钟总体设计要求、印制电路板设计规则等,本教材教学用的数字电子钟印制电路板设计如图 8-3 所示。图 8-3 具有以下主要特点。

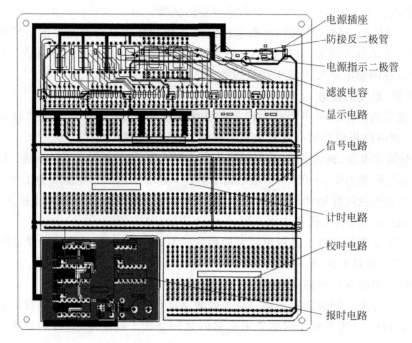

图 8-3　数字电子钟印制电路板

① 印制电路板整体结构为仿面包板结构,并被分割为显示电路、信号电路、计时电路、校时电路和报时电路五个部分。

② 在电源进线端设计了一电源插座并串接了一个二极管,以防止电源接入时正负极接反。

③ 在电源进线端设计了电容作滤波用,设计了一发光二极管作电源指示灯。

④ 所有电源、地线均为粗线,印制电路板空余位置都被地线填满。

⑤ 报时电路设计为标准印制电路板设计。

⑥ 显示电路用电阻设计标准焊盘。

⑦ 在显示电路中,小时、分部分设计为标准印制电路板设计,仅留秒部分让学生完成安装。

⑧ 所有集成块都要求安装去耦电容。

8.1.3　电子产品技术文件

电子产品技术文件是电子产品生产的基本依据,一般分设计文件和工艺文件两大类。

设计文件是电子产品在研究、设计和试制过程中形成的图样和技术资料,它规定了产品的组成形式、结构尺寸、电气原理以及在制造、验收、使用、维护和修理时所必须的技术数据和说明,是组织生产的基本依据。一般包括电路原理图、印制电路装配图、安装图、接线图及设计说明书等资料。

工艺文件是根据设计文件、图样及样机,并结合工厂实际(工艺装备、工人技术水平)制订出来的文件,它规定了产品的具体加工方法,是工厂组织、指导生产的主要依据和基本法规。一般包括工艺流程图,岗位作业规范,仪器设备操作规程,焊接、装配、调试工艺,检验规程,以及元器件筛选、老化等。

8.2 电子产品安装方法

8.2.1 元器件安装

任何电子产品都离不开电子元器件的安装。一般来讲,元器件的安装应着重注意以下几点。

（1）元器件引脚预处理

电子元器件在安装前应将引脚擦拭干净,最好用细砂布擦光,去除表面的氧化层,以便焊接时容易上锡。但引脚已有镀层的,视情况可以不擦。

（2）元器件的安装方式

元器件的安装方式,主要有立式安装和卧式安装两种。立式安装如图 8-4 所示,卧式安装如图 8-5 所示。当工作频率较低时,两种安装方式都可以采用。但当工作频率较高时,元器件最好采用卧式安装,并且引线尽可能短一些。立式安装时,元器件要与电路板垂直。卧式安装时,元器件要与电路板平行或紧贴在电路板上。

（3）元器件引脚加工

为了方便地将元器件插到印制电路板上,应预先把元器件的引脚加工成一定的形状,有些元器件的引脚在安装焊接到电路板上时需要折弯,但应注意,所有元器件的引脚都不能齐根折弯,以防引脚齐根折断。图 8-6 为错误的引脚折弯方法,图 8-7 为正确的引脚折弯方法。

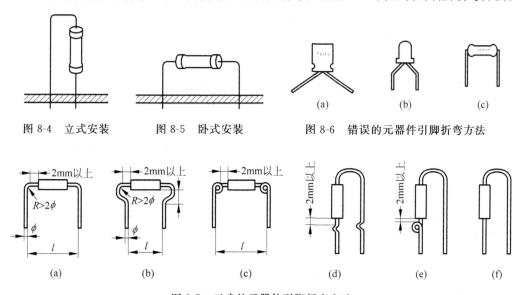

图 8-4 立式安装　　图 8-5 卧式安装　　图 8-6 错误的元器件引脚折弯方法

图 8-7 正确的元器件引脚折弯方法

（4）元器件支架固定法

在安装较大、较重的元器件时,除可以焊接在电路板上外,最好再采用支架固定,这样才能更加牢固可靠。较重元器件安装支架固定法示意图如图 8-8 所示。图中把一大功率三极管用螺钉固定在角形的铝板上,然后再固定在安装板上。这样一是稳固,二是铝片能起到散热的作用。

(5) 元器件型号、数值等标注面的安装朝向

安装各种电子元器件时,应将标注元器件型号和数值的一面朝上或朝外,以利于焊接和检修时查看元器件型号数据,这样能一目了然,如图 8-9 所示。

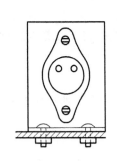 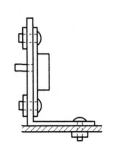   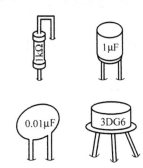

图 8-8　元器件支架固定法示意图　　　　图 8-9　元器件正确安装方法

(6) 使用套管安装长引线的元器件

需要保留较长的元器件引线时,必须套上绝缘导管,以防元器件引脚之间发生短路。

8.2.2　元器件焊接

元器件焊接是电子产品生产很重要的工作之一,焊接质量的好坏直接影响产品的质量,元器件的焊接一般应做到没有虚焊、碰焊、漏焊,并使焊点光亮。对于不同的元器件焊接时还应充分考虑其各自的特点。

(1) 电阻器焊接

电阻器焊接比较简单,只要使电阻器的高低一致、不紧贴印制电路板即可。但对于大功率电阻,还应注意让电阻与印制电路板保持足够的距离,以利于散热。

(2) 电容器焊接

对有极性的电容器,安装前应先确认其极性安装是否正确,先焊接玻璃釉电容器、有机介质电容器、瓷介电容器,最后焊接电解电容器。

(3) 二极管焊接

首先检查二极管的极性是否安装正确,并尽可能使所有二极管高度一致。对于发光二极管的焊接,还应注意尽可能缩短焊接时间。

(4) 三极管焊接

首先检查三极管的 e、b、c 三引脚插接是否正确,焊接时用镊子夹住引线脚,以利散热,并尽可能用较少的时间焊接,以免因过热造成三极管损坏。

(5) 集成电路焊接

首先检查集成块的安装方向是否正确,在焊接时应先焊集成块对角的两只引脚,把集成块正确固定在印制电路板上,然后再从左到右、自上而下逐个焊接每个引脚。

(6) 开关、接插件焊接

开关、接插件的焊接要特别注意焊接时间越短越好。因为时间长了容易使开关、接插件内部的塑料部分因受热变化而报废。

(7) 元器件焊接顺序

元器件装焊顺序依次为电阻器、电容器、二极管、三极管、集成电路、大功率管,其他元器件为先小后大。

(8) 连接线焊接

一般来讲,连接导线的可焊性要差于元器件引脚,因此在焊接时首先应作浸锡处理。元器件引脚也可能因长期存放造成表面附有灰尘、杂质、氧化层等使可焊性变差,有时也需作浸锡处理。

所谓浸锡处理,就是在焊接前让引线先镀上锡,使焊接时更容易。在给引线(引脚)浸锡前应先将引线(引脚)上的杂质去掉,然后蘸上助焊剂放入锡锅浸锡或直接用电烙铁上锡。

特别提示

① 考虑到初学者在安装、焊接、调试中容易出现各种不可预见的故障,建议在教学中所有集成块都不直接焊接在 PCB 上,而是在集成块的相应位置上安装与集成块相对应的管座,调试时,把集成块插在相应的管座上即可。

② 对所有元器件焊接前应先检查是否按照图样安装在正确的位置上。

③ 对于焊接后电容器、二极管、三极管引脚上露在印制电路板面上的多余引线应齐根剪掉。

④ 导线或元器件引线(引脚)的浸锡时间不能太长,以免因过热损坏元器件或导线的护套。

⑤ 本教材介绍的仅仅是手工焊接技巧,浸焊、波峰焊等工艺请读者参阅其他书籍。

8.2.3 布线技巧

批量生产的电子产品是不需要在安装过程中进行 PCB 布线的。但作为初学者,布线是一个很重要的基本技能,而且很多情况下,设计过程中需制作或搭建试实验电路对关键电路或需要调节参数的电路进行测试和调整,这时就需要进行布线。布线时一般应注意以下几点。

(1) 导线准备

① 布线用的导线要求不高,一般只要求细一些的铜线即可,以单股铜线为佳。因为铜线较易焊接,单股线比较容易折弯,这样可使布线美观些。

② 应准备多种颜色的导线。布线时采用不同颜色的导线布不同类型的线,可使线路清晰,便于调试、查找故障。一般情况下,电源使用红色线,地线使用黑色线,信号线使用其他颜色线。

(2) 布线顺序

总是先布置电源、地线,再布置固定信号的输入端,最后按信号流向布置其他信号线。

（3）布线要求

布线要整齐、清晰，尽可能贴近 PCB 表面，绝不允许将导线跨越在元器件上方，尽量不要覆盖焊盘，走线避免交叉。

（4）布线检查

布线过程应加强检查。特别是电源、地线布一部分就先查一下，避免全部布完后出现电源短路等故障，查起来将会非常麻烦。

8.3 电子产品调试技巧

任何电子产品制作完成后都需要进行调试，以测试产品的工作状况、性能指标。而且，产品使用一段时间后，元器件受温度、湿度等环境的影响也会老化，发生参数变化、故障等情况，造成产品不能使用，这时也需要通过调试进行故障定位。因此掌握电子产品的调试技术十分重要。

电子产品调试有两种常用方法。第一种方法是把整个电路安装完成后一次性调试。这种方法一般适用于定型产品；第二种方法是采用边安装边调试的方法。也就是把复杂电路分解成若干个功能相对独立的模块，安装好一个模块就调试一个，在分块调试的基础上完成整机调试。这种方法一般适用于新设计电路，便于及时发现问题。

8.3.1 调试前的准备工作

调试前应认真做好准备工作，确保调试规范、有效。

1. 技术文件的准备

调试前一般应准备好调试方案、电气原理图、元器件布置图等技术文件。

（1）调试方案

调试方案一般应包含调试所需要的环境（主要是仪器、仪表、工具等）、调试方法和步骤、调试所需的技术文件、调试的安全措施和调试的注意事项等内容。

（2）电气原理图

电气原理图是详细说明产品中各元器件、各模块电路之间的连接关系和电路工作原理的技术文件，可以是一张图，也可以是图册。如果电气原理比较简单，通常可用一张电气原理图表示；如果电气原理比较复杂，用一张电气原理图很难表达清楚时，通常的做法是把电气原理图分割成若干个子图，每个子图描述一个相对独立的功能模块，并辅之一张电气原理框图，形成电气原理图册。

由于数字电子钟的设计、安装、调试是按显示电路、信号电路、计时电路、校时电路、报时电路五个模块逐步进行的，因此数字电子钟的原理图画法实际上采用的也是图册画法，整个电子钟图样包含了一张电气原理框图、五张子图。

🔲 **特别提示**

用图册表示电气原理时一定要注意各子图之间输入、输出的关系，并做好标注。

(3) 元器件布置图

元器件布置图也称为印制电路板部件组装图,表示了元器件与印制电路板的连接关系,如图 8-10 所示。元器件布置图的绘制应注意以下几点。

① 元器件布置图上的元器件一般可用图形符号表示,有时也可用简化的外形轮廓表示。

② 对仅在一面安装元器件的印制电路板,只需画一个元器件布置图,如果两面均安装元器件,一般应画两个元器件布置图,元器件较多一面的元器件布置图称为主视图,另一面称为后视图。

③ 两面安装元器件的印制电路板,如果另一面安装元器件很少,且两面元器件位置不重叠,也可只画一张主视图。此时后视图上的元器件也画在主视图中,元器件符号用实线画出,而引脚要用虚线表示。

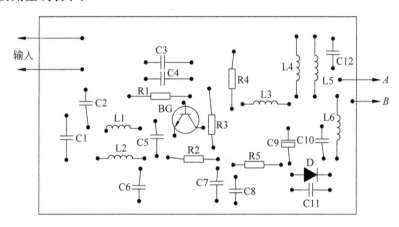

图 8-10 元器件布置图示例

2. 待调试电路检查

电路安装完成后先不要急于通电,应首先做好以下工作。

(1) 直观检查

仔细观察印制电路板,看有无短路、虚焊、漏焊,二极管、电解电容等有极性器件有无接反,集成块安装方向是否正确,特别要注意电源、地线是否短路(可用数字万用表的蜂鸣器挡辅助检查)。

(2) 接线检查

对照电气原理图认真检查电路接线是否正确(错线、少线、多线等)。除目测检查外,也可用数字万用表的蜂鸣器挡辅助检查。特别要注意有无多线,多线在用实验板或面包板进行局部电路试验时最容易发生,一般是因接线时看错引脚或在改变接线时忘记拆除没有用的线而发生。

3. 仪器、工具准备

即调试时需要的仪器、仪表、设备、工具等的准备。如数字电子钟的调试至少要用到直流电源、万用表、示波器等仪器、仪表,电烙铁、吸锡器、镊子等工具,有条件的也可配备频率计、信号发生器等设备。

4. 安全措施

调试过程首先必须确保安全,包括人身安全和仪器、设备的安全。

① 如有条件,所有仪器、设备的金属外壳都必须可靠接地。

② 不允许带电操作。如必须带电操作,应使用带绝缘保护的工具进行操作。

③ 通电时,电源等级、极性绝不能接错。

④ 大电容更换时应先放电。

8.3.2　调试方法与步骤

1. 通电观察

在检查电源与印制电路板连接无误且印制电路板电源和地线没有短接后方可通电。电源接通后,首先应观察印制电路板有无冒烟、异味、发烫等异常发生,如有异常,应排除故障后再进行下一步的调试。

2. 电源电路调试

电子产品的供电一般有两种方式:第一种是电子产品本身没有设计电源电路,通过其他电源输出等级匹配的标准电源供电;第二种是电子产品电路中包含电源电路,直接用交流电源供电。在第二种供电方式下必须首先对电源电路进行调试,电源电路的调试通常分以下两步进行。

(1)电源电路空载调试

所谓电源电路空载调试,就是在电源电路输出不接任何负载的情况下进行测试,测量其输出端有无稳定的输出,其输出值是否达到设计的要求。

实验室提供的直流电源在没有给外部电路提供电源时就属于空载,空载时应有稳定的输出。

(2)电源电路带载调试

在空载调试正常的情况下,再加等效负载进行调试,也应有稳定的输出。所谓等效负载是指测试时所加负载等于等供电电路的负载。

3. 分模块调试

分模块调试就是把安装好的电路分割成若干个功能模块,首先将每个模块单独调试,待所有模块调试完成后,再逐一连接进行调试。这种方法一般应在 PCB 设计时预留分割点,以便于各模块电路的电气分割、连接。

分模块调试也可采用边安装、边调试的方法进行。就是说,安装一个模块调试一个模块,或安装完所有模块却不让各模块互连,一个一个模块调试完成后再逐一连接进行调试。

调试时一般可采用两种方法进行:一种是静态调试,用数字万用表或给电路输入端加适当的标准信号测试电路输出是否符合设计要求;另一种是动态调试,利用电路本身产生的信号测试电路是否工作正常。

数字电子钟的调试采用边安装边调试的方法,整个电子钟电路被分解成显示、信号、计时、校时、报时五个功能模块,计时电路又分解成秒计数、分计数、小时计数三个小模块,安装一个调试一个。

4. 整机调试

整机调试就是要测试电路的整机功能是否达到设计的要求,实际上,在分模块调试时已基本完成,整机调试时一般只要用标准仪器或专用仪器测试其性能指标即可。如对于数字电子钟,主要应测试走时是否正确。但对于一些带有智能元器件的产品调试,可能执行的是测试软件。整机联调时一定要运行正式软件,一方面考察硬件性能,同时也检验软件性能。

5. 其他调试

除进行以上调试外,通常还要进行环境、老化试验,以及性能指标复检等。

8.3.3　调试注意事项

电子产品调试时应特别注意以下事项。
① 调试前应熟悉电气原理和产品功能、性能。
② 调试前应熟悉仪器、工具使用方法。
③ 调试时所有测量仪器与被测电路应共地。
④ 调试中如发现有问题应先停电再做其他操作。
⑤ 给弱输入信号端加信号时,尽可能采用屏蔽线,屏蔽线的屏蔽层应接地。
⑥ 测量方法要简单易行,如测电流尽可能用测电压代替,并选择合适的信号加入点和测试点。
⑦ 调试过程中一定要注意分析原因、正确定位故障,并注意记录。

8.4　知　识　拓　展

8.4.1　印制导线的修复方法

在电子产品安装、调试、维修过程中经常需要拆装元器件,由于印制电路板本身质量和操作人员技术水平等原因,损坏印制电路板的现象时有发生,造成印制电路板上的印制导线出现划痕、缺口、断裂等,严重的可能导致整个焊盘脱落。因此,作为一个电子产品生产、维修人员,掌握印制导线的修复技术还是十分必要的。

1. 印制导线断裂的修复方法

印制导线断裂的修复一般可按以下步骤进行。
① 将断裂的印制导线断口处两端 5～8mm 表面的阻焊剂、涂覆层清除干净,并用酒精擦洗。
② 待酒精挥发后给这一部位镀上锡。

③ 根据断裂处的缺口大小,取适当长度的导体两端浸锡后跨(搭)接在断裂处并焊接。

④ 如断裂处的缺口较小,用于跨接的导体可用从元器件引脚上剪下的引线,也可用铜导线;如断裂处的缺口较大,用于跨接的导体一般选用铜导线。

⑤ 如断裂口两端附近有元器件引脚、金属孔或接线柱,跨接点尽可能选这些部位,既方便焊接,也较牢固。

⑥ 如跨接的导体较长,最好套上绝缘套管并用黏合剂固定。

2. 印制导线翘起的修复方法

所谓印制导线翘起是指印制导线的一部分与印制电路板脱开,另一部分仍与印制电路板可靠连接的情况。印制导线翘起的修复可按以下步骤进行。

① 把印制导线翘起部分的表面和对应部位的印制电路板清洗干净。

② 把印制导线翘起部分对应部位的印制电路板打毛。

③ 在翘起的印制导线朝向印制电路板的一面及对应部位的印制电路板上均匀涂上黏结剂,并在翘起的印制导线上加压使之粘牢。

8.4.2　色环电阻识别法

色环电阻的识别方法不是随便规定的,这个方法是科学的、严谨的,非常值得一学。

1. 色环电阻颜色和数字的对应关系

色环电阻颜色和数字的对应关系如表 8-1 所示。这种对应关系是国际上公认的识别方法。

表 8-1　色环电阻颜色和数字的对应关系

颜色	棕	红	橙	黄	绿	蓝	紫	灰	白	黑
数字	1	2	3	4	5	6	7	8	9	0

此外,还有金、银两个颜色要特别记忆,它们在色环电阻中,处在不同的位置具有不同的数字含义(如在"四色环电阻中,出现在第三条色环,代表的是小数点位置,出现在第四条色环,代表的是精度"),这是需要特别注意的。

2. "四色环电阻"读数规则

所谓"四色环电阻"就是指用四条色环表示阻值的电阻,如图 8-11 所示。从图中可以看出,四条色环中,有三条色环相互之间的距离离得比较近,而第四条色环离其他色环距离稍大一些,这是区分色环顺序的主要方法。从左向右数,第一、二两条色环表示两位有效数字,第三条色环表示数字后面添加的"0"的个数,第四条色环表示电阻的"精度",也就是阻值的误差。金色代表误差±5%,银色代表误差±10%。

3. "四色环电阻"读数举例

【**例 8-1**】　读出如图 8-11 所示四色环电阻的值。

解:从图 8-11 可以看出,从左到右四条色环的颜色分别为红、紫、棕、金。

因为

第一条色环：红色代表 2，代表高位有效数为 2。

第二条色环：紫色代表 7，代表低位有效数为 7。

第三条色环：棕色代表 1，表示在两位有效数字后面加一个 0。

第四条色环：金色表示该电阻的精度为 $\pm 5\%$。

因此，图 8-11 所示四色环电阻的值为 270Ω，精度为 $\pm 5\%$。

【例 8-2】 读出如图 8-12 所示四色环电阻的值。

图 8-11 四色环电阻(1)

图 8-12 四色环电阻(2)

因为

第一条色环：红色代表 2，代表高位有效数为 2。

第二条色环：红色代表 2，代表低位有效数为 2。

第三条色环：黑色代表 0，表示在两位有效数字后面加零个 0，也就是不加 0。

第四条色环：金色表示该电阻的精度为 $\pm 5\%$。

因此，图 8-12 所示四色环电阻的值为 22Ω，精度为 $\pm 5\%$。

特别提示

① 在色环电阻中，电阻的单位一律默认为 Ω（欧姆）。

② 由于现在的电阻产品，各色环之间距离差距不是很明显，给确定色环的顺序带来了较大的困难。但对四色环而言，还有一点可以帮助确定色环的顺序，那就是四色环电阻的第四条色环，因为四色环电阻的第四条色环不是金色就是银色，绝不会是其他颜色。

③ 通常情况下金色和银色出现在第四条色环上，用以代表该电阻的精度，但有时也会出现在第三条色环上，这时代表的是小数点的位置。金色表示一位小数，银色代表两位小数。

譬如色环排列为橙、灰、金、金的电阻阻值为 3.9Ω，色环排列为绿、黄、银、金的电阻阻值为 0.54Ω。

8.5 学 习 评 估

1. 什么元器件极性接反可能会爆炸？

2. 电子产品出现故障时应首先检查什么？

3. 电子产品调试时应首先通电观察，观察的主要内容是什么？

4. 电子产品安装完成通电前应首先检查印制电路板，检查的主要内容是什么？

5. 用面包板做实验，布线应注意些什么？

6. 什么是浸锡处理？为什么要进行浸锡处理？

7. 为什么集成电路焊接时要先焊对角的两个引脚？

8. 电阻器的选用除注意阻值必须匹配外，还应注意什么？

第9章

显示电路制作与调试

任务描述

① 掌握显示电路设计、安装、调试相关知识。

② 完成显示电路的设计。

③ 完成显示电路的安装。

④ 完成显示电路的调试。

9.1 任 务 分 析

从图 8-2 可以看出,在数字电子钟分解成的五个功能相对独立的模块电路中,显示电路的任务是接收计时电路输出的小时、分、秒信号,并将接收的小时、分、秒信号通过合适的显示方式显示出来。

本章的任务就是要引导读者完成显示电路的制作和调试,并在制作和调试过程中让读者掌握显示电路相关知识,学会数字电路设计、安装、调试的一般方法。具体任务如下:

① 学习发光二极管、LED 数码显示器等常用显示器件及其控制方式。

② 学习 BCD-七段锁存译码驱动器 4511。

③ 比较各种显示方式,从中选择既能满足数字电子钟显示的要求又方便教学的显示方式。

④ 根据确定的显示方式选择显示器件。

⑤ 按照选择的显示器件确定控制方案,并选择合适的控制元件。

⑥ 用仿真软件 Proteus 完成显示电路的绘制。

⑦ 用仿真软件 Proteus 对显示电路进行仿真调试并修改电路。

⑧ 计算限流电阻参数。

⑨ 搭试电路调试显示电路,主要目的是选择合适的限流电阻,以实现在保证亮度的情况下,使显示器件功耗最小、发热最小。

⑩ 完成显示电路最终设计方案的图样绘制。

⑪ 制订显示电路安装方案。主要是元器件安装顺序、特殊元器件安装方案和安装注意事项。由于显示电路实际上是按照已设计好的电路图进行印制电路板设计的,并且部分电路已采用标准印制电路板设计方法完成了设计,因此应按照设计好的元器件布置图设计安装方案。

⑫ 按照设计好的安装方案完成显示电路安装。

⑬ 制订显示电路调试方案。主要是调试前的准备工作、通电前的印制电路板检查、测试以及通电后的输入信号施加方法和输出信号的观测。

⑭ 按照设计好的调试方案完成显示电路调试。

⑮ 如调试中发现问题,则应根据问题的现象仔细分析电气原理图,最终实现故障定位并维修好。

特别提示

① 因显示电路是制作、调试的第一个模块电路,在调试电路前应先完成电源接入电路的安装。

② 电气原理图绘制时所有输入、输出端子应设置标号,既可保持电路本身的独立性,又方便与其他各模块电路的连接。

9.2　相 关 知 识

9.2.1　发光二极管

发光二极管(简称 LED)与普通二极管一样,发光二极管也由 PN 结构成,也具有单向导电性、钳位电压。与普通二极管不同的是,发光二极管是一种能直接将电能转变成光能的半导体器件,当其内部有一定电流通过时会发光。

图 9-1 为部分发光二极管实物图,图 9-2 为发光二极管的符号图。

图 9-1　发光二极管实物图　　　　　　　图 9-2　发光二极管图标符号图

1. 发光二极管主要参数

(1) 允许功耗

允许功耗是指允许加在发光二极管两端正向直流电压与流过它的电流之积的最大值。如果施加在发光二极管上的功耗超过此值,将造成发光二极管发热、损坏。

(2) 最大正向直流电流

最大正向直流电流是指发光二极管允许通过的最大正向电流。如果通过发光二极管的正向电流超过此值可损坏发光二极管。

(3) 最大反向电压

最大反向电压是指在发光二极管两端所允许施加的最大反向电压。如果在发光二极管两端施加的反向电压超过此值,发光二极管可能被击穿损坏。

(4) 工作温度

工作温度是指发光二极管可正常工作的环境温度范围。若发光二极管的工作环境温度超出此温度范围,将不能正常工作。

（5）正向工作电流

正向工作电流是指发光二极管能正常发光的正向电流值。普通发光二极管的正向工作电流约为 $5\sim20\text{mA}$。

（6）正向工作电压

正向工作电压是指发光二极管正常工作时正负极之间的电压值。普通发光二极管的正向工作电压一般在 $1.4\sim3\text{V}$。在外界温度升高时,正向工作电压会有一定程度的下降。

（7）钳位电压

钳位电压是指发光二极管发光必须施加的正向电压值。当正向电压小于钳位电压时,正向电流极小,发光二极管不发光。当正向电压超过钳位电压时,正向电流随电压迅速增加,发光二极管发光。

2. 发光二极管分类

发光二极管品种较多,有多种分类方法。

（1）按使用材料分类

发光二极管按其使用材料可分为磷化镓发光二极管、磷砷化镓发光二极管、砷化镓发光二极管、磷铟砷化镓发光二极管和砷铝化镓发光二极管等多种。

（2）按封装材料和形式分类

发光二极管按其封装材料及封装形式一般分为金属封装、陶瓷封装、塑料封装、树脂封装、无引线表面封装等,还可分为加色散射封装、无色散射封装、有色透明封装和无色透明封装等。

（3）按封装外形分类

发光二极管按其封装外形可分为圆形、方形、矩形、三角形和组合形等多种。

（4）按管体颜色分类

发光二极管按其管体颜色可分为红色、琥珀色、黄色、橙色、浅蓝色、绿色、黑色、白色、透明无色等多种。

（5）按发光颜色分类

发光二极管按其发光颜色可分为有色光和红外光。有色光又分为红色光、黄色光、橙色光、绿色光等。

（6）按发光形式分类

发光二极管还可分为普通单色发光二极管、高亮度发光二极管、超高亮度发光二极管、变色发光二极管、闪烁发光二极管、红外发光二极管和负阻发光二极管等。

特别提示

本教材介绍的发光二极管为普通单色发光二极管。

3. 发光二极管的检测

检测发光二极管的目的有三:一是确定发光二极管引脚的正、负,二是判断发光二极管能否正常工作,三是确定发光二极管达到所需发光亮度所需的最小正向工作电流。检测方法有目测、万用表测量、搭试电路测试等。

（1）目测法

目测法是通过观察发光二极管的外部特征来确定发光二极管的正、负极，如图 9-3 所示。

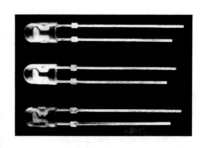

① 观察引脚长短。引脚较长者为正极，也称为阳极，引脚较短者为负极，也称为阴极。

② 观察管体。发光二极管的管体一般是用透明塑料制成的，将发光二极管放在明亮处，观察两条引出线在管体内的形状，较小的是正极，较大的是负极。

图 9-3　肉眼观察发光二极管正负极

（2）万用表检测法

① 用指针式万用表检测。用指针式万用表检测发光二极管时，必须使用"R×10k"挡。检测时，将红表笔与黑表笔分别与发光二极管的两个引脚相接，如指针偏转过半，同时发光二极管发光，这时施加在发光二极管上的电压是正向电压，与黑表笔相接的引脚是负极，与红表笔相接的引脚是正极；将两表笔对调后与发光二极管相接，这时施加在发光二极管上的电压为反向电压，指针应不动；如果不论施加正向电压还是反向电压，指针都偏转到头或都不动，则表明该发光二极管已经损坏。

② 用数字万用表检测。把数字万用表的挡位拨到"二极管、蜂鸣器"挡，将红黑表笔分别接发光二极管的两个引脚，如发光二极管发光，此时显示的数字为发光二极管的正向压降，红表笔所接的引脚为发光二极管正极，黑表笔所接的引脚为发光二极管负极；如发光二极管不发光，且在只在高位显示 1，则红表笔所接的引脚为发光二极管负极，黑表笔所接的引脚为发光二极管正极；不管如何连接，如显示的数字为"0000"，说明发光二极管已损坏。

（3）搭试电路测试法

发光二极管是一个施加超过钳位电压的正向电压就能发光的元器件，且亮度随着正向电流的增加而增加。因此，用一个直流源（可以是直流电源，也可是电池或电池组）和一个电阻与发光二极管串联就可构成一个简单的检查电路，如图 9-4 所示。

图 9-4(a) 中发光二极管亮，表明通过电阻与 +5V 相连的引脚为正极，与地线相连的引脚为负极。同时电压探针所指示的即为正向工作电压，电流探针所指示的为正向工作电流。

图 9-4(b) 中发光二极管不亮，表明通过电阻与 +5V 相连的引脚为负极，与地线相连的引脚为正极。同时电压探针所指示的即为反向电压，电流探针所指示的为反向电流。

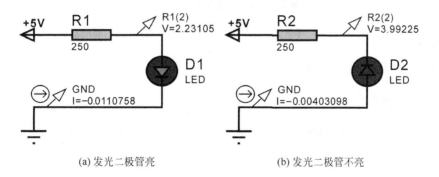

(a) 发光二极管亮　　　　　　　　　(b) 发光二极管不亮

图 9-4　发光二极管测试电路

注意：如果图 9-4(a)、(b)两种连接方式下发光二极管均不亮,说明该发光二极管已损坏。

4. 发光二极管限流电阻的选择

发光二极管的亮度取决通过的正向电流,而正向电流的大小取决于限流电阻的大小。限流电阻的大小可根据发光二极管的正向工作电压、正向工作电流和供电电压估算后通过图 9-5 所示电路调试确定。

(1) 限流电阻的估算

图 9-4 所示电路中发光二极管的限流电阻可通过以下公式进行估算：

$$限流电阻的阻值 = \frac{电源电压 - 正向工作电压}{正向工作电流}$$

(2) 限流电阻的调试

图 9-5(a)中直接用一个可变电阻代替了图 9-4(a)中的固定电阻,通过调节可变电阻阻值使发光二极管达到希望的亮度,且正向工作电流不超过最大正向电流的 0.6 倍,此时可变电阻的阻值就是合适的限流电阻的阻值,设计电路时可用与此阻值相近的固定电阻作为限流电阻。

图 9-5(a)可以测得所需限流电阻的阻值,但有一个致命缺陷,就是如果操作不当使可变电阻值等于 0,将可能使发光二极管过流造成损坏。因此,实际工作中常采用图 9-5(b)确定限流电阻。

与图 9-5(a)相比,图 9-5(b)虽然只是多串联了一个固定电阻,但却可有效避免可能发生发光二极管因过流而损坏。

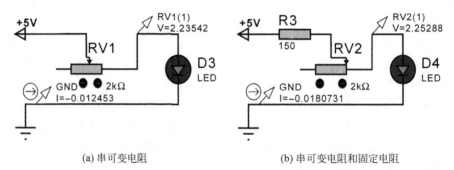

(a) 串可变电阻　　　　　　　　　　　　　(b) 串可变电阻和固定电阻

图 9-5　发光二极管限流电阻确定

？思考一下

该固定电阻的值应如何确定?

5. 发光二极管的应用

发光二极管具有多种形状、颜色,可发出多种颜色的光,具有功耗低、体积小、可靠性高、寿命长、响应快、几乎不产生热量、对人体没有危害等特点,广泛应用于各种家电、仪表等设备的电子电路中用做电源指示或电平指示,而且常组合起来用以显示文字、图形等。图 9-6 为发光二极管几种典型应用实例。

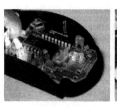   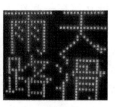

信号指示　　　　　照明灯　　　　　数码显示　　　　　文字显示

图 9-6　发光二管典型应用

9.2.2　LED 数码显示器

LED 数码显示器,也称为数码管,是由 7 个条状发光二极管和一个圆形发光二极管按一定规律构成的,如图 9-7 所示。

1. LED 数码显示器工作原理

图 9-8 为 LED 数码显示器显示数字与七段笔画的关系,LED 数码显示器正视图如图 9-9 所示,LED 数码显示器内部电路图如图 9-10 所示。

图 9-7　数码显示器
实物

图 9-8　数码显示器显示数字与七段笔画关系

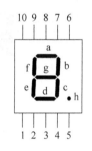

图 9-9　数码显示器
正视图

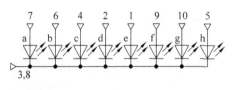

(a) 负极共接

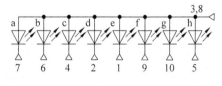

(b) 正极共接

图 9-10　数码显示器内部电路图

① 图 9-9 中,a、b、c、d、e、f、g 7 个条状发光二极管构成了数字 8,通过控制这 7 个发光二极管的亮灭可以显示不同的数字,如图 9-8 所示。因此,LED 数码显示器也常称为七段数码显示器或七段数码管。

② 图 9-9 中,h 为小数点,多个 LED 数码显示器连接起来显示带有小数的数字时,控制 h 的亮灭可改变小数点的位置。

③ 图 9-10(a)和(b)为 LED 数码显示器两种内部电路图。图 9-10(a)中 8 个发光二极

管的负极互连在一起作为公共端,具有此结构的 LED 数码显示器称为共阴极 LED 数码显示器。图 9-10(b)中 8 个发光二极管的正极互连在一起作为公共端,具有此结构的 LED 数码显示器称为共阳极 LED 数码显示器。

④ 从图 9-10 可以看出,共阴、共阳 LED 数码显示器在使用时方法是不同的。LED 共阴数码显示器使用时公共端应接低电平,需要点亮的发光二极管正极加高电平。LED 共阳数码显示器则相反,公共端应接高电平,需要点亮的发光二极管负极加低电平。

2. LED 数码显示器限流电阻的接法

LED 数码显示器是由八个发光二极管组合而成,因此也具有发光二极管的特性,使用时必须接入限流电阻。

从图 9-10(a)中可以看出,限流电阻理论上讲可以有两种不同的接法,一种是 LED 数码显示器内部所有发光二极管共用一个限流电阻,如图 9-11 所示。另一种方法是每个发光二极管单独使用一个限流电阻,如图 9-12 所示。

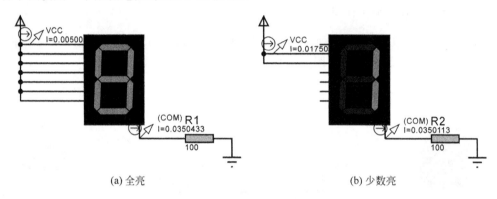

(a) 全亮　　　　　　　　　　　　　　　　(b) 少数亮

图 9-11　数码显示器共用限流电阻

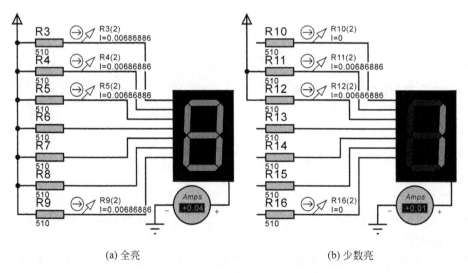

(a) 全亮　　　　　　　　　　　　　　　　(b) 少数亮

图 9-12　数码显示器不共用限流电阻

特别提示

① 教材所用的 LED 数码显示器均为共阴极 LED 数码显示器。

② 电路中 LED 数码显示器的左边 7 个引脚从上到下依次为 a、b、c、d、e、f、g,底部偏右的引脚为负极公共端。

(1) LED 数码显示器所有发光二极管(笔画)共用限流电阻

比较图 9-11(a)和(b)可以发现,LED 数码显示器所有发光二极管共用限流电阻时具有两个致命的缺陷。

① 如果点亮的发光二极管数量不同,则流过发光二极管的电流也将不同,如此必然造成显示不同数字时显示亮度也不同。也即亮度是动态的。

② 即使只点亮一个发光二极管,通过 LED 数码显示器的电流也与点亮所有发光二极管时通过 LED 数码显示器的电流相等。显然无谓地增加了功耗。

因此,LED 数码显示器所有发光二极管共用限流电阻的方案是不可取的。

(2) LED 数码显示器每个发光二极管(笔画)单独使用限流电阻

比较图 9-12(a)和(b)可以发现,LED 数码显示器每个发光二极管单独使用限流电阻时具有以下两个特点。

① 不管点亮几个发光二极管,流过被点亮的发光二极管上的电流都不变,因此显示亮度是稳定的。

② 点亮的发光二极管个数不同,通过 LED 数码显示器的电流不同。显然,点亮的发光二极管越少耗电就越少。

因此,LED 数码显示器每个发光二极管单独使用限流电阻的方案是可行的。

3. LED 数码显示器的检测

LED 数码显示器的检查通常有两种方法,一种是万用表检测法,另一种是搭试电路检测法。

(1) 万用表检测法

由于 LED 数码显示器是由 8 个发光二极管组合而成的,检测 LED 数码显示器实际上就是检测发光二极管,因此用万用表检测 LED 数码显示器方法与发光二极管检测相似。

注意:共阴 LED 数码显示器公共端为发光二极管负极相连,因此,测试时万用表的负极端表笔应接公共端,而正极端表笔依次与其他各端相连,如 LED 数码显示器没有故障,则所有笔画将依次点亮。

思考一下

共阳 LED 数码显示器如何用万用表检测?

(2) 搭试电路检测法

搭试电路检测 LED 数码显示器可参照图 9-12 进行。

特别提示

① LED 数码显示器限流电阻的确定参照发光二极管限流电阻的确定进行。

② 共阴 LED 数码显示器的控制只要把图 9-12 中各输入端的电源信号换成控制信号即

可。有些情况下,公共端也可接入控制信号。

9.2.3 BCD-七段锁存译码驱动器 4511

观察图 9-12 可以发现,LED 数码显示器的控制还是比较复杂的。一是控制信号多,共有八个控制信号;二是显示的数字和笔画之间的关系没有任何规律,很难记忆。

有没有一种元器件既能减少 LED 数码显示器的控制信号,同时又能使显示的数字和笔画之间建立一种"友好"关系呢? BCD-七段锁存译码驱动器 4511 很好地解决了这个问题。

BCD-七段锁存译码驱动器 4511 集 BCD-七段笔画译码、信号锁存、信号驱动于一身,只要在其输入端输入 8421BCD 码就可输出 8421BCD 码所表示的数字显示在 LED 数码显示器上所需的控制信号,并且能提供保证 LED 数码显示器亮度所需的电流。

注意:4511 只用于控制共阴极 LED 数码显示器。

图 9-13 为 4511 控制 LED 数码显示器的电路图示例,改变图中 A、B、C、D 输入端的信号就可改变显示的数字。

1. 4511 引脚

图 9-14 为 4511 引脚图。其中:

① A、B、C、D 为 8421BCD 码输入端,A 为最低位,D 为最高位。

② $QA \sim QG$ 为显示 8421BCD 码对应数字的七段笔画控制信号输出。

③ LT、BI、$LE/\overline{STB}$ 为其他控制信号,可进行试灯、灭灯等操作。

④ V_{DD} 为电源输入端,V_{SS} 为接地端。

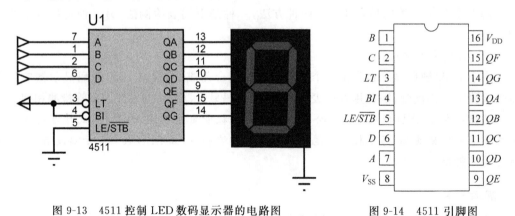

图 9-13 4511 控制 LED 数码显示器的电路图   图 9-14 4511 引脚图

2. 4511 功能描述

4511 的功能真值表如表 9-1 所示。

从表 9-1 中可以看出:

① 当 $LE/\overline{STB}=0$,$LT=1$,$BI=1$ 时,只要输入 8421BCD 码就可输出显示对应数字所需的控制信号,此时被控制的 LED 数码显示器可显示数字 0~9。

表 9-1　4511 功能真值表

输　入							输　出							对应数字
$LE/\overline{STB}$	$\overline{BI}$	$\overline{LT}$	D	C	B	A	QA	QB	QC	QD	QE	QF	QG	
×	×	0	×	×	×	×	1	1	1	1	1	1	1	8
×	0	1	×	×	×	×	0	0	0	0	0	0	0	灭
1	1	1	×	×	×	×	不变							维持
0	1	1	0	0	0	0	1	1	1	1	1	1	0	0
0	1	1	0	0	0	1	0	1	1	0	0	0	0	1
0	1	1	0	0	1	0	1	1	0	1	1	0	1	2
0	1	1	0	0	1	1	1	1	1	1	0	0	1	3
0	1	1	0	1	0	0	0	1	1	0	0	1	1	4
0	1	1	0	1	0	1	1	0	1	1	0	1	1	5
0	1	1	0	1	1	0	0	0	1	1	1	1	1	6
0	1	1	0	1	1	1	1	1	1	0	0	0	0	7
0	1	1	1	0	0	0	1	1	1	1	1	1	1	8
0	1	1	1	0	0	1	1	1	1	0	0	1	1	9
0	1	1	1	0	1	0								灭
0	1	1	1	0	1	1								灭
0	1	1	1	1	0	0								灭
0	1	1	1	1	0	1	全部为 0							灭
0	1	1	1	1	1	0								灭
0	1	1	1	1	1	1								灭

注意：如果输入的代码为非 8421BCD 码，输出将全为 0，被控制的 LED 数码显示器没有显示。

② 当 $LT=0$ 时，无论其他输入为什么值，输出全为 1，此时被控制的 LED 数码显示器所有笔画全亮，显示数字 8。

③ 当 $BI=0,LT=1$ 时，无论其他输入为什么值，输出全为 0，此时被控制的 LED 数码显示器所有笔画都不亮，没有显示。

④ 当 $LE/\overline{STB}$、$\overline{LT}$、$\overline{BI}$ 全为 1 时，无论其他输入为什么值，输出保持原来的状态，此时被控制的 LED 数码显示器显示状态保持不变。

3. 4511 功能测试

4511 功能仿真测试如图 9-15 和图 9-16 所示。

图 9-15 和图 9-16 基本相同，都是把 4511 的输入端接控制信号，输出端的 $QA\sim QG$ 分别与 LED 数码显示器的 a～g 相连，不同的是图 9-15 中 4511 的输出与 LED 数码显示器之间没有接限流电阻，而图 9-16 中 4511 的输出与 LED 数码显示器之间接有限流电阻。在 Proteus 环境下，这两种电路按真值表改变输入端的控制信号观察输出状态和显示结果的方法，其结果并没有什么区别。但需要注意的是：

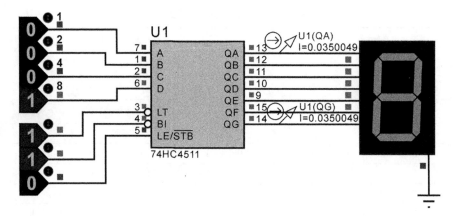

图 9-15　错误的仿真测试图

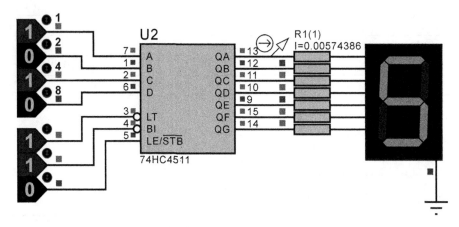

图 9-16　正确的仿真测试图

① 图 9-15 中当 4511 输出高电平时,输出电流达到了 35mA,也就是流过 LED 数码显示器内部发光二极管的电流达 35mA,这将造成 LED 数码显示器因发热而损坏。

② 图 9-16 中,当 4511 输出高电平时,输出电流只有 5.7mA,不会造成 LED 数码显示器因发热而损坏。

因此,如果搭试电路对 4511 测试或实际使用 4511 时,其输出一定要接入合适的限流电阻。

另外,搭试电路时应把图 9-16 中输入端的控制信号改为由开关和电阻构成的信号电路,如图 9-17 所示。

9.2.4　BCD 码 LED 数码显示组件

BCD 码 LED 数码显示组件集 BCD-七段笔画译码、信号锁存、信号驱动、LED 数码显示于一身,相当于在一个芯片中集成了一个 4511 和一个 LED 数码显示器,只要在输入端输入 8421BCD 码即可显示数字。

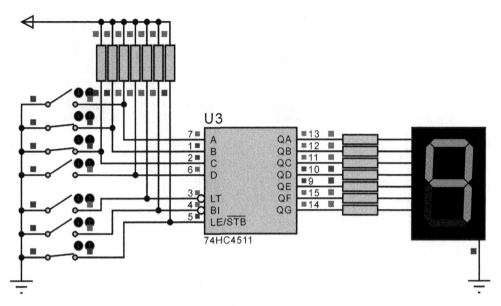

图 9-17 正确的实际电路测试图

9.3 任 务 实 施

9.3.1 显示电路设计

从数字电子钟整机原理框图(如图 8-2 所示)可以看出,显示电路的输入信号来自于计时电路小时、分、秒计数器,没有信号输出,电路的输出就是显示的时、分、秒。显然,显示电路的任务就是把计时电路输出的时、分、秒信号用合适的显示方式显示出来。

显示数字的方式有很多种,最常见的有 LED 数码显示器、LED 点阵显示器、液晶数码显示器、液晶图文显示器等。考虑到 LED 数码显示器价格便宜、控制简单,且亮度较好,本教材设计数字电子钟选择 LED 数码显示器作为显示器件。

LED 数码显示器的控制方法在 9.2 节中已做了详细介绍,这里不再赘述。一位 LED 数码显示电路如图 9-18 所示。由于时、分、秒各有两位数字,因此显示电路实际上就是六个相同的一位 LED 数码显示电路,如图 9-19 所示。

图中,显示器件为共阴极 LED 数码显示器,公共端接地;限流电阻选择 $1k\Omega$、$1/8W$ 的金属膜色环电阻;4511 的 $\overline{LE/STB}$ 接地,LT、BI 接 $+5V$,D、C、B、A 接计时电路输出的 8421BCD 码;H7～H0,M7～M0,S7～S0 为 8421BCD 码信号输入,来自计时电路。

9.3.2 显示电路安装

显示电路的印制电路板如图 9-20 所示。图中,右上角部分为电源接入电路,其他部分为显示电路。

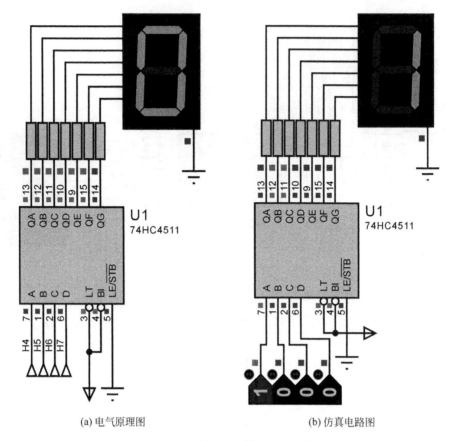

(a) 电气原理图   (b) 仿真电路图

图 9-18   一位 LED 数码显示电路

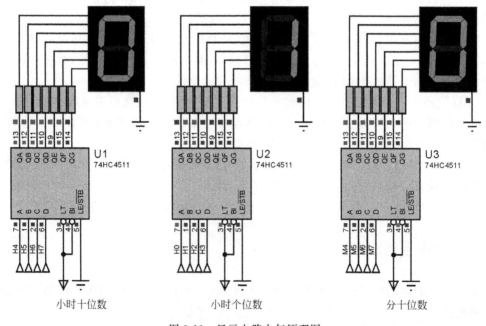

小时十位数   小时个位数   分十位数

图 9-19   显示电路电气原理图

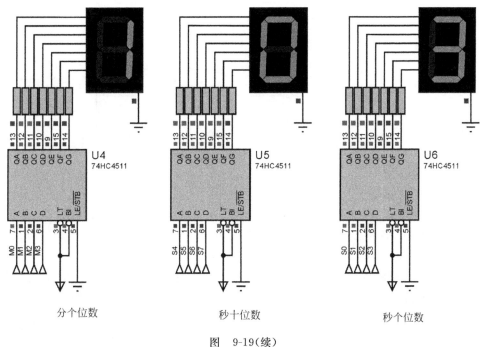

图 9-19(续)

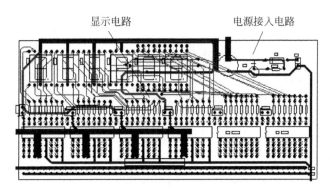

图 9-20 显示电路的印制电路板

1. 显示电路安装

显示电路需要安装 6 个 LED 显示器、42 个限流电阻、6 个 4511 集成块、6 个去耦电容并完成部分连线。考虑到初学者比较容易犯错,教学中所有集成块不直接安装在印制电路板上,都通过相应位置上安装的管座与印制电路板连接。

由于显示电路部分已在印制电路板上完成了布线,因此,元器件安装位置已然确定,元器件安装应按照图 9-21 所示的元器件布置图(印制电路板上也有标记)进行。

显示电路的安装可按如下步骤安装。

(1) 安装顺序

显示电路的安装应按照限流电阻、管座、去耦电容、连线、插集成块的顺序进行。

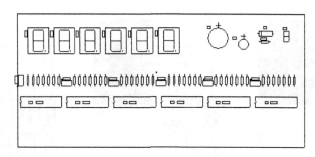

图 9-21　显示电路的元器件布置图

（2）限流电阻安装

① 检查待焊接的 42 个限流电阻阻值是否全部为 1kΩ、1/8W 金属膜电阻。

② 按照印制电路板上电阻的安装位置加工电阻引脚，如发现电阻的引脚附有灰尘、杂质、氧化层等情况，则还应进行浸锡处理。

③ 准备一张稍硬的纸，折叠成宽度略小于一个电阻的两个焊盘之间距离，厚度约 2mm，长度能覆盖 42 个电阻的安装位置，并把折叠好的纸固定在 42 个电阻的焊盘之间。

④ 把加工好引脚的电阻依次插在焊盘中压紧，也可把印制电路板背面露出的引脚适当折弯以帮助固定。

⑤ 依次焊接各引脚。

特别提示

所有电阻标识排列应一致以便于观察。

（3）去耦电容的安装

去耦电容容量、体形均较小，无极性，一般为瓷片电容，要求高的场合也有用独石电容的。焊接方法与电阻相似，但焊接时间尽可能短，以免因发热造成电容表面被熔化而损坏。

（4）集成管座安装

① 准备好六个 16 脚双列直插式管座，用于连接 4511。一个 40 脚双列直插式管座，两个 10 脚单列直插式管座，用于连接 LED 数码显示器。

② 把管座按缺口向左的规则插入集成块对应的安装位置，把对角的两个引脚折弯以帮助固定。

③ 先把所有管座的对角两个引脚焊接好，确认所有管座都紧贴印制电路板。

④ 依次焊接所有焊点。

（5）连线

六个一位 LED 数码显示电路中的四个已在印制电路板上完成全部连线，因此，只需进行剩下两个 LED 数码显示电路的连线。

① 按照横平竖直的要求准备好长度合适的硬导线，红色导线作电源连接线，黑色导线作接地线，其他导线作信号线。

② 剥去导线两端的护套，露出 3mm 左右的线头，并进行浸锡处理。

③ 把加工好的导线正确地插入对应的焊盘内。

注意：连线的顺序为先电源线、地线，后信号线；如果焊接点没有焊盘，尽可能焊接到元器件引脚上。

④ 依次焊接每一个焊点。

⑤ 剪去多余的引线。

（6）集成块安装

把六个4511和六个LED数码显示器插入相应管座，缺口在左边。

特别提示

① 集成块、管座缺口方向一定要正确，本教材设计的印制电路板要求所有集成块、管座缺口一律在左边。

② 在确保焊接质量的前提下，所有元器件的焊接时间越短越好。

2. 电源接入电路安装

电源接入电路的元器件安装图如图9-21所示。电源接入电路需安装一个插座、一个电解电容、一个二极管、一个电阻和一个发光二极管。

（1）安装顺序

电源接入电路按电阻、二极管、插座、发光二极管、电解电容的顺序进行安装。

（2）安装方式

电阻、电容、二极管采用卧式安装，其他元件采用立式安装。

（3）安装注意事项

① 所有元器件的标识应便于观察。

② 电源插座紧贴印制电路板安装，焊接时间应尽可能短，以免电源插座塑料部分变形造成插座的损坏。

③ 其他元器件与印制电路板保持适当距离。

④ 电解电容、二极管、发光二极管的安装一定要注意极性正确。

9.3.3 显示电路调试

电路调试首先要保证供电正常，因此在进行显示电路调试前应先调试电源接入电路。

1. 调试前的准备

① 准备好电源接入电路、显示电路电气原理图，并确定已完全读懂。

② 准备好直流电源、万用表等仪器、仪表，电烙铁、镊子、旋具（螺丝刀）、偏口钳、尖嘴钳等工具。

③ 准备好所有元器件、管座、焊锡、助焊剂等材料。

2. 通电前的检查

① 电源线和地线有无短路。

② 连线是否正确。

③ 有极性元器件极性是否正确,集成块、管座安装方向是否正确。

④ 有无短路、虚焊、漏焊等。

3. 电源接入电路调试

① 把显示电路所有集成块(六个 LED 数码显示器、六个 4511)拔出。

注意:集成块不能直接用手从管座中拔出,因为用力不均匀会造成引脚的断裂或折弯。从管座中拔出集成块应使用专门工具,或用镊子、改锥等工具从集成块两端把集成块轻轻撬起后再用手拔出。

② 把电源插头线的正极接直接电源的 +5V 端,负极接接地端。

注意:一定不能接错,否则将可能损坏印制电路板上元器件,甚至印制电路板本身。

③ 把电源插头插入电源接入电路的电源插座。

④ 打开直流电源,观察电源指示发光二极管是否变亮,有没有冒烟、异味、发烫等异常发生。

⑤ 测量电源接入电路的输出电压应超过 4V。

4. 显示电路调试

① 关闭直流电源,正确插入 LED 数码显示器。

② 把万用表的黑表笔搭在地线上,红表笔依次与 LED 数码显示器的 a～g 引脚(限流电阻的一端)触碰。如连线、焊接没有错误,LED 数码显示器没有故障,则 LED 数码显示器对应的笔画应依次点亮。

③ 把万用表的黑表笔搭在地线上,红表笔依次与 4511 的输出触碰,如 LED 数码显示器对应的笔画依次点亮,说明限流电阻安装正确。

④ 正确插入 4511,打开直流电源。

⑤ 在 4511 的 BCD 码输入端加入 8421 码,观察 LED 数码显示器。当 4511 输入端 D、C、B、A 分别接入 0000、0001、…、1001 时,如 LED 数码显示器能正确显示 8421BCD 码所对应的十进制数 0～9,且当 4511 输入端 D、C、B、A 分别接入 1010、1011、…、1111 时 LED 数码显示器没有显示,则表明 4511 安装正确。

⑥ 步骤②、③也可这样操作。打开直流电源,用一根稍长的导线,一端与地线相连,另一端分别触碰万用表红表笔的位置,应得到与②、③相同的结果。

5. 典型故障分析

初学者安装的电路一般故障较多,现象各异,没有太多的规律,这里仅列出几个典型故障。

(1) 典型故障 1

故障现象:无论 4511 的输入端 A、B、C、D 输入什么信号,LED 数码显示器始终显示数字 8。

可能的原因:4511 的 3 脚误接低电平。4511 的 3 脚是 $\overline{LT}$,从真值表可知:当 $\overline{LT}=0$ 时,无论其他输入为什么值,输出全为 1,此时被控制的 LED 数码显示器所有笔画全亮,显示数字 8。

（2）典型故障 2

故障现象：无论 4511 的输入端 A、B、C、D 输入什么电平，LED 数码显示器始终没有显示。

可能的原因：4511 的 4 脚误接了低电平。4511 的 4 脚是 $\overline{BI}$，从真值表可知：当 $\overline{BI}=0$，$\overline{LT}=1$ 时，无论其他输入为什么值，输出全为 0，此时被控制的 LED 数码显示器所有笔画都不亮，没有显示。

（3）典型故障 3

故障现象：不能正常显示数字。

可能的原因：4511 的 $QA\sim QG$ 没有与数码管的 a～g 端正确相连。

9.4　知　识　拓　展

9.4.1　译码器 74138

译码器是将一组输入代码译为一组特定输出信号的组合逻辑电路。译码器类型很多，除 9.2.3 小节所介绍的显示译码器 4511 外，还有变量译码器、码制变换译码器等。

74138 是一个典型的变量译码器，它把输入的三位二进制编码译成 2^3 个输出信号，每一个输出信号都是唯一的，分别对应一个三位二进制编码，因此，74138 也常称为 3-8 译码器。74138 在地址译码、数据分配等电路中应用广泛。

1. 74138 引脚

74138 引脚图如图 9-22 所示。其中：

① A、B、C 为三位二进制数据输入端，是待译码信号。

② Y0～Y7 为数据输出端，是译码输出信号。

③ E1、E2、E3 为控制信号端，用以控制 74138 的工作状态。

④ V_{CC} 为电源输入端，GND 为接地端。

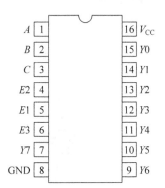

图 9-22　74138 引脚图

2. 74138 功能描述

74138 的功能真值表如表 9-2 所示。

表 9-2　74138 功能真值表

| 输　　入 | | | | | | 译　码　输　出 | | | | | | | |
| 控　制　输　入 | | | 译　码　输　入 | | | | | | | | | | |
E1	E2	E3	C	B	A	Y0	Y1	Y2	Y3	Y4	Y5	Y6	Y7
0	×	×	×	×	×	1	1	1	1	1	1	1	1
×	1	×	×	×	×	1	1	1	1	1	1	1	1
×	×	1	×	×	×	1	1	1	1	1	1	1	1
1	0	0	0	0	0	0	1	1	1	1	1	1	1
1	0	0	0	0	1	1	0	1	1	1	1	1	1

续表

| 输 入 | | | | | | 译 码 输 出 | | | | | | | |
| 控 制 输 入 | | | 译 码 输 入 | | | | | | | | | | |
E1	E2	E3	C	B	A	Y0	Y1	Y2	Y3	Y4	Y5	Y6	Y7
1	0	0	0	1	0	1	1	0	1	1	1	1	1
1	0	0	0	1	1	1	1	1	0	1	1	1	1
1	0	0	1	0	0	1	1	1	1	0	1	1	1
1	0	0	1	0	1	1	1	1	1	1	0	1	1
1	0	0	1	1	0	1	1	1	1	1	1	0	1
1	0	0	1	1	1	1	1	1	1	1	1	1	0

从表 9-2 可以看出：

① 当 $E1E2E3 \neq 100$ 时,74138 处于禁止工作状态,$Y0 \sim Y7$ 均为 1。

② $E1E2E3 = 100$ 时,74138 处于正常工作状态,$Y0 \sim Y7$ 的状态由输入信号 CBA 决定,其下标号与 CBA 编码表示的二进制数相等的输出为 0,其他输出均为 1。如当 $CBA = 010$ 时,$Y2$ 为 0,其他输出均为 1。

3. 74138 功能测试

74138 功能仿真测试如图 9-23 所示。

按真值表改变输入端的信号并观察输出状态,如与真值表相同,则表明 74138 工作正常,否则为故障。

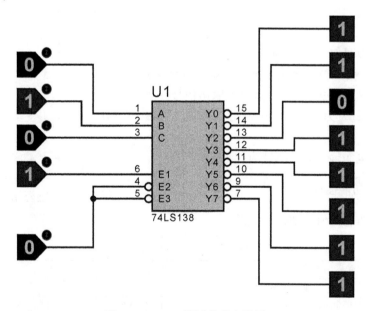

图 9-23　74138 测试仿真电路图

注意：搭试电路测试时,应把仿真输入信号改成实际的信号产生电路,把仿真输出状态指示改成实际信号指示电路。

4. 74138 应用

(1) 构成 4-16 译码器

分析图 9-24 可以发现:

① 当 $E=1$ 时,$U1$、$U2$ 均处于禁止工作状态,$\overline{Y0}\sim\overline{Y15}$ 输出均为 1。

② 当 $E=0$,且 $A3=0$ 时,$U1$ 处于工作状态,$U2$ 处于禁止工作状态,因此,$U1$ 对 $A2A1A0$ 进行译码,输出为 $\overline{Y0}\sim\overline{Y7}$。

③ 当 $E=0$,且 $A3=1$ 时,$U2$ 处于工作状态,$U1$ 处于禁止工作状态,因此,$U2$ 对 $A2A1A0$ 进行译码,输出为 $\overline{Y8}\sim\overline{Y15}$。

因此,图 9-24 实际上是用两片 74138 构成了一个 4-16 译码器,$A3A2A1A0$ 为译码输入端,$\overline{Y0}\sim\overline{Y15}$ 为译码输出端,E 为译码器工作状态控制端。

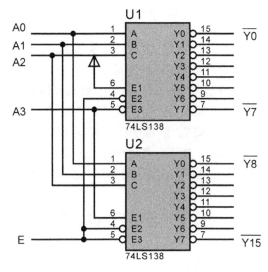

图 9-24 4-16 译码器

(2) 构成分配器

在图 9-23 中,如把 $E1$ 始终接 1,同时把 $E2$、$E3$ 当成输入信号 D,这样

① 当 $CBA=000$ 时,$D=1$,$Y0=1$,$D=0$,$Y0=0$,即 $Y0=D$,而其他输出均为 1。

② 当 $CBA=001$ 时,$D=1$,$Y1=1$,$D=0$,$Y1=0$,即 $Y1=D$,而其他输出均为 1,依此类推。

③ 当 $CBA=111$ 时,$D=1$,$Y7=1$,$D=0$,$Y7=0$,即 $Y7=D$,而其他输出均为 1。

就好像在 CBA 的控制下,把输入 D 分别分配给了 $Y0\sim Y7$。

9.4.2 视觉暂留

注视如图 9-25 所示的中心四个黑点 15～30s(不要看整个图片,只看中间的 4 个点!),然后朝自己身边的墙壁看(白色的墙或白色的背景),或者看此页面的白色部分,看的同时快速眨几下眼睛,看看您能看到什么?

图 9-25

　　人眼观看物体时,成像于视网膜上,并由视神经输入人脑,感觉到物体的像,但当物体移去时,视神经对物体的印象不会立即消失,而要延续 0.1～0.4s 的时间,人眼的这种性质被称为眼睛的"视觉暂留"。"视觉暂留"是动画、电影等视觉媒体形成和传播的根据。

　　视觉暂留现象首先被中国人发现,走马灯便是据历史记载中最早的视觉暂留的运用。宋朝时已有走马灯,当时称"马骑灯"。随后法国人保罗·罗盖在 1828 年发明了留影盘,它是一个被绳子在两面穿过的圆盘。盘的一个面画了一只鸟,另一面画了一个空笼子。当圆盘旋转时,鸟在笼子里出现了。这证明了当眼睛看到一系列图像时,它一次保留一个图像。

9.5　学习评估

　　1. 如何确定发光二极管的极性?

　　2. 如何用万用表检测发光二极管和 LED 数码显示器?

　　3. 何谓译码器?

　　4. 如何用 4511 实现 LED 数码显示器的闪烁显示?

　　5. 如果印制电路板加不上电,可能的原因是什么?

　　6. 电源接入电路的二极管有什么作用?

第10章

信号电路制作与调试

任务描述

① 掌握信号电路设计、安装、调试的相关知识。

② 完成信号电路的设计。

③ 完成信号电路的安装。

④ 完成信号电路的调试。

10.1　任　务　分　析

从图 8-2 可以看出，在数字电子钟分解成的五个功能相对独立的模块电路中，信号电路的任务有三：一是为计时电路提供秒基准信号；二是为校时电路提供校时频率信号；三是为报时电路提供报时所需的高、低音音频信号及报时音时间间隔控制频率信号。

本章的主要任务是要引导读者完成信号电路的制作和调试，并在制作和调试过程中让读者掌握信号电路相关知识。具体任务如下：

① 了解开关信号、单脉冲信号、连续脉冲信号三种常用的信号产生电路。

② 学习集成单稳态触发器 4538。

③ 学习 14 级二进制计数、分频、振荡器 4060。

④ 以石英晶体为核心设计连续脉冲信号产生电路。

⑤ 选择石英晶体的频率，确保用此石英晶体产生的频率信号经过分频能产生计时、校时、报时所需的频率信号。

⑥ 用仿真软件 Proteus 完成信号电路图的绘制。

⑦ 用仿真软件 Proteus 对信号电路进行仿真调试并修改电路。由于 Proteus 仿真软件不能仿真石英晶体，因此，信号电路的连续脉冲产生部分不能进行仿真调试，但分频电路部分仍可进行仿真调试。

⑧ 搭试电路调试信号电路，主要目的是选择合适的电阻、电容，以确保连续脉冲产生电路能有稳定的频率信号输出。

⑨ 完成信号电路最终设计方案的图样绘制。

⑩ 制订信号电路的安装方案。主要是元器件布局、元器件安装顺序、特殊元器件安装和安装注意事项。

⑪ 按照设计好的安装方案完成信号电路安装。

⑫ 制订信号电路调试方案。主要是调试前的准备工作、通电前的印制电路板检查、测

试以及通电后输出信号的检测方法。

    注意：调试时，信号电路不需要外加输入信号。

    ⑬ 按照设计好的调试方案完成信号电路调试。

    ⑭ 如调试中发现问题，则应根据问题的现象仔细分析电气原理图，最终实现故障定位并维修好。

特别提示

    当绘制电气原理图时，所有输入、输出端子应设置标号，以保持电路本身的独立性，同时方便与其他各模块电路的连接。

10.2　相　关　知　识

10.2.1　开关信号产生电路

    开关信号产生电路比较简单，一般可用一个电阻和一个开关组成，如图 10-1 所示。从图中可以看出，当开关断开时，输出为高电平；当开关合上时，输出为低电平。

    由于该电路的高低电平的输出由机械开关的通断决定，在开关的通断瞬间会产生 5～10ms 的机械"抖动"，导致输出信号产生"毛刺"，如图 10-2 所示。输出信号的"毛刺"会对数字电路的工作产生干扰，在一些要求较高的应用场合常需要加"去抖"电路，下面将要介绍的单稳态电路和 5.7.1 小节介绍的施密特触发器都是常用的"去抖"电路。

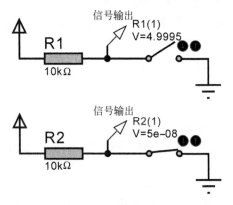

图 10-1　开关信号产生

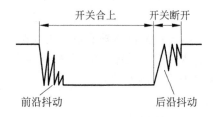

图 10-2　按键抖动"毛刺"

10.2.2　单脉冲信号产生电路

    单脉冲信号产生电路是产生单个正脉冲或负脉冲的电路，也称为单稳态电路。其主要特点是：

    ① 电路只有一个稳定状态，简称稳态，另有一个暂时稳定状态，简称暂态。

    ② 在没有外加信号（或操作）的情况下，电路始终处于稳态。

    ③ 在外加信号（或操作）的触发下，电路能从稳态翻转到暂态，经过一段时间（或停止操作）后，将返回到稳态。

1. 简单单稳态电路

图 10-1 所示电路中,如用按钮代替开关,就是一个简单的负脉冲产生电路,如图 10-3 所示。工作过程如下:

① 图中的按钮没有按下时,输出为高电平。

② 当图中的按钮按下时,输出变为低电平。

③ 松手时,输出返回高电平。

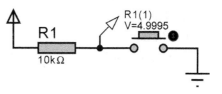

图 10-3 负脉冲产生电路

因此,该电路是一个单稳态电路。即如果不操作按钮,输出将保持高电平;按一下按钮将输出一个负脉冲。

但由于按钮的动作仍然是一个机械动作,产生的负脉冲当然也是带"毛刺"的电路,因此应用范围有限,且使用时常需加"去抖"电路。因此,电子工程师们更喜欢在电路设计时使用集成单稳态电路。

2. 集成单稳态触发器 4538

4538 是一个双单稳集成触发器,其内部集成了两个完全相同的单稳态电路。

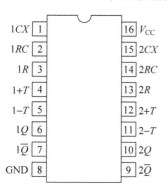

图 10-4 4538 引脚图

(1) 4538 引脚

4538 引脚图如图 10-4 所示。其中:

① $1CX$、$2CX$ 为外接电容端,$1RC$、$2RC$ 为外接电阻端。

② $1R$,$2R$ 为低电平有效清零端。

③ $1+T$,$2+T$ 为上升沿触发输入端。$1-T$、$2-T$ 为下降沿触发输入端。

④ $1Q$,$2Q$ 和 $1\bar{Q}$,$2\bar{Q}$ 为输出端。

⑤ V_{CC} 为电源输入端,GND 为接地端。

(2) 4538 功能描述

4538 的功能真值表如表 10-1 所示。

表 10-1 4538 的功能真值表

输 入			输 出	
R	$+T$	$-T$	Q	$\bar{Q}$
0	×	×	0	1
×	1	×	0	1
×	×	0	0	1
1	0	↓	正脉冲	负脉冲
1	↑	1	正脉冲	负脉冲

从表中可以看出:

① 当 $R=0$ 时,不论其他输入为什么信号,输出保持在稳态,即输出端 Q 为 0,$\bar{Q}$ 为 1。

② $+T$,$-T$ 均为沿触发有效,因此,当 $+T$ 为 1 或 $-T$ 为 0 时,输出也保持在稳态。

③ 当 $R=1$,$+T$ 为 0,$-T$ 上出现下降沿时,Q 端输出一正脉冲,$\bar{Q}$ 输出负脉冲。

④ 当 $R=1$，$-T$ 为 1，$+T$ 上出现上升沿时，Q 端输出一正脉冲，$\bar{Q}$ 输出负脉冲。

（3）4538 典型应用电路

4538 等集成电路一般只要按照厂家提供的数据手册上的典型应用电路图使用即可。4538 典型应用电路图如图 10-5 所示。图中：

① 电阻 $R1$ 和 $C1$ 构成了一充放电电路，$R1$ 的阻值和 $C1$ 的容量决定了充放电时间，即决定了输出脉冲的宽度。

② 电阻 $R2$ 为上拉电阻。

③ 每按一次按钮，Q 端输出一正脉冲，$\bar{Q}$ 输出负脉冲。

3. 单稳态触发器的应用

单稳态触发器主要有整形、定时和延时三个方面的应用。

（1）整形

单稳态触发器一旦受到触发，其输出不再受输入控制，而是在暂态保持一段时间自动回到稳态。在图 10-5 中，按钮操作本来是一个机械操作，形成的脉冲信号是有抖动的，但经过单稳态触发器 4538 后输出变成了非常平整的波形，如图 10-6 所示。

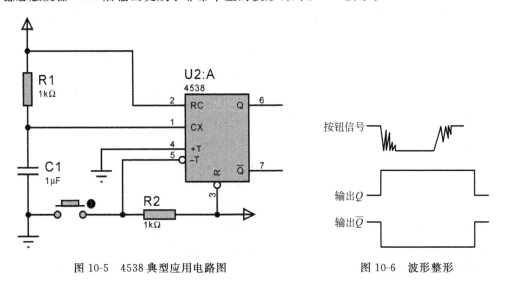

图 10-5 4538 典型应用电路图   图 10-6 波形整形

（2）定时

单稳态触发器的暂态信号宽度是由电阻和电容决定的，也就是说通过改变电阻和电容的值可改变暂态信号保持时间。如果把单稳态触发器的输出接到一个与非门的输出端，显然可控制另一个与非门输入信号的输出时间，如图 10-7 所示。

在图 10-7 中，如单稳态电路没有被触发，则与非门因有一个输入为 0，输出保持为 1；当单稳态电路被触发，则与非门一个输入为 1，则另一个输入的高频信号通过与非门被传递到输出端。

（3）延时

在图 10-7 中，如果单稳的触发输入为一窄脉冲信号，如电阻、电容选择得当，则经过单稳态触发器后，窄脉冲信号被转换成可以设定的宽脉冲信号，有效地延长了脉冲作用时间。

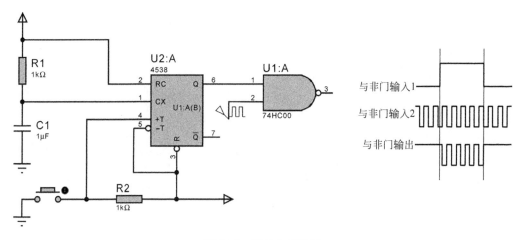

图 10-7　定时应用举例

10.2.3　连续脉冲信号产生电路

连续脉冲信号产生电路是产生周期性脉冲信号的电路,也称为振荡电路。振荡电路工作时不需要外加触发信号,就能自动产生周期性脉冲输出信号。振荡电路没有稳态,只有两个暂态,即输出信号在高低电平之间交替变化。

振荡电路的构成方法有很多。最简单的可以由电阻、电容和门电路组成,但这种电路易受元器件精度、门电路阈值电压及电源电压、环境温度等影响,频率的稳定度不高。因此,在一些对频率稳定性有要求的场合经常采用石英晶体振荡器和其他元器件一起构成的振荡电路。

1. 石英晶体振荡器

石英晶体振荡器是利用石英晶体(二氧化硅的结晶体)的压电效应制成的一种谐振器件,如果在晶片的两极上加交变电压,晶片就会产生机械振动,同时晶片的机械振动又会产生交变电场。在一般情况下,晶片机械振动的振幅和交变电场的振幅非常微小,但当外加交变电压的频率为某一特定值时,振幅明显加大,比其他频率下的振幅大得多,这种现象称为压电谐振。能使石英晶体振荡器谐振的频率就称为谐振频率,谐振频率也是用石英晶体振荡器构成的振荡电路输出的频率信号。

由于晶片本身的谐振频率基本上只与晶片的切割方式、几何形状、尺寸有关,而且可以做得精确,因此利用石英晶体振荡器组成的振荡电路可获得很高的频率稳定度。

石英晶体振荡器的符号和实物图如图 10-8 所示。

2. 14 级振荡、计数、分频器 4060

4060 是一个集振荡、计数、分频于一身的集成电路。通过极少的外部元件可构成振荡电路,也可对外部信号进行计数,并可对振荡电路产生的频率信号或外部频率信号进行分频。

图 10-8　石英晶体振荡器的符号和实物图

注：在 5V 电源下,4060 最大工作频率为 3MHz。

(1) 4060 引脚

4060 引脚图如图 10-9 所示。其中：

① RS 为内部振荡电路的输入端,同时也是外部频率信号的输入端。

② RTC 为内部振荡电路的另一个输入端,同时也是内部振荡电路负输出端。

③ CTC 为内部振荡电路正输出端。

④ Q3～Q9、Q11～Q13 为分频信号输出。

⑤ MR 为复位/清零端。

⑥ V_{CC} 为电源输入端,GND 为接地端。

(2) 4060 功能描述

表 10-2 为 4060 的真值表。从表中可以看出：

① 当 MR＝1 时,4060 输出恒为 0。

② 当 MR＝0 时,如果 RS 引脚上没有↓出现,则输出保持不变。

③ 当 MR＝0 时,如果 RS 引脚出现↓,则输出进行加法计数,即来一个↓加 1。

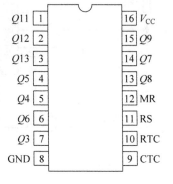

图 10-9　4060 引脚图

表 10-2　4060 功能真值表

输　　入		输　　出
RS	MR	
↑	0	不变
0	0	
1	0	
↓	0	加法计数
×	1	输出全为 0

因此,4060 正常使用时,MR 端必须接地。

(3) 4060 典型应用电路

4060 构成振荡电路一般有两种方式：一种是通过外加电阻、电容实现,如图 10-10(a) 所示,输出频率易受元件精度、环境等影响,应用极少；另一种是通过外加电阻、电容和石英晶体振荡器实现,如图 10-10(b) 所示,输出频率稳定性极好,应用极为广泛。

图 10-10(b) 所示电路通过在 10、11 脚之间接入电阻、电容、石英晶体振荡器与内部门电路一起构成了一振荡电路。当复位/清零端 MR 接为 0 时,该电路将把石英晶体振荡器的谐振频率进行分频后从 Q3～Q9、Q11～Q13 引脚输出。

如石英晶体谐振频率为 f,则 Qn 的输出频率为 $\dfrac{f}{2^{n+1}}$。

例如,假定 $f＝1024\,\text{Hz}$,则 $Q4＝\dfrac{1024}{2^{4+1}}＝32\,\text{Hz}$。

注：图 10-10(b) 中,电容一般可取值 5～120pF,电阻可取值 10～100MΩ。

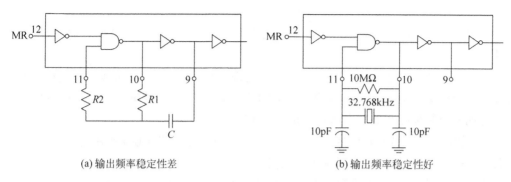

(a) 输出频率稳定性差   (b) 输出频率稳定性好

图 10-10 4060 典型应用电路

10.3 任 务 实 施

10.3.1 信号电路设计

信号电路的任务有三：一是为计时电路提供秒基准信号；二是为校时电路提供校时频率信号；三是为报时电路提供报时所需的高、低音音频信号及报时音时间间隔控制频率信号。因此,信号电路的设计首先应确定信号电路都需要提供哪些频率的信号。

1. 频率信号的确定

(1) 计时电路基准信号

计时电路需要的信号最明确,就是 1Hz 信号。

(2) 校时电路频率信号

在数字电子钟总体设计方案中,已明确指出校时电路设计为校时信号统一从计时电路的秒输入端输入,这样可确保校时电路的相对独立,这决定了秒校对、分校对、小时校对信号都要从秒输入端输入。显然,校秒信号、校分信号、校小时信号频率必须大于秒信号。

① 校秒信号。校秒信号的确定应考虑以下三点：一是校秒时秒显示器的累加速度应大于秒累加速度；二是校秒时能看清楚秒显示器上显示的数字；三是能在校秒结束时较好地停止校秒。根据以上分析,选择校秒频率信号为 2Hz。

② 校分信号。校分信号的确定应考虑以下三点：一是校分时分显示器应有较快的累加速度,至少应比分累加快；二是校分时能看清楚分显示器上显示的数字；三是能在校分结束时较好地停止校分。根据以上分析,选择校分频率信号为 60Hz,这样校分时输入到分计数器输入端的频率信号为 1Hz(60/60)。

③ 校小时信号。校小时信号的确定应考虑以下三点：一是校小时时小时显示器应有较快的累加速度,至少应比小时累加快；二是校小时时能看清楚小时显示器上显示的数字；三是能在校小时结束时较好地停止校小时。根据以上分析,选择校小时频率信号为 3600Hz,这样校小时时输入到小时计数器输入端的频率信号为 1Hz(3600/60×60)。

（3）报时电路频率信号

报时电路需要两种频率信号：一是控制报时音的频率信号；二是报时的高、低音音频信号。

① 控制报时音的频率信号。在数字电子钟总体设计方案中，已明确指出整点报时设计为每到整点时发出九高一低的报警声（从 50 分 50 秒开始，每秒响一下），这样电路相对简单。这说明控制报时音的频率信号就是 1Hz 信号。

② 报时的高、低音音频信号。由于人耳可以听到的音频信号频率范围为 20～20 000Hz，因此高、低音音频信号的取值不应超出此范围。

综上所述，信号电路需为数字电子钟其他电路提供 1Hz、2Hz、60Hz、3600Hz 和两个在 20～20 000Hz 之间的高、低音音频信号。

2. 信号电路设计

为能输出 1Hz、2Hz、60Hz、3600Hz 和两个在 20～20 000Hz 之间的高、低音音频信号，信号电路必须具有振荡电路和分频电路两个功能。

在 10.2.3 小节所介绍的 4060 就是一个集振荡电路与 14 级分频电路于一身的集成电路。本教材的信号电路将围绕 4060 进行设计。

（1）石英晶体振荡器选择

由于信号电路所要提供的最小频率信号为 1Hz，因此，在理想情况下，4060 的最低输出频率最好为 1Hz。

在 10.2.3 小节已经知道，4060 有 $Q3$～$Q9$、$Q11$～$Q13$ 共十个分频输出引脚，其中 $Q13$ 为最低输出频率引脚，且当石英晶体振荡器谐振频率为 f 时，Qn 的输出频率为 $f/2^{n+1}$。

因此，当 $Q13$ 输出为 1Hz 时，石英晶体振荡器谐振频率应取 $1\text{Hz} \times 2^{13+1} = 16\,384\text{Hz}$，这样其他分频输出端频率分别为：$Q12 = 2\text{Hz}$；$Q11 = 4\text{Hz}$；$Q9 = 16\text{Hz}$；$Q8 = 32\text{Hz}$；$Q7 = 64\text{Hz}$；$Q6 = 128\text{Hz}$；$Q5 = 256\text{Hz}$；$Q4 = 512\text{Hz}$；$Q3 = 1024\text{Hz}$。

从 4060 提供的频率信号看，已经可以满足信号电路应该提供的 1Hz、2Hz、60Hz（64Hz）和两个在 20～20 000Hz 之间的高、低音音频信号，但不能满足 3600Hz 的校小时信号。如用 4060 最高输出频率 1024Hz 作为校小时信号，则校小时时，小时计数器 3 秒多钟才累加一次，显然太慢了。

为满足校小时频率的需要，理论上石英晶体振荡器谐振频率取 $2^{15+1} = 65\,536\text{Hz}$ 是最合适的，这时 4060 各分频输出端频率分别为：$Q13 = 4\text{Hz}$；$Q12 = 8\text{Hz}$；$Q11 = 16\text{Hz}$；$Q9 = 64\text{Hz}$；$Q8 = 128\text{Hz}$；$Q7 = 256\text{Hz}$；$Q6 = 512\text{Hz}$；$Q5 = 1024\text{Hz}$；$Q4 = 2048\text{Hz}$；$Q3 = 4096\text{Hz}$。

但此时已不能满足输出 1Hz、2Hz 的要求，因此，需对 4060 的 4Hz 输出加一个四分频电路，以获得 1Hz、2Hz 频率信号。

考虑到谐振频率为 32.768kHz 的石英晶体振荡器在手表、时钟及其他的定时器中使用最为广泛，且已基本满足本教材数字电子钟设计要求，本教材的信号电路最终选用谐振频率为 32.768kHz 的石英晶体振荡器。这时 4060 各分频输出端频率分别为：$Q13 = 2\text{Hz}$；$Q12 = 4\text{Hz}$；$Q11 = 8\text{Hz}$；$Q9 = 32\text{Hz}$；$Q8 = 64\text{Hz}$；$Q7 = 128\text{Hz}$；$Q6 = 256\text{Hz}$；$Q5 = 512\text{Hz}$；$Q4 = 1024\text{Hz}$；$Q3 = 2048\text{Hz}$。

为获得1Hz频率信号,需对4060的2Hz输出进行二分频。

(2) 4060构成的振荡器、分频器电路

4060构成的振荡器、分频器电路图如图10-11所示。图中,C1、C2取值30pF,电阻取值20MΩ,石英晶体振荡器谐振频率取值为32.768kHz。

(3) 7474构成的二分频电路

7474集成触发器是一个上升沿触发,带置位、复位输入端(S为置位端,R为复位端)的双D触发器,用7474其中一个D触发器可以很容易实现信号的二分频,如图10-12所示。

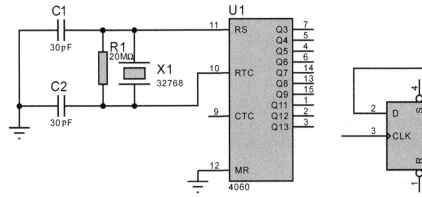
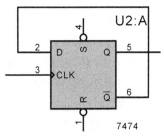

图10-11 4060构成的振荡器、分频器   图10-12 7474构成的分频电路

(4) 信号电路设计

把图10-11的$Q13$和图10-12中的CLK相连就构成了完整的信号电路,如图10-13所示。

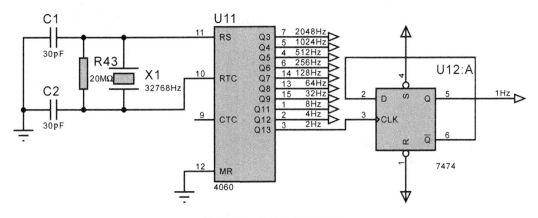

图10-13 信号电路原理图

10.3.2 信号电路安装

与显示电路已完成元器件布置不同,信号电路在印制电路板上是一块如图10-14所示的仿真面包板,因此,在信号电路的安装前应先进行元器件布置的设计。

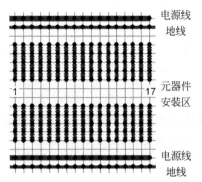

图 10-14   信号电路元器件安装区

1. 元器件布置

元器件布置主要考虑以下因素。

（1）预留的安装空间

从图 10-14 可以看出，信号电路元器件预留的安装区共有 17 列。

（2）元器件安装需要的空间

① 信号电路需要安装的集成块是 4060 和 7474 各一个，分别为 16 个和 14 个引脚的双列直插式集成块，需占用元器件安装区 15 列。

② 两个集成块之间需空一列。

③ 每个集成块电源端的去耦电容占一列，两个集成块占两列。

④ 电阻、电容和石英晶体振荡器可与 4060 共用安装空间。

细心的读者可能已经注意到，信号电路元器件预留的安装区为 17 列，而元器件安装需要的空间为 18 列，看起来已无法完成安装。但仔细分析元器件安装需要的空间可以发现，安装第二个集成块去耦电容所需的一列可以和两个集成块之间的空列共用，因此，信号电路实际所需安装空间也是 17 列，与预留安装空间相等，是可以安装的。

（3）集成块缺口方向

统一为向左。

（4）集成块位置

信号电路是为计时、校时、报时电路提供频率信号的，而从图 8-3 可以看出信号电路位于整个印制电路板的右边中部，也即接收信号的电路基本位于左边，因此输出频率信号较多的 4060 应安装在靠左的位置。

至此，可得如图 10-15 所示的信号电路元器件布置图。

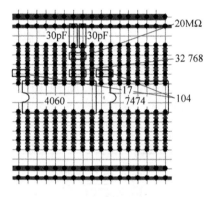

图 10-15   信号电路元器件布置图

2. 元器件安装

信号电路需安装一个 4060、一个 7474、一个石英晶体振荡器、一个电阻和 4 个电容。和信号电路一样，两个集成块仍然用管座代替。

（1）安装顺序

显示电路的安装应按电阻、管座、电容、石英晶体振荡器的顺序进行。

（2）石英晶体振荡器的安装

① 石英晶体振荡器为金属封装，应与印制电路板保持一定距离。

② 石英晶体振荡器引脚较细，极易折断，加工时要特别小心。

③ 石英晶体振荡器较高，可考虑卧式安装。

其他元器件的安装可参照显示电路安装方法进行。

注：*焊接、浸锡处理等参照显示电路进行。*

3. 连线

① 连线应参照原理图,并按照先电源线、地线,再连接信号线的原则。

② 原理图中并没有画出集成块的电源线和地线,连线一定要记得连接。在缺口向左的情况下,右下角为地线,左上角为电源。

③ 信号电路的石英晶体振荡器、电阻、30pF 电容已在安装时完成了连线。

④ 由于计时、校时、报时电路尚未安装,因此信号电路的输出线暂时不需要连接。

⑤ 其他连线要求同显示电路连线。

10.3.3 信号电路调试

1. 调试前的准备

信号电路调试前的准备工作参照显示电路调试准备进行。

2. 调试方法

(1) 通电前常规检查

通电前应进行短路、开路、接线、极性、缺口方向等常规检查。

(2) 检查 4060 有没有频率信号输出

4060 的频率信号可以用三种方法检测。

① 用万用表检测。如电路安装无误,且供电正常,那么 4060 应有这样的输出: $Q14=2Hz$; $Q13=4Hz$; $Q12=8Hz$; $Q10=32Hz$; $Q9=64Hz$; $Q8=128Hz$; $Q7=256Hz$; $Q6=512Hz$; $Q5=1024Hz$; $Q4=2048Hz$。用万用表检测 $Q14$、$Q13$ 引脚上的信号,应可以观察到高、低电平的变化。频率更高的引脚因万用表的反应速度不够快而无法检测。

② 用显示电路作指示电路进行检测。准备一根稍长的导线,拔出信号电路任一 4511 芯片,把导线的一端插入 4511 的 $QA\sim QG$ 任一引脚,把导线的另一端与 4060 的 $Q14$ 引脚相连接(也可连接其他低频引脚)。如电路安装无误,且供电正常,则 4511 所控制的 LED 数码显示器应有一笔画以 1Hz 的频率闪烁。

③ 用频率计进行检测。如实验室配备了频率计,可直接用频率测试 4060 每一个输出引脚的频率。

(3) 检查 7474 有无频率信号输出

参照 4060 的测试方法进行。

3. 典型故障分析

(1) 典型故障 1

故障现象: 4060 没有频率信号输出。

可能的原因: 一是电源线或地线没有接好; 二是 10 脚、11 脚上的电阻、电容或石英晶体振荡器没有焊好; 三是 12 脚没有可靠接地。

（2）典型故障 2

故障现象：有时有频率信号输出，有时没有。

可能的原因：电阻处于临界值。

10.4　知　识　拓　展

10.4.1　上拉电阻和下拉电阻

1. 上拉电阻、下拉电阻的概念

上拉电阻是指将某电位点与电源 V_{DD} 相连的电阻。比如，7403 的输出端在输出高电平时，输出端是悬空的（集电极输出），采用上拉电阻可以将电源电压通过该电阻向负载输出电流；而输出低电平时，输出端对地短接。

下拉电阻就是将某电位点与地相连的电阻。如果某电位点有下拉和上拉电阻就组成了分压电路，此时，电阻又叫分压电阻。

2. 上拉电阻、下拉电阻的作用

① 当 TTL 电路驱动 CMOS 电路时，如果 TTL 电路输出的高电平低于 CMOS 电路的最低高电平（一般 3.5V），这时就需要在 TTL 电路的输出端接上拉电阻，以提高输出高电平的值。

② OC 门电路必须加上拉电阻。

③ 为加大输出引脚的驱动能力，有的单片机引脚上也常使用上拉电阻。

④ 在 CMOS 芯片上，为了防止静电造成损坏，不用的引脚不能悬空，一般接上拉电阻降低输入阻抗，提供泄荷通路。

⑤ 芯片的引脚加上拉电阻来提高输出电平，从而提高芯片输入信号的噪声容限，增强抗干扰能力。

⑥ 提高总线的抗电磁干扰能力。引脚悬空就比较容易接受外界的电磁干扰。

⑦ 长线传输中电阻不匹配容易引起反射波干扰，加上下拉电阻使电阻匹配，有效地抑制反射波干扰。

3. 上拉、下拉电阻阻值的选择原则

① 从节约功耗及芯片的灌电流能力考虑，上拉、下拉电阻阻值应当足够大。若电阻值大，则电流小。

② 对于高速电路，过大的上拉电阻可能使信号边沿变平缓。综合考虑以上因素，通常在 1～10kΩ 之间选取。

10.4.2　电容容值识别方法

电容的容值表示有直标法和数码法两种。

1. 直标法

直标法就是直接标出电容的大小,单位一般是微法。如 $0.1\mu F$ 表示 0.1 微法。

2. 数码法

数码法是用三位数码(如 xyz)表示电容的容值,单位为 pF(皮法),前两位数码 xy 为系数,其中 x 为十位数,y 为个位数,而最后一位数码 z 表示 10 的指数 n。

电容的容值为

$$xyz \quad (z=10^n)$$

其中,z 与 n 的关系为

$z=0,1,2,3,4,5,6,7$ 时,$n=z$;

$z=8$ 时,$n=-2$;

$z=9$ 时,$n=-1$。

例如,

电容 100 的容值为:$10\times10^0=10pF$;

电容 121 的容值为:$12\times10^1=120pF$;

电容 222 的容值为:$22\times10^2=2200pF$;

电容 103 的容值为:$10\times10^3=10\,000pF(0.01\mu F)$;

电容 104 的容值为:$10\times10^4=100\,000pF(0.1\mu F)$;

电容 475 的容值为:$47\times10^5=4.7\mu F$;

电容 476 的容值为:$47\times10^6=47\mu F$;

电容 337 的容值为:$33\times10^7=330\mu F$;

电容 508 的容值为:$50\times10^{-2}=0.5pF$;

电容 109 的容值为:$10\times10^{-1}=1pF$。

3. 电容单位换算

电容的单位有法拉、毫法、微法、纳法和皮法,分别用 F、mF、μF、nF、pF 表示,其相互关系为

$1F=1000mF$

$1mF=1000\mu F$

$1\mu F=1000nF$

$1nF=1000pF$

10.5 学习评估

1. 何谓单稳态电路? 有哪些应用?

2. 4060 各输出端频率如何计算?

3. 如何利用 4538 构成单脉冲信号产生电路?

4. 何谓振荡器?

5. 信号电路测试有几种方法? 请简述之。

第11章

计时电路的制作与调试

任务描述

① 掌握计时电路设计、安装、调试相关知识。

② 完成计时电路的设计。

③ 完成计时电路的安装。

④ 完成计时电路的调试。

11.1 任 务 分 析

从图 8-2 可以看出,在数字电子钟分解成的五个功能相对独立的模块电路中,计时电路由秒计数器、分计数器、小时计数器构成,任务是从秒计数器输入端接收秒基准信号和校秒、校分、校小时信号,以 8421BCD 码的形式向显示电路提供信号(显示电路用 BCD 译码器 4511 进行译码),并为报时电路提供时间信号。

本章的主要任务是要引导读者完成计时电路的制作和调试,并在制作和调试过程中让读者掌握计时电路相关知识。具体任务如下:

① 学习同步集成计数器 74161。

② 学习同步集成计数器 4518。

③ 学习用反馈复位法和反馈预置法构成任意进制计数器。

④ 学习用同步或异步方式把多片集成计数器级联起来,构成更大进制的计数器。

⑤ 以 4518 为核心设计计时电路。

⑥ 用仿真软件 Proteus 完成计时电路的绘制。

⑦ 用仿真软件 Proteus 对计时电路进行仿真调试并修改电路。

⑧ 完成计时电路最终设计方案的图样绘制。

⑨ 制订计时电路安装方案。主要是元器件布局、元器件安装顺序、特殊元器件安装和安装注意事项等。

⑩ 按照设计好的安装方案完成计时电路安装。

⑪ 制订计时电路调试方案。主要是调试前的准备工作、通电前的印制电路板检查、测试,以及通电后计数信号的施加、计数输出信号的检测方法。

⑫ 按照设计好的调试方案完成计时电路调试。

⑬ 如调试中发现问题,则应根据问题的现象仔细分析电气原理图,最终实现故障定位并维修好。

特别提示

电气原理图绘制时所有输入、输出端子应设置标号,以保持电路本身的独立性,同时方便与其他各模块电路的连接。

11.2　相　关　知　识

11.2.1　二进制计数器74161

74161是四位二进制(十六进制)加计数器,具有同步预置、异步清零、二进制计数及数据保持等功能。

1. 74161引脚

图11-1是74161引脚图。其中:

(1) CLK为计数脉冲输入端,也称为时钟输入端。

(2) $D0 \sim D3$ 为预置数据输入端。

(3) $Q0 \sim Q3$ 计数输出端。

(4) RCO为进位输出端。

(5) MR为异步清零端。

(6) LOAD为同步预置控制信号。

(7) ENT、ENP为计数控制端。

(8) V_{CC} 为电源输入端,GND为接地端。

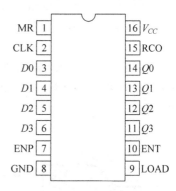

图 11-1　74161引脚图

2. 74161功能描述

74161的功能真值表如表11-1所示。从表中可以看出:

① 当异步清零端MR为0时,无论其他输入端为何种状态,输出 $Q3 \sim Q0$ 均为0。由于这种清零方式不需要与时钟信号配合就可完成,因此称为异步清零。

② 当异步清零端MR为1,同步预置控制信号LOAD为0时,如在时钟输入端CLK出现↑,则有输出 $Q3 \sim Q0$ 等于输入 $D3 \sim D0$,相当于把输入数据 $D3 \sim D0$ 传递到了输出 $Q3 \sim Q0$ 。由于这种数据传递需要时钟信号的触发才可完成,因此也称为同步预置。

表 11-1　74161的功能真值表

输　　入									输　　出			
CLK	MR	LOAD	ENP	ENT	D3	D2	D1	D0	Q3	Q2	Q1	Q0
×	0	×	×	×	×	×	×	×	0	0	0	0
↑	1	0	×	×	D3	D2	D1	D0	D3	D2	D1	D0
×	1	1	0	×	×	×	×	×	保持			
×	1	1	×	0	×	×	×	×	保持			
↑	1	1	1	1	×	×	×	×	加1计数			

③ 当异步清零端 MR 为 1,同步预置控制信号 LOAD 也为 1 时,如 ENT、ENP 中有一个为 0,则输出 $Q3 \sim Q0$ 保持原来的值。

④ 当异步清零端 MR 为 1,同步预置控制信号 LOAD 也为 1,且 ENT、ENP 均为 1 时,时钟输入端 CLK 收到一个↑,输出 $Q3 \sim Q0$ 就加 1,实现二进制计数器的功能。

另外,当输出 $Q3 \sim Q0$ 累加到 1111 时,进位输出端 RCO 输出为 1。

3. 用 74161 异步清零端 MR 实现十六以内的任意进制计数器

74161 的异步清零端 MR 为 0 时,计数器的输出 $Q0 \sim Q3$ 将等于 0。设想一下,在正常计数过程中,如给 MR 端输入一负脉冲,会出现什么情况?计数器的输出 $Q3 \sim Q0$ 将回零后重新开始计数。

分析图 11-2 所示电路可得真值表 11-2,从表中可以看出:

① 只要 $Q3 \sim Q0$ 不等于 1010,与非门输出将始终为 1,即 MR 保持为 1,74161 正常计数。

② 当输出 $Q3 \sim Q0$ 累加到 1010 时,与非门的输出将由 1 变为 0,也即 MR 由 1 变为 0,这时 74161 将终止计数,同时使与非门的输出由 0 变为 1,即 MR 由 0 变为 1,74161 恢复正常计数。

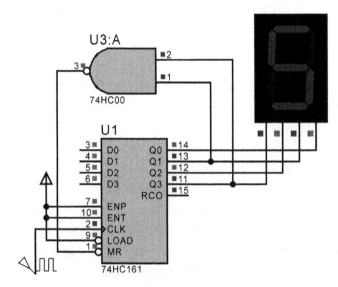

图 11-2 反馈复位法构成十进制计数器

表 11-2 十进制计数器工作原理

$Q3 \sim Q0$		MR	
0000	保持一个 CLK 周期	1	
0001		1	
:			
1001	保持一个 CLK 周期	1	很"窄"的负脉冲
1010	瞬间	0	
0000	保持一个 CLK 周期	1	

74161 的输出 $Q3 \sim Q0$ 不会出现 1011～1111 的输出,而且由于 $Q3 \sim Q0$ 累加到 1010 时被立即清 0,$Q3 \sim Q0$ 上出现的 1010 信号也极其短促("毛刺"),通常为纳秒级,在大多数情况下可忽略不计。这样 $Q3 \sim Q0$ 的实际输出为 0000～1001,即十进制数符的 0～9,共十种状态。

因此,一个十进制计数器如图 11-2 所示。

这种利用异步清零端 MR 实现任意进制计数器的方法也称为反馈复位法。

结论:用反馈复位法实现 n 进制计数器,只要当出现 n 这个数值时,在异步清零端 MR 施加一个负脉冲即可。

4. 用 74161 同步预置端 LOAD 实现十六以内的任意进制计数器

当异步清零端 MR 为 1,同步预置控制信号 LOAD 为 0 时,如在时钟输入端 CLK 出现 ↑,则有输出 $Q3 \sim Q0$ 等于输入 $D3 \sim D0$。如果预先把 $D3 \sim D0$ 全部接 0,在正常计数过程中,给 LOAD 端输入一负脉冲,这时 $Q3 \sim Q0$ 将等于 $D3 \sim D0$,也即回到 0000,并重新开始计数。

分析图 11-3 可得表 11-3,从表中可以看出:

① 只要 $Q3 \sim Q0$ 不等于 1010,与非门输出将始终为 1,即 LOAD 保持为 1,74161 正常计数。

② 当输出 $Q3 \sim Q0$ 累加到 1010 时,与非门的输出将由 1 变为 0,也即 LOAD 由 1 变为 0,这时如 CLK 端再出现一个 ↑,74161 将终止计数,同时 $Q3 \sim Q0 = D3 \sim D0 = 0000$,使与非门的输出由 0 变为 1,即 LOAD 由 0 变为 1,74161 恢复正常计数。

因此,图 11-3 所示电路中,74161 的输出 $Q3 \sim Q0$ 不会出现 1011～1111 的输出,但将出现稳定的 1010 输出。因为当 $Q3 \sim Q0 = 1010$ 时,74161 并没有立即终止计数,而是在 CLK 端再出现一个 ↑ 时才终止计数,并使 $Q3 \sim Q0 = D3 \sim D0 = 0000$。

这样 $Q3 \sim Q0$ 的输出为 0000～1010,即十六进制数符的 0～A,共 11 种状态。

所以图 11-3 所示电路是一个十一进制计数器,其真值表如表 11-3 所示。

这种利用同步预置端 LOAD 实现任意进制计数器的方法也称为反馈预置法。

结论:用反馈预置法实现 n 进制计数器,只要当出现 $n-1$ 这个数值时在同步预置端 LOAD 端施加一个负脉冲即可。

与反馈复位法相比,反馈预置法实现的任意进制计数器,其输出没有"毛刺"。

思考一下

当把如图 11-3 所示的 $D3 \sim D0$ 预先接成 0010 时,将实现几进制计数器?

表 11-3　十一进制计数器工作原理

$Q3 \sim Q0$		LOAD
0000	保持一个	1
0001	CLK 周期	1
⋮		
1001		1
1010	保持一个	0
0000	CLK 周期	1

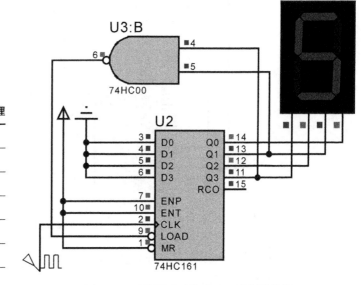

图 11-3　反馈预置法构成十一进制计数器

5. 用 74161 构成 16^n 进制的计数器

(1) 用同步方式构成

用同步方式把多片 74161 连接在一起，以实现 16^n 进制的计数器，要求电路中所有 74161 的时钟输入端 CLK 共用一个时钟。

构成方法是：用低位 74161 的进位输出端 RCO 控制高位 74161 的计数控制端 ENP 或 ENT。

两片 74161 用同步方式构成的 $16^2(256)$ 进制计数器如图 11-4 所示。其工作原理如下：

① 当低位 74161 输出 $Q3 \sim Q0$ 没有累加到 1111 时，其进位输出端 RCO 为 0，即高位 74161 的 ENP 为 0，高位 74161 虽有时钟输入但不计数。

② 当低位 74161 输出 $Q3 \sim Q0$ 累加到 1111 时，其进位输出端 RCO 由 0 变为 1，即高位 74161 的 ENP 由 0 变为 1，这时 CLK 端再来一个脉冲，高位 74161 将加 1，同时低位 74161 的输出将因为溢出而回零。

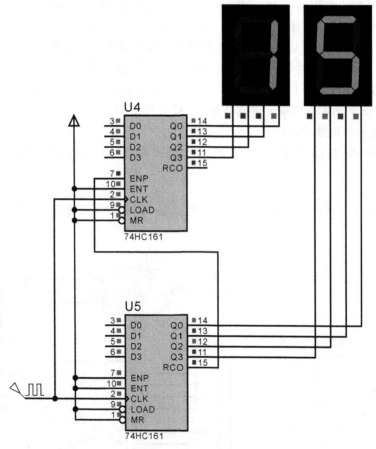

图 11-4　同步方式级联

如此，周而复始，将实现 $16^2(256)$ 进制计数器功能。

(2) 用异步方式构成

用异步方式把多片 74161 连接在一起，以实现 16^n 进制的计数器，要求电路中的 74161

不能共用时钟。

构成方法是：外加时钟(计数脉冲)从低位 74161 的时钟输入端 CLK 输入,同时用低位 74161 的进位输出端 RCO 经反向后给高位 74161 作时钟信号。

两片 74161 用异步方式构成的 $16^2(256)$ 进制计数器如图 11-5 所示。其工作原理可用表 11-4 描述。从表 11-4 中可以看出：

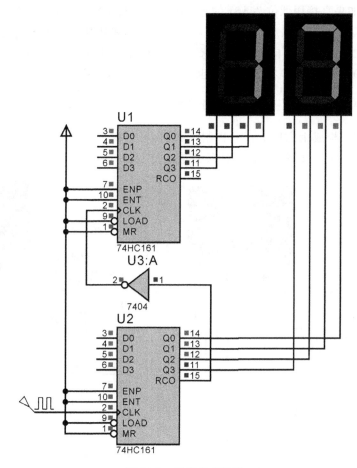

图 11-5 异步方式级联

表 11-4 16^2 进制计数器工作原理

$Q3 \sim Q0$	RCO		$\overline{RCO}$		
0000	0		1		
0001	0		1		
⋮					
1110	0	↑	1	↓	
1111	1	↓	0		↑
0000	0		1		

① 低位输出 $Q3\sim Q0$ 从 0000 累加到 1110 时,RCO 始终保持为 0,$\overline{RCO}$ 始终保持为 1。

② 当低位输出 $Q3\sim Q0$ 从 1110 累加到 1111 时,RCO 由 0 变 1,也即出现一个↑。而此时$\overline{RCO}$是由 1 变 0,即出现的是↓。

③ 当低位输出 $Q3\sim Q0$ 从 1111 溢出回到 0000 时,RCO 由 1 变 0,也即出现一个↓。而此时$\overline{RCO}$是由 0 变 1,即出现的是↑。

综上所述,如果直接用低位 74161 的进位输出端 RCO 给高位 74161 作时钟信号,由于低位输出 $Q3\sim Q0$ 从 1110 累加到 1111 时,出现一个↑,将使高位 74161 提前进位。而用低位 74161 的进位输出端经反向后的信号$\overline{RCO}$给高位 74161 作时钟信号时,在 $Q3\sim Q0$ 从 1111 溢出回到 0000 时,$\overline{RCO}$才由 0 变 1,也即出现一个↑,高位 74161 正常进位。

6. 用 74161 构成十六以上任意进制计数器

用多片 74161 构成十六以上任意进制计数器,可先构成 16^n 进制计数器(同步、异步均可),再用反馈复位法或反馈预置法构成任意进制计数器,如图 11-6 所示。

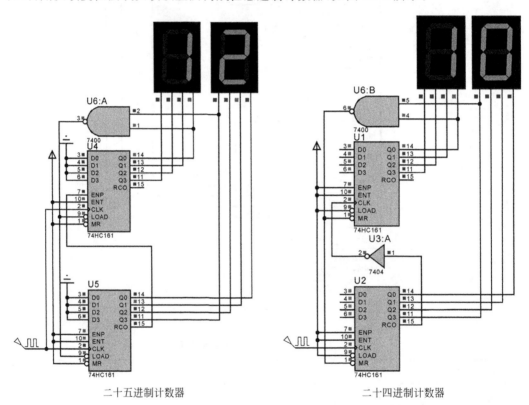

图 11-6　构成大于十六进制的任意进制计数器

注意:

① 如要构成的进制数是一个十进制数(如二十四进制),应先把其转换成二进制数(24=11000B),然后把 1 对应的输出引脚(低位的 $Q3$、高位的 $Q0$)连接到与非门的输出端,用与非门的输出同时控制两个 74161 的清零。

② 计数输出仍然是二进制。

11.2.2 双 BCD 码计数器 4518

4518 有两个完全独立的加计数器组成,具有 BCD 码计数、数据保持、数据清零和两种触发方式等功能。

1. 4518 引脚

4518 引脚图如图 11-7 所示。图中:

① 1CLK、1E、2CLK、2E 既是计数时钟输入端,也是计数控制端。

② 1MR、2MR 为清零控制端。

③ 1$Q3$~1$Q0$ 为 1 号计数器输出端。

④ 2$Q3$~2$Q0$ 为 2 号计数器输出端。

⑤ V_{CC} 为电源输入端,GND 为接地端。

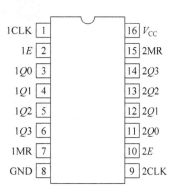

图 11-7　4518 引脚图

2. 4518 功能描述

4518 功能真值表如表 11-5 所示。从表中可以看出:

① 当 MR 为 1 时,不管 CLK、E 为什么值,输出 $Q3$~$Q0$ 均为 0。

② 当 MR 为 0 时,如 $E=0$,或 CLK=1,输出 $Q3$~$Q0$ 均保持不变。

③ 当 MR 为 0 时,如 CLK=1,E 端每来一个 ↑,$Q3$~$Q0$ 加 1。

④ 当 MR 为 0 时,如 $E=1$,CLK 端每来一个 ↓,$Q3$~$Q0$ 加 1。

表 11-5　4518 功能真值表

输 入			输 出
CLK	E	MR	$Q3$~$Q0$
↑	1	0	加 1 计数
0	↓	0	加 1 计数
×	0	0	保持
1	×	0	保持
×	×	1	0

3. 用 4518 构成十进制计数器

4518 构成的十进制计数器有两种接线方式,如图 11-8 所示。

其中图 11-8(a)为下降沿触发方式,图 11-8(b)为上升沿触发方式。

4. 用 4518 构成十以内任意进制计数器

当 4518 的 MR 为 1 时,不管 CLK、E 为什么值,输出 $Q3$~$Q0$ 均为 0。这就意味着,如果在正常计数过程中,给 MR 端输入一正脉冲,计数器的输出 $Q3$~$Q0$ 将回零后重新开始计数。

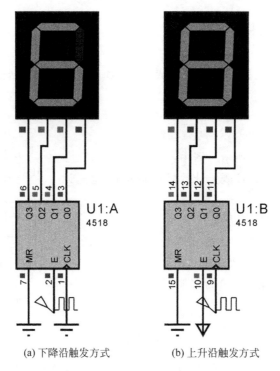

(a) 下降沿触发方式　　　　(b) 上升沿触发方式

图 11-8　4518 构成十进制计数器

因此 4518 和 74161 一样,也可用反馈复位法构成十以内任意进制计数器。一个用反馈复位法构成的五进制计数器电路如图 11-9 所示。

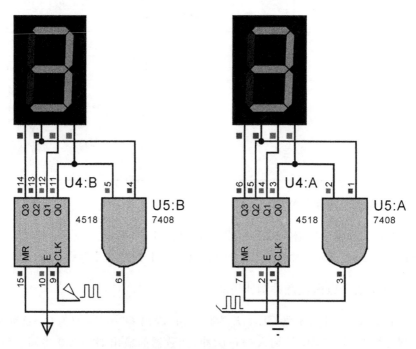

图 11-9　构成十以内任意进制计数器

5. 用 4518 构成 10^n 进制计数器

由于 4518 没有 74161 所具有的进位输出信号,因此不能用同步方式把多片 4518 级联使用,而只能采用异步方式。方法如下:

外加时钟(计数脉冲)从低位 4518 的时钟输入端(E 或 CLK 均可)输入,同时用低位 4518 的 $Q3$ 为高位 4518 的时钟输入端 E 提供时钟信号。其工作原理可用表 11-6 描述,从表中可以看出:

① 当 $Q3 \sim Q0$ 没有累加到 1000 时,$Q3$ 始终为 0,高位 4518 不计数。

② 当 $Q3 \sim Q0$ 累加到 1000 时,$Q3$ 引脚上出现了 ↑。

③ 当 $Q3 \sim Q0$ 溢出回到 0000 时,$Q3$ 引脚上出现了 ↓。

由此可见:

① 如高位 4518 用 CLK(↑ 触发)作为时钟输入,则当 $Q3 \sim Q0$ 累加到 1000 时,高位 4518 将加 1,不符合十进制计数规律。

② 如高位 4518 用 E(↓ 触发)作为时钟输入,则当 $Q3 \sim Q0$ 溢出回到 0000 时,高位 4518 将加 1,符合十进制计数规律。

两种接法的对比图如图 11-10 所示。

表 11-6　4518 工作原理

$Q3 \sim Q0$	$Q3$	
0000	0	
0001	0	
⋮		
0111	0	↑
1000	1	
1001	1	↓
0000	0	

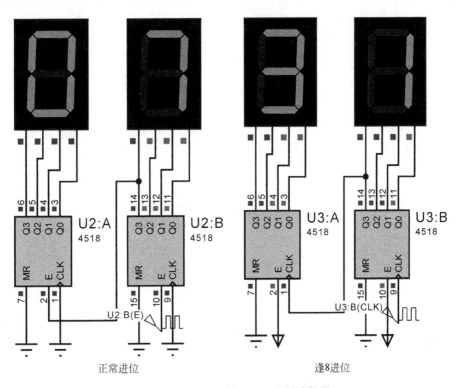

图 11-10　用 4518 构成 10^n 进制计数器

结论：用 4518 构成 10^n 进制计数器时，高位计数器必须用 E($\downarrow$触发)作为时钟输入。

6. 用 4518 构成十以上任意进制计数器

与 74161 一样，用多片 4518 构成十以上任意进制计数器，可先构成 10^n 进制计数器，再用反馈复位法构成任意进制计数器。

如图 11-11 所示的二十二进制计数器，就是先用两片 4518 构成了一百进制计数器，再用两片 4518 的引脚 $Q1$(输出 2 时，$Q3=0$，$Q2=0$，$Q1=1$，$Q0=0$，只有 $Q1$ 输出为 1)作与门的输入信号，与门的输出则与清零端 MR 相连。这样，当计数器累加到 22 时，MR＝1，计数器回零重新计数。工作过程参见表 11-7。

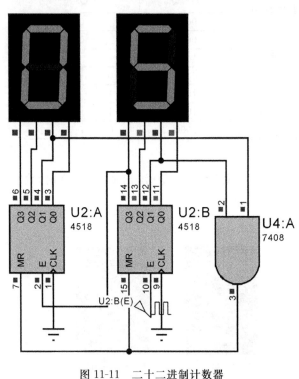

图 11-11　二十二进制计数器

表 11-7　二十二进制计数器工作原理

高位 4518	低位 4518	保持时间	MR	
$Q3 \sim Q0$	$Q3 \sim Q0$			
0000	0000	保持一个时钟周期	0	
0000	0001	保持一个时钟周期	0	
⋮				
0000	1001	保持一个时钟周期	0	
0001	0000	保持一个时钟周期	0	
⋮				
0010	0001	保持一个时钟周期	0	
0010	0010	瞬间	1	很"窄"的正脉冲
0000	0000	保持一个时钟周期	0	

11.3　任　务　实　施

11.3.1　计时电路设计

信号电路的主要任务是完成小时、分、秒三个计数器的设计，并把这三个计数器串联起来构成完整的计时电路。

1. 计数元件的选择

由于计数电路输出的时钟信号要通过显示电路显示出来，而显示电路需要提供的是 8421BCD 码，因此，计时电路各计数器应用双 BCD 码计数器 4518 来实现。

一个双 BCD 码计数器 4518 可实现最大一百进制的计数,因此,小时、分、秒三个计数器各用一个 4518 即可。

2. 小时、分、秒计数器设计

因为分、秒计数器均为六十进制,小时计数器可为二十四进制或十二进制,本教材采用二十四进制,因此,小时、分、秒计数器的设计就变成了六十进制计数器和二十四进制计数器的设计。

具体设计可参照 11.2.2 小节,用 4518 构成十以上任意进制计数器进行。六十进制计数器和二十四进制计数器电路如图 11-12(a)、(b)所示。

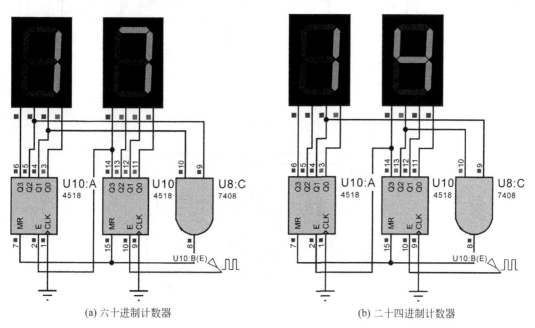

(a) 六十进制计数器   (b) 二十四进制计数器

图 11-12　小时、分、秒计数器

3. 计时电路设计

完成了六十进制、二十四进制计数器的设计并不等于完成了计时电路的设计,还必须把这些计数器按序串联起来,才能完成时间的累加。按照时间 60 秒为 1 分、60 分为 1 小时的计数规则可知:

① 秒计数器的计数信号应为信号电路产生的 1Hz 的标准信号。

② 分计数器的计数信号应由秒计数器产生,当秒计数器溢出的同时应为分计数器提供一个脉冲信号。

③ 小时计数器的计数信号应由分计数器产生,当分计数器溢出的同时应为小时计数器提供一个脉冲信号。

根据以上分析可得如图 11-13 所示计时电路原理图。其中:

① 图 11-13(a)图为小时计数器,(b)图为分计数器,(c)图为秒计数器。

② $H7 \sim H0$ 为小时 BCD 码输出,$M7 \sim M0$ 为分 BCD 输出,$S7 \sim S0$ 为秒 BCD 码输出。

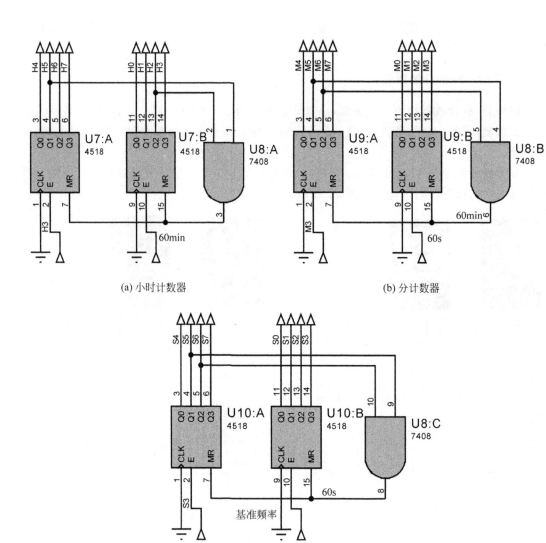

(a) 小时计数器   (b) 分计数器

(c) 秒计数器

图 11-13   计时电路原理图

③ 秒计数器的基准频率信号来自信号电路产生的1Hz方波信号,分计数器的计数信号来自秒计数器的清零信号,小时计数器的计数信号来自分计数器的清零信号。

④ 各计数器个位与十位之间通过标号连接。

⑤ 计时电路与信号电路、显示电路等的连接通过标号实现。

11.3.2   计时电路安装

与信号电路一样,计时电路在印制电路板上也是一块如图 11-14 所示的仿真面包板,因此,在计时电路开始安装前也应先进行元器件布置的设计。

1. 元器件布置

元器件布置主要考虑以下因素。

（1）预留的安装空间

从图 11-14 可以看出，计时电路元器件预留的安装区共有 36 列。

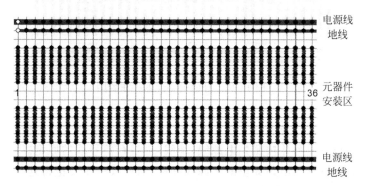

图 11-14　计时电路元器件安装区

（2）元器件安装需要的空间

① 计时电路需要安装的元器件是四个集成块，其中，三个 4518 和一个 7408。4518 为 16 脚器件，7408 为 14 脚器件。需占用元器件安装区 31 列。

② 每个集成块电源端的去耦电容占一列，四个集成块占四列。

③ 计时电路安装区与信号电路安装区相邻，中间应空一列。

④ 两个集成块之间空一列，需三列。但此三列可与去耦电容安装位置共用。

根据以上分析可知，计时电路实际所需安装空间与预留安装空间相等，都为 36 列，符合安装要求。

（3）集成块缺口方向

统一为向左。

（4）集成块位置

计时电路接收信号电路产生的秒信号、校时电路的校时频率信号，为显示电路、报时电路提供时间信号。而从图 8-3 可以看出计时电路位于整个印制电路板的左边中部，其下方为报时电路，上方为显示电路，右边为信号电路，右下方为校时电路。因此，用于计数的集成块靠左较好。

计时电路一共有四个集成块及其配套的去耦电容需要安装，其中，7408 要与另外三个集成块都有信号连接，因此，放在中间可减少连线。

至此，可得如图 11-15 所示的计时电路元器件布置图。

2. 元器件安装

① 计时电路需安装三个 4518、一个 7408 和四个 104 电容，集成块仍然用管座代替。

② 计时电路的安装顺序为先管座后电容。

③ 管座和电容的安装方法参见显示电路安装。

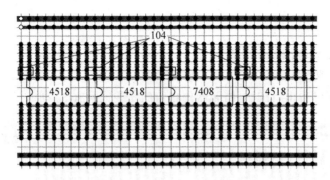

图 11-15   计时电路元器件布置图

3. 连线

① 连线应参照原理图并按照先电源线、地线,再进行信号线的原则。

② 原理图中并没有画出集成块的电源线和地线,连线一定要记得连接。在缺口向左的情况下,右下角为地线,左上角为电源。

③ 计时电路的秒基准信号来自校时电路,因校时电路尚未安装,因此该输入引脚暂时不连线,调试时可从信号电路取一合适的频率信号接入。

④ 报时电路尚未安装,因此计时电路与报时电路之间的连接线暂时不需要连接。

⑤ 与显示电路的连接一定要注意 8421BCD 码输出与显示电路 8421BCD 码输入一一对应,即高位对高位、低位对低位。

⑥ 注意小时计数器、显示器在最左边,分计数器、显示器在中间,秒计数器、显示器在右边,且左边为十位数,右边为个位数。

⑦ 连线时,小时、分、秒计数器输入信号可暂时不接,等调试时再连接。

⑧ 其他连线要求同显示电路连线要求。

11.3.3   计时电路调试

1. 调试前的准备

计时电路调试前的准备工作参照显示电路调试准备进行。

2. 调试方法

① 通电前应进行短路、开路、接线、极性、缺口方向等常规检查。

② 分别调试小时、分、秒计数器。以秒计数器调试为例,在个位计数器的时钟输入端加入 1Hz(2Hz、4Hz 也可)信号,如秒显示器显示数据在 0~59 之间循环计数,则秒计数器正常。

③ 把秒进位与分计数器的计数输入端相连,在秒输入端加入 64Hz(128Hz、256Hz 亦可)信号,如秒计数器能正常向分计数器进位,则为正常。

④ 把分进位与小时计数器的计数输入端相连,在秒输入端加入 2048Hz 信号,如分计数器能正常向小时计数器进位,则为正常。

3．典型故障分析

（1）典型故障1

故障现象：计数器个位显示数据为0、8、4、2、6、1、9。

可能的原因：计数器个位的输出$Q3\sim Q0$与显示电路输入$D3\sim D0$连接为$Q0$—$D3$、$Q1$—$D2$、$Q2$—$D1$、$Q3$—$D0$。

类似的故障可能还有其他错位连接，分析时列出所有显示数字的BCD码，试着交换数位的权，可定位故障。

（2）典型故障2

故障现象：某一计数器只显示奇数或只显示偶数。

可能的原因：显示电路$D0$没有获得可靠的输入。当$D0$为1输入时，只显示奇数；当$D0$为0时，只显示偶数。

类似的故障可能还有$D1$、$D2$、$D3$中某一个始终为某一个电平。分析时列出所有显示数字的BCD码，看看是不是某一列始终为0或1，可定位故障。

（3）典型故障3

故障现象：计数器不计数。

可能的原因：CLK没有可靠接地；MR输入信号不对（检查与门的输入、输出连接线）。

（4）典型故障4

故障现象：个位计数器向十位计数器不进位。

可能的原因：十位计数器的CLK没有可靠接地或MR输入信号不对；没有收到进位信号。

（5）典型故障5

故障现象：显示的数据一会儿正常、一会儿不正常。

可能的原因：供电不正常，或是电源或地线没有接好。

11.4　知 识 拓 展

11.4.1　双二进制计数器4520

与4518一样，4520内部也有两个完全独立的加计数器，也具有数据保持、数据清零和两种触发方式等功能。但4518是8421BCD码计数器，而4520是二进制计数器。

1．4520引脚

图11-16是4520引脚图。图中：

① 1CLK、$1E$、2CLK、$2E$既是计数时钟输入端，也是计数控制端。

② 1MR、2MR为清零控制端。

③ $1Q3\sim 1Q0$为1号计数器输出端。

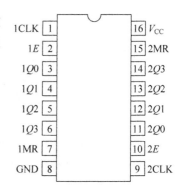

图 11-16　4520 引脚图

④ 2Q3~2Q0 为 2 号计数器输出端。

⑤ V_{CC} 为电源输入端,GND 为接地端。

2. 4520 功能描述

表 11-8 为 4520 功能真值表。从表中可以看出:

① 当 MR 为 1 时,不管 CLK、E 为什么值,输出 $Q3\sim Q0$ 均为 0。

② 当 MR 为 0 时,如 $E=0$,或 CLK=1,输出 $Q3\sim Q0$ 均保持不变。

③ 当 MR 为 0 时,如 CLK=1,E 端每来一个 ↑,$Q3\sim Q0$ 加 1。

④ 当 MR 为 0 时,如 $E=1$,CLK 端每来一个 ↓,$Q3\sim Q0$ 加 1。

表 11-8 4520 功能真值表

输　　入			输　　出
CLK	E	MR	
↑	1	0	加 1 计数
0	↓	0	加 1 计数
×	0	0	保持
1	×	0	保持
×	×	1	$Q3\sim Q0=0$

3. 用 4520 构成任意进制计数器

比较 4518 和 4520 可以发现,4518 和 4520 的引脚图和真值表完全相同,所不同的仅仅是计数的数制不同。因此,可用与 4518 类似的方法,用 4520 分别构成十六以内任意进制计数器、16^n 进制计数器及十六以上任意进制计数器。

11.4.2　BCD 码加/减计数器 4510

4510 是一个加/减计数器,具有 BCD 码计数、数据预置、数据保持、数据清零等功能。

1. 4510 引脚

4510 引脚图如图 11-17 所示。图中:

① CLK 是计数时钟输入端。

② MR 为清零控制端。

③ PE 为数据预置控制端。

④ $U/\overline{D}$ 为加减计数控制端。

⑤ CI 为计数允许控制端。

⑥ Q4~Q1 为计数器输出端。

⑦ A4~A1 为预置数据输入端。

⑧ CO 为进位输出端。

⑨ V_{CC} 为电源输入端,GND 为接地端。

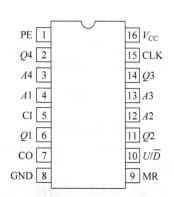

图 11-17　4510 引脚图

2. 4510 功能描述

4510 功能真值表如表 11-9 所示。从表中可以看出：

表 11-9　4510 功能真值表

输　　入					输　　出
MR	PE	$U/\overline{D}$	CI	CLK	$Q3 \sim Q0$
0	1	×	×	×	$A4 \sim A1$
0	0	×	H	×	保持
0	0	0	0	↑	减 1 计数
0	0	1	0	↑	加 1 计数
1	×	×	×	×	0

① 当 MR 为 1 时，不管其他输入为什么值，输出 $Q3 \sim Q0$ 均为 0。

② 当 MR 为 0 时，如 PE=1，不管其他输入为什么值，输出 $Q3 \sim Q0$ 等于 $A4 \sim A1$。与 74161 的同步置数不同，4510 是立即置数。

③ 当 MR、PE 均为 0 时，如 CI=1，不管其他输入为什么值，输出 $Q3 \sim Q0$ 保持不变。

④ 当 MR、PE、CI 为 0 时，如 $U/\overline{D}=0$，CLK 端每来一个 ↑，$Q3 \sim Q0$ 减 1。

⑤ 当 MR、PE、CI 为 0 时，如 $U/\overline{D}=1$，CLK 端每来一个 ↑，$Q3 \sim Q0$ 加 1。

另外，当计数器计数溢出时，CO 输出一负脉冲。

3. 用 4510 构成任意进制计数器

4510 构成任意进制计数器的方法可参考 74161 构成任意计数器的方法进行。需要注意的是：

① 用反馈预置法构成任意进制计数器 4510 和 74161 是有区别的。如构成 n 进制计数器，74161 是出现 $n-1$ 时置数，4510 是出现 n 时置数。

② 4510 是 BCD 码计数器，74161 是二进制计数器。

11.5　学习评估

1. 如何利用 74161 构成任意进制计数器？

2. 74161 和 74163 有什么区别？

3. 反馈复位法和反馈预置法有什么区别？

4. 如何利用 4518 构成任意进制计数器？

5. 4518 级联时，采用上升沿触发和下降沿触发有什么区别？

6. 若在调试计时电路时，发现数码管只显示奇数或只显示偶数，可能的故障原因是什么？

7. 用 4520 分别构成七进制、二十五进制计数器。

8. 用 4510 分别构成八进制、十七进制加计数器。

9. 用 4510 分别构成六进制、十五进制减计数器。

第12章

校时电路制作与调试

任务描述

① 掌握校时电路设计、安装、调试相关知识。

② 完成校时电路的设计。

③ 完成校时电路的安装。

④ 完成校时电路的调试。

12.1 任 务 分 析

从图 8-2 可以看出,在数字电子钟分解成的五个功能相对独立的模块电路中,校时电路由校时按钮和频率信号选择电路及其控制信号产生电路等组成。主要任务是接收信号电路产生的秒基准信号和校小时、校分、校秒信号,并通过操作校时按钮选择这些信号的输出时机。

本章的主要任务是要引导读者完成校时电路的制作和调试,并在制作和调试过程中让读者掌握校时电路相关知识。具体任务如下:

① 学习数据选择器 74151。

② 学习优先编码器 74147。

③ 学习几种常用频率信号选择电路的控制信号产生电路。

④ 分析校时电路的设计方法。

⑤ 以 74151 为核心设计校时电路。

⑥ 用仿真软件 Proteus 完成校时电路的绘制。

⑦ 用仿真软件 Proteus 对校时电路进行仿真调试并修改电路。

⑧ 完成校时电路最终设计方案的图样绘制。

⑨ 制订校时电路安装方案。主要是元器件布局、元器件安装顺序、特殊元器件安装和安装注意事项等。

⑩ 按照设计好的安装方案完成校时电路安装。

⑪ 制订校时电路调试方案。主要是调试前的准备工作、通电前的印制电路板检查、测试,以及通电后输入信号的施加和输出信号的检测。

⑫ 按照设计好的调试方案完成校时电路调试。

⑬ 如调试中发现问题,则应根据问题的现象仔细分析电气原理图,最终实现故障定位并维修好。

特别提示

电气原理图绘制时所有输入、输出端子应设置标号,以保持电路本身的独立性,同时方便与其他各模块电路的连接。

12.2 相 关 知 识

12.2.1 数据选择器74151

74151是八选一数据选择器,可实现从八个数据输入中选择任意一个从同一个输出端输出。

1. 74151引脚

74151引脚图如图12-1所示。图中:

① $X0 \sim X7$ 为数据输入。

② Y、$\overline{Y}$ 为互非的数据输出。

③ C、B、A 为数据选择信号。

④ E 为工作状态控制信号。

⑤ V_{CC} 为电源输入端,GND为接地端。

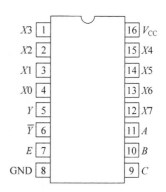

图12-1 74151引脚图

2. 74151功能描述

74151功能真值表见表12-1。从表中可以看出:

① 当 E 为1时,不管其他输入是什么,输出总为 $Y=0$,$\overline{Y}=1$。

② 当 $E=0$ 时,C、B、A 的编码决定 Y、$\overline{Y}$ 的输出。输出 Y 等于下标号与 C、B、A 编码相等的输入。如:

$CBA=000$,则 $Y=X0$,$\overline{Y}=\overline{X0}$。

表12-1 74151功能真值表

输 入						输 出	
E	C	B	A	$X0 \sim X7$	Y		$\overline{Y}$
1	×	×	×	×	0		1
0	0	0	0	×	$X0$		$\overline{X0}$
0	0	0	1	×	$X1$		$\overline{X1}$
0	0	1	0	×	$X2$		$\overline{X2}$
0	0	1	1	×	$X3$		$\overline{X3}$
0	1	0	0	×	$X4$		$\overline{X4}$
0	1	0	1	×	$X5$		$\overline{X5}$
0	1	1	0	×	$X6$		$\overline{X6}$
0	1	1	1	×	$X7$		$\overline{X7}$

3. 74151 应用

74151 最主要的应用当然是实现八以内的数据选择器功能,但除此以外,74151 还能实现八个以上数据选择器、可编程序列信号发生器等功能。

(1) 用 74151 实现 64 选 1 数据选择器

分析图 12-2 可得表 12-2 所示真值表,从表中可看出:

① 当 $DEF=000$ 时,CBA 等于 $000\sim111$,Y 等于 $X0\sim X7$。

② 当 $DEF=001$ 时,CBA 等于 $000\sim111$,Y 等于 $X8\sim X15$。依此类推。

③ 当 $DEF=111$ 时,CBA 等于 $000\sim111$,Y 等于 $X56\sim X63$。

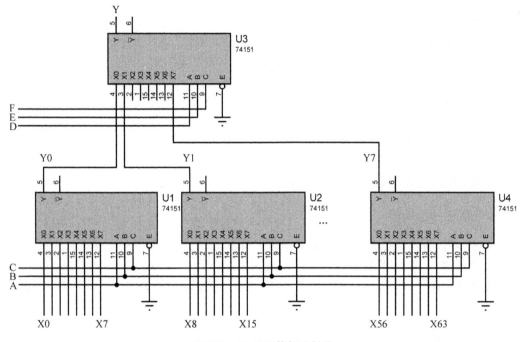

图 12-2 64 选 1 数据选择器

表 12-2 图 12-2 功能真值表

输 入										输 出	
F	E	D	C	B	A	$X0\sim X63$	$Y0$	$Y1$		$Y7$	Y
0	0	0	0	0	0	×	$X0$	$X8$		$X56$	$X0$
						⋮				⋮	
0	0	0	1	1	1	×	$X7$	$X15$		$X63$	$X7$
0	0	1	0	0	0	×	$X0$	$X8$		$X56$	$X8$
						⋮				⋮	
0	0	1	1	1	1	×	$X7$	$X15$	···	$X63$	$X15$
						⋮				⋮	
1	1	1	0	0	0	×	$X0$	$X8$		$X56$	$X56$
						⋮				⋮	
1	1	1	1	1	1	×	$X7$	$X15$		$X63$	$X63$

（2）用 74151 构成可编程序列信号发生器

在图 12-3 所示电路中，随着计数器 4520 的输出 Q2～Q0 从 000～111 的变化，74151 的输出 Y 分别等于 X0～X7，因此 Y 输出端输出的数据为 11001101。如果改变 X0～X7 的数据，则改变了 Y 的输出。因此，图 12-3 所示电路是一个八位可编程序列信号发生器。如用 64 选 1 数据选择器则可构成 64 位可编程序列信号发生器。

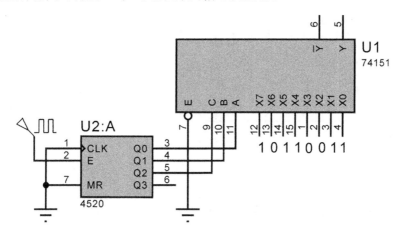

图 12-3　可编程序列信号发生器

另外，图 12-3 所示电路实际上也是一个并串变换器。在时钟信号的作用下，X0～X7 的并行数据从 Y 端串行输出。

12.2.2　优先编码器 74147

74147 是一个 10-4 编码器，其输出为 8421BCD 码的反码，且输入具有优先级，常用于键盘编码。

1. 74147 引脚

74147 引脚图如图 12-4 所示。图中：

① 1～9 为数据输入端。

② Q0～Q3 为数据输出端。

③ NC 为空脚。

④ V_{cc} 为电源输入端，GND 为接地端。

2. 74147 功能描述

74147 功能真值表见表 12-3。从表中可看出：

① 10-4 编码器的 10 表示十种输入状态，4 表示四个输出引脚。

② 数据输入端 1～9 为九个输入端，优先级顺序为 9 的优先级最高，1 的优先级最低。

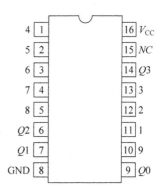

图 12-4　74147 引脚图

表 12-3　74147 功能真值表

输　　入									输　　出				
1	2	3	4	5	6	7	8	9	$Q3$	$Q2$	$Q1$	$Q0$	$Q3 \sim Q0$ 的反码
1	1	1	1	1	1	1	1	1	1	1	1	1	0
0	1	1	1	1	1	1	1	1	1	1	1	0	1
×	0	1	1	1	1	1	1	1	1	1	0	1	2
×	×	0	1	1	1	1	1	1	1	1	0	0	3
×	×	×	0	1	1	1	1	1	1	0	1	1	4
×	×	×	×	0	1	1	1	1	1	0	1	0	5
×	×	×	×	×	0	1	1	1	1	0	0	1	6
×	×	×	×	×	×	0	1	1	1	0	0	0	7
×	×	×	×	×	×	×	0	1	0	1	1	1	8
×	×	×	×	×	×	×	×	0	0	1	1	0	9

③ 当优先级高的输入有效时,优先级低的信号不起作用。

④ 当某一个输入端有效时,其输出编码是该输入端编号的反码。如输入端 3 有效时,其输出为 $Q3 \sim Q0 = 1100$。

⑤ 当所有输入端都无效时,其输出为 $Q3 \sim Q0 = 1111$。这就是没有输入对应的第 10 种状态。

3. 74147 应用

74147 的典型应用电路如图 12-5 所示,该电路可以将 0~9 十个按钮信号转换成编码。

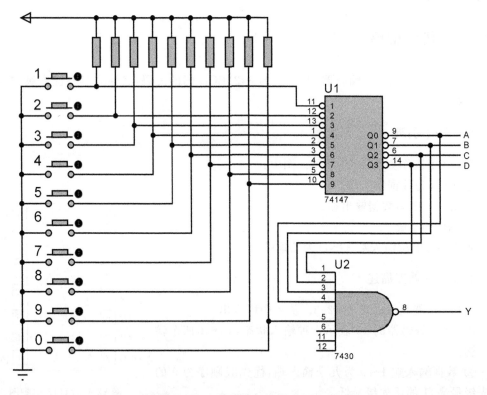

图 12-5　0~9 数字按钮转换成 BCD 码

① 当没有按钮按下时,按钮按下信号 $Y=0$,$DCBA=1111$。

② 若有按钮按下,则按钮按下信号 $Y=1$,同时 $DCBA$ 输出对应按钮的反码。例如,假定按下的是 4 号键,则有 $DCBA=1011$,其反码为 0100。

③ 虽然 0 信号未进入 74147,但是当 0 按钮按下时,按钮按下信号 $Y=1$,同时编码输出 1111,这就相当于 0 的编码是 1111。

12.3 任务实施

12.3.1 校时电路设计

校时电路的主要任务是接收信号电路产生的秒基准信号和校小时、校分、校秒信号,并通过操作校时按钮选择这些信号的输出时机。

校时电路一般有两种实现方式:一种方式是校小时、校分、校秒共用一个电路;另一种方式是校小时、校分、校秒各用一个电路。

1. 方式 1——校小时、校分、校秒共用一个电路

校小时、校分、校秒共用一个电路,意味着校小时、校分、校秒频率信号都要从一个输入端口输入到计时电路。也就是说,不管是校小时、校分,还是校秒,计时电路都得正常计数。因此,校小时、校分、校秒频率信号和秒基准信号应统一从计时电路的秒输入端输入。也就是说:

① 正常计数时,秒输入端输入秒基准信号。

② 校秒时,秒输入端输入校秒信号。

③ 校分时,秒输入端输入校分信号。

④ 校小时时,秒输入端输入校小时信号。

⑤ 校时时,应按先小时、分,后秒的顺序进行。思考一下,为什么?

⑥ 根据 10.3.1 小节的分析,校秒信号取 2Hz,校分信号取 64Hz,校小时信号取 2048Hz。

因此,校小时、校分、校秒共用的电路,实际上就是一个校时按钮控制的 4 选 1 数据选择器。在校时按钮的控制下,数据选择器分别输出 1Hz(正常计时)、2Hz(校秒)、64Hz(校分)、2048Hz(校小时)的频率信号。

(1) 校时电路一

用方式 1 设计的三个校时电路图分别如图 12-6~图 12-8 所示。其中:

用按钮和电阻构成的简单信号发生器控制数据选择器的数据选择电路图如图 12-6 所示。

① 当 $S1$、$S2$ 都没有按下时,$CBA=011$,$Y=X3=1$Hz,计时电路正常计时。

② 当 $S1$、$S2$ 都按下时,$CBA=000$,$Y=X0=2048$Hz,计时电路进入校小时状态。

③ 当 $S1$ 按下时,$CBA=010$,$Y=X1=64$Hz,计时电路进入校分状态。

④ 当 $S2$ 按下时,$CBA=001$,$Y=X2=2$Hz,计时电路进入校秒状态。

该电路的优点是电路简单,缺点是操作时可能出现误动作。一是 $S1$、$S2$ 不可能同时动作。譬如说,从正常计时到校小时需要 $S1$、$S2$ 同时按下,事实上是做不到的,人工操作总会

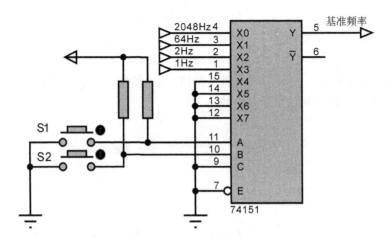

图 12-6　校时电路一

有个先后,因此在进入校小时前,可能会先进入校分或校秒状态。二是 S1、S2 操作时会有
"抖动"。

(2) 校时电路二

不直接用按钮和电阻构成的简单信号发生器控制数据选择器的数据选择电路图如
图 12-7 所示,而是在按钮和电阻构成的简单信号发生器和数据选择器之间加了一个二进
制计数器。假定计数器初始状态为 $Q1Q0=00$,则有:

① 没有按 S,$Q1Q0=00$,$Y=X0=1\,\mathrm{Hz}$,计时电路正常计时。

② 按一下 S,$Q1Q0=01$,$Y=X1=2048\,\mathrm{Hz}$,计时电路进入校小时状态。

③ 按两下 S,$Q1Q0=10$,$Y=X2=64\,\mathrm{Hz}$,计时电路进入校分状态。

④ 按三下 S,$Q1Q0=11$,$Y=X3=2\,\mathrm{Hz}$,计时电路进入校秒状态。

⑤ 按四下 S,$Q1Q0=00$,$Y=X0=1\,\mathrm{Hz}$,计时电路回到正常计时状态。

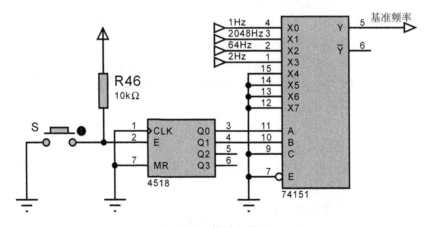

图 12-7　校时电路二

该电路的优点是只用一个按钮,操作时能自动按校小时、校分、校秒的顺序进行。缺点
是操作时仍然可能有误动作。因为按钮会有"抖动",按一次按钮有可能使计数器超过一次
累加。

（3）校时电路三

与图12-7所示电路不同，图12-8在按钮和电阻构成的简单信号发生器和数据选择器之间加了一个优先编码器。

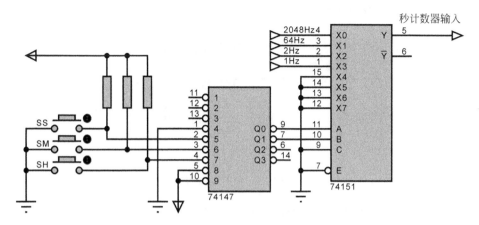

图12-8 校时电路三

① 当没有按钮按下时，输入端4为0，比输入端4优先级高的输入端5～9均为1，因此，$Q3Q2Q1Q0=1011$（0100的反码），$Y=X3=1Hz$，计时电路正常计时。

② 当按钮 SH 按下时，输入端7为0，比输入端7优先级高的输入端8～9均为1，因此，$Q3Q2Q1Q0=1000$（0111的反码），$Y=X0=2048Hz$，计时电路进入校时状态。

③ 当按钮 SM 按下时，输入端6为0，比输入端6优先级高的输入端7～9均为1，因此，$Q3Q2Q1Q0=1001$（0110的反码），$Y=X1=64Hz$，计时电路进入校分状态。

④ 当按钮 SS 按下时，输入端5为0，比输入端5优先级高的输入端6～9均为1，因此，$Q3Q2Q1Q0=1010$（0101的反码），$Y=X2=2Hz$，计时电路进入校秒状态。

与校时电路一和二相比，该电路稍复杂些，但没有误动作。因此基于方式1的校时电路设计应首选校时电路三。

2. 方式2——校小时、校分、校秒各用一个电路

校小时、校分、校秒各用一个电路，意味着校小时、校分、校秒按钮可分别中断小时计数器、分计数器、秒计数器工作，实施校小时、校分、校秒的操作。也就是说：

① 正常计时时，小时计数器收到的是每60分一个脉冲，分计数器收到的是每60秒一个脉冲，秒计数器收到的是每秒一个脉冲。

② 校小时时，小时计数器输入1Hz或2Hz的校小时信号。

③ 校分时，分计数器输入1Hz或2Hz的校分信号。

④ 校秒时，秒计数器输入2Hz的校秒信号。

因此，校小时、校分、校秒各自用的电路实际上是相同的，都是二选一数据选择器。例如，校小时时是从每60分一个脉冲的信号和1Hz或2Hz的信号中选一个。

图12-9为基于方式2设计的校时电路图（以校小时为例），是用八选一数据选择器改成的二选一数据选择器。该电路能实现校小时、校分或校秒；在校秒时可能会向分计数器进位，甚至引起向小时计数器的进位；校分时可能会向小时进位。

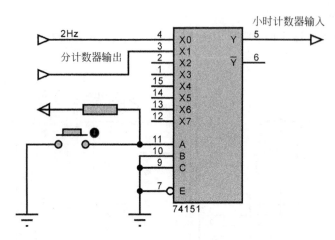

图 12-9　校时电路四

图 12-10 也是基于方式 2 设计的校时电路图,但该电路与图 12-9 相比,在校分、校小时电路中分别增加了一控制信号 CM 和 CH。

① 当校秒开始时,$CM=0$,校分电路 74151 的 B 输入端变为 1,Y 没有频率信号输出,

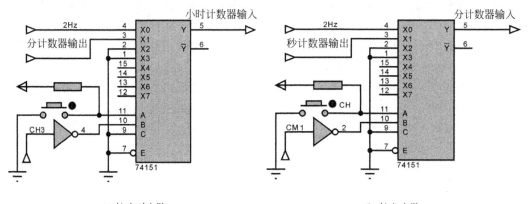

(a) 校小时电路　　　　　　　　　　　　　　　(b) 校分电路

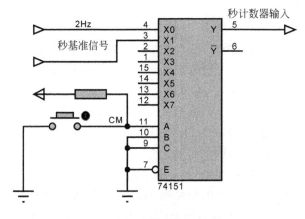

(c) 校秒电路

图 12-10　校时电路五

分计数器停止计数。

② 当校分开始时，$CH=0$，校小时电路 74151 的 B 输入端变为 1，Y 没有频率信号输出，小时计数器停止计数。

因此，该电路校时时，相互没有干扰。

图 12-11 也是基于方式 2 设计的校时电路图（以校小时电路为例），但该电路与图 12-9 和图 12-10 相比，用校时控制信号 XH 和 4Hz 信号组合后控制了小时显示电路的 BI 信号，在校小时期间，小时显示器将以 4Hz 的频率闪烁。

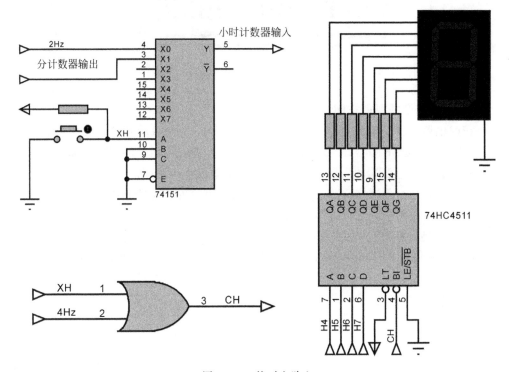

图 12-11 校时电路六

3. 校时电路设计

比较上述六种校时电路各自的特点，并考虑到教学的需要，本教材选用校时电路三作为数字电子钟的校时电路。实施时上拉电阻用集成电阻，按钮用四位微动开关代替。

12.3.2 校时电路安装

与信号电路、计时电路一样，校时电路也是一个仿真面包板，因此，在校时电路开始安装前，也应先进行元器件布置的设计。

1. 元器件布置

元器件布置主要考虑以下因素。

（1）预留的安装空间

从图 12-12 可以看出，校时电路元器件预留的安装区共有 27 列。

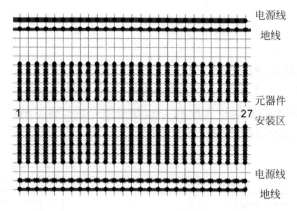

图 12-12　校时电路安装区

（2）元器件安装需要的空间

① 校时电路需要安装的主要元器件是两个集成块、一个微动开关。其中，两个集成块74147 和 74151 均为 16 脚器件，微动开关为 8 脚器件，需占用元器件安装区 20 列。

② 每个集成块电源端的去耦电容占一列，两个集成块占两列。

③ 两个集成块之间需空一列。但此列可与去耦电容安装位置共用。

④ 微动开关与集成块之间需空一列。

⑤ 集成电阻为单列直插式四脚元器件，其公共端需单独占一列。

根据以上分析可知，校时电路实际所需安装空间为 24 列，比预留安装空间少三列，符合安装要求。

（3）集成块缺口方向

统一为向左。

（4）集成块位置

① 校时电路接收信号电路产生的秒信号、校秒信号、校分信号、校小时信号，为计时电路秒输入端提供计时信号。从图 8-3 可以看出校时电路位于整个印制电路板的右下角，信号电路就在上方。又从图 10-10 知道，4060 位于信号电路安装区的左边，因此，74151 安装在左边可减少连线。

② 为操作方便，微动开关应放置在最右边

至此，可得如图 12-13 所示的校时电路元器件布置图。

2. 元器件安装

① 校时电路需安装一个 74151、一个 74147、一个微动开关、一个集成电阻和两个 104电容，集成块、微动开关、集成电阻用管座代替。

② 校时电路的安装顺序为先管座后电容。

③ 管座和电容的安装方法参见显示电路安装。

3. 连线

① 连线应参照原理图并按照先电源线、地线，再连接信号线的原则。

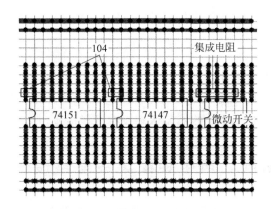

图 12-13 校时电路元器件布置图

② 原理图中并没有画出集成块的电源线和地线,连线一定要记得连接。在缺口向左的情况下,右下角为地线,左上角为电源。

③ 集成电阻的公共端应接电源。

④ 其他连线要求同显示电路连线要求。

12.3.3 校时电路调试

1. 调试前的准备

校时电路调试前的准备工作参照显示电路调试准备进行。

2. 调试方法

(1) 通电前常规检查

通电前应进行短路、开路、接线、极性、缺口方向等常规检查。

(2) 调试开关的电阻组成的信号产生电路

先拔出集成块 74147,然后操作开关,并用万用表分别测量 74147 管座的 5、6、7 脚(开关信号输出)。开关断开时,输出为 4～5V,开关合上时,输出为 0V。

(3) 调试编码器 74147

先插上集成块 74147,拔出集成块 74151,操作开关分别发出正常计时、校秒、校分、校小时信号,用万用表测量 74147 的输出 $Q1Q0$,$Q1Q0$ 应分别等于 11、10、01、00,否则为故障。

(4) 调试 74151

如 74147 工作正常,插上集成块 74151,操作开关分别发出正常计时、校秒、校分、校小时信号,应能实现正常校时。用万用表测量 74151 的 Q 端,也可测出正常计时和校秒信号(高、低电平变化),校分、校小时信号因频率太高用万用表无法测量。

3. 典型故障分析

(1) 典型故障 1

故障现象:计数器计数不稳定,时快时慢。

可能的原因：74147、74151 的电源、地引脚没有接好，或者 74147 的四输入端没有可靠接地。

（2）典型故障 2

故障现象：74151 没有输出。

可能的原因：74151 的 E 输入端没有可靠接地，或者 74151 的输出与地线、电源线或其他输出引脚短接，也可能是 74151 的 C 输入端没有可靠接地。

12.4　知识拓展　用中规模集成电路设计组合逻辑电路

组合逻辑电路设计是数字电路应用相关课程一个非常重要的教学内容，在逻辑电路分析、设计一章中已经介绍了用基本逻辑门电路设计组合逻辑电路的方法和步骤，下面以全加器设计为例，分别介绍用 74138 和 74151 进行组合逻辑电路设计的方法和步骤。

12.4.1　用 74138 设计全加器

分析表 9-2 所示 74138 真值表可得

$CBA = 000$ 时，$Y0 = 0$，也即 $\overline{Y0} = 1$，$CBA \neq 000$ 时，$Y0 = 1$，也即 $\overline{Y0} = 0$；

$CBA = 001$ 时，$Y1 = 0$，也即 $\overline{Y1} = 1$，$CBA \neq 001$ 时，$Y1 = 1$，也即 $\overline{Y1} = 0$；

$$\vdots$$

$CBA = 111$ 时，$Y7 = 0$，也即 $\overline{Y7} = 1$，$CBA \neq 001$ 时，$Y1 = 1$，也即 $\overline{Y7} = 0$。

因此，74138 输入和输出的关系可用如下表达式表示

$$\overline{Y0} = \overline{C}\,\overline{B}\,\overline{A}, \quad \overline{Y1} = \overline{C}\,\overline{B}A, \quad \overline{Y2} = \overline{C}B\overline{A}, \quad \overline{Y3} = \overline{C}BA$$

$$\overline{Y4} = C\overline{B}\,\overline{A}, \quad \overline{Y5} = C\overline{B}A, \quad \overline{Y6} = CB\overline{A}, \quad \overline{Y7} = CBA$$

分析表 6-5 全加器真值表可得如下输出逻辑表达式

$$S_i = \overline{A_i}\,\overline{B_i}C_{i-1} + \overline{A_i}B_i\,\overline{C_{i-1}} + A_i\,\overline{B_i}\,\overline{C_{i-1}} + A_iB_iC_{i-1}$$

$$C_i = \overline{A_i}B_iC_{i-1} + A_i\,\overline{B_i}C_{i-1} + A_iB_i\,\overline{C_{i-1}} + A_iB_iC_{i-1}$$

如果令

$$A_i = C, \quad B_i = B, \quad C_{i-1} = A$$

则有

$$\begin{aligned}
S_i &= \overline{A_i}\,\overline{B_i}C_{i-1} + \overline{A_i}B_i\,\overline{C_{i-1}} + \overline{A_i}B_iC_{i-1} + A_iB_iC_{i-1} \\
&= \overline{C}\,\overline{B}A + \overline{C}B\overline{A} + C\overline{B}\,\overline{A} + CBA \\
&= \overline{Y1} + \overline{Y2} + \overline{Y4} + \overline{Y7} \\
&= \overline{Y1\,Y2\,Y4\,Y7}
\end{aligned}$$

$$\begin{aligned}
C_i &= \overline{A_i}B_iC_{i-1} + A_i\,\overline{B_i}C_{i-1} + A_iB_i\,\overline{C_{i-1}} + A_iB_iC_{i-1} \\
&= \overline{C}BA + C\overline{B}A + CB\overline{A} + CBA \\
&= \overline{Y3} + \overline{Y5} + \overline{Y6} + \overline{Y7}
\end{aligned}$$

$$= \overline{Y3Y5Y6Y7}$$

用 74138 设计的全加器电路如图 12-14 所示。

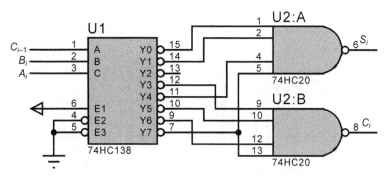

图 12-14 74138 构成的全加器

12.4.2 用 74151 设计全加器

分析表 12-1 所示 74151 真值表可得

$$Y = (\overline{C}\,\overline{B}\,\overline{A})X0 + (\overline{C}\,\overline{B}A)X1 + (\overline{C}B\overline{A})X2$$
$$+ (\overline{C}BA)X3 + (C\overline{B}\,\overline{A})X4 + (C\overline{B}A)X5$$
$$+ (CB\overline{A})X6 + (CBA)X7$$

如果令

$$A_i = C, \quad B_i = B, \quad C_{i-1} = A$$

则有

$$S_i = \overline{A_i}\,\overline{B_i}C_{i-1} + \overline{A_i}B_i\,\overline{C_{i-1}} + A_i\,\overline{B_i}\,\overline{C_{i-1}} + A_iB_iC_{i-1}$$
$$= \overline{C}\,\overline{B}A + \overline{C}B\overline{A} + C\overline{B}\,\overline{A} + CBA$$
$$= (\overline{C}\,\overline{B}\,\overline{A}) \cdot 0 + (\overline{C}\,\overline{B}A) \cdot 1 + (\overline{C}B\overline{A}) \cdot 1 + (\overline{C}BA) \cdot 0$$
$$+ (C\overline{B}\,\overline{A}) \cdot 1 + (C\overline{B}A) \cdot 0 + (CB\overline{A}) \cdot 0 + (CBA) \cdot 1$$

$$C_i = \overline{A_i}B_iC_{i-1} + A_i\,\overline{B_i}C_{i-1} + A_iB_i\,\overline{C_{i-1}} + A_iB_iC_{i-1}$$
$$= \overline{C}BA + A\overline{B}C + CB\overline{A} + CBA$$
$$= (\overline{C}\,\overline{B}\,\overline{A}) \cdot 0 + (\overline{C}\,\overline{B}A) \cdot 0 + (\overline{C}B\overline{A}) \cdot 0 + (\overline{C}BA) \cdot 1$$
$$+ (C\overline{B}\,\overline{A}) \cdot 0 + (C\overline{B}A) \cdot 1 + (CB\overline{A}) \cdot 1 + (CBA) \cdot 1$$

用 74151 实现 S_i 时，比较 S_i 和 Y 的逻辑表达式可得

$$X0 = X3 = X5 = X6 = 0$$
$$X1 = X2 = X4 = X7 = 1$$

用 74151 实现 C_i 时，比较 C_i 和 Y 的逻辑表达式可得

$$X0 = X1 = X2 = X4 = 0$$
$$X3 = X5 = X6 = X7 = 1$$

因此,用 74151 实现全加器需用两个 74151,电路图如 12-15 所示。

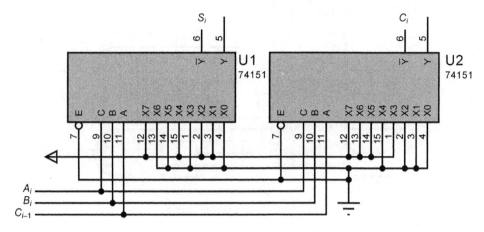

图 12-15　74151 构成的全加器

12.5　学习评估

1. 在基于方式 2 的校时电路中,如何实现完全的手动校时?

2. 在没有安装、调试其他电路的情况下,如何调试校时电路?

3. 在校时电路三中,如果各种频率信号通过 $X4 \sim X7$ 接入 74151,应如何修改电路?

第13章

报时电路制作与调试

任务描述

① 掌握报时电路设计、安装、调试相关知识。

② 完成报时电路的设计。

③ 完成报时电路的安装。

④ 完成报时电路的调试。

13.1 任 务 分 析

从图 8-2 可以看出,在数字电子钟分解成的五个功能相对独立的模块电路中,报时电路由整点报时时间控制电路、报时音频电路、音频输出电路等组成,任务是从计时电路获取时间信息,从信号电路获取音频信号、报时音时间间隔控制频率信号,生成报时音频,经驱动后从发声元件输出。

本章的主要任务是要引导读者完成报时电路的制作和调试,并在制作和调试过程中让读者掌握报时电路相关知识。具体任务如下:

① 学习常用发声元件蜂鸣器。

② 学习集成全加器 7483。

③ 学习集成比较器 7485。

④ 分析整点报时的两种实现方法。

⑤ 按照整点报时的两种实现方法设计报时电路。

⑥ 用仿真软件 Proteus 完成报时电路的绘制。

⑦ 用仿真软件 Proteus 对报时电路进行仿真调试并修改电路。

⑧ 完成报时电路最终设计方案的图样绘制。

⑨ 制订报时电路安装方案。主要是元器件布局、元器件安装顺序、特殊元器件安装和安装注意事项等。

⑩ 按照设计好的安装方案完成报时电路安装。

⑪ 制订报时电路调试方案。主要是调试前的准备工作、通电前的印制电路板检查、测试,以及通电后各局部电路的测试方法。

⑫ 按照设计好的调试方案完成报时电路调试。

⑬ 如调试中发现问题,则应根据问题的现象仔细分析电气原理图,最终实现故障定位并维修好。

📖 **特别提示**

① 电气原理图绘制时所有输入、输出端子应设置标号,以保持电路本身的独立性,同时方便与其他各模块电路的连接。

② 报时电路的调试必须在其他模块电路已正常工作下进行,因此,在调试前必须确保其他模块电路已调试完成。

13.2 相 关 知 识

13.2.1 蜂鸣器

蜂鸣器是一种一体化结构的电子讯响器,采用直流电压供电,广泛应用于计算机、打印机、复印机、报警器、电子玩具、汽车电子设备、电话机、定时器等电子产品中作发声器件。图 13-1 为几种常用蜂鸣器外形图。

1. 蜂鸣器分类

(1) 蜂鸣器按照发声原理分为压电式蜂鸣器和电磁式蜂鸣器

① 压电式蜂鸣器主要由多谐振荡器、压电蜂鸣片、阻抗匹配器及共鸣箱、外壳等组成。有的压电式蜂鸣器外壳上还装有发光二极管。其中,多谐振荡器由晶体管或集成电路构成,其工作电压一般为 1.5～15V 直流。当接通电源后,多谐振荡器起振,输出 1.5～2.5kHz 的音频信号,阻抗匹配器推动压电蜂鸣片发声。

图 13-1 蜂鸣器外形图

② 电磁式蜂鸣器由振荡器、电磁线圈、磁铁、振动膜片及外壳等组成。接通电源后,振荡器产生的音频信号电流通过电磁线圈,使电磁线圈产生磁场。振动膜片在电磁线圈和磁铁的相互作用下,周期性地振动发声。

(2) 蜂鸣器按照内部有无振荡电路分为有源蜂鸣器和无源蜂鸣器

① 有源蜂鸣器内部有一简单的振荡电路,能将恒定的直流电转化成一定频率的脉冲信号,从而产生磁场交变,带动振动膜片振动发音。有源蜂鸣器的工作信号一般为直流电,但是某些有源蜂鸣器在特定的交流信号下也可以工作,只是对交流信号的电压和频率要求很高,此种工作方式一般不采用。

② 无源蜂鸣器没有内部振荡电路,也称为讯响器,直接施加直流信号不能发声。无源蜂鸣器工作信号最好为方波。

③ 有源蜂鸣器控制简单,一通电就能发声,但声音频率不可控,只能发出一种声音,且价格要比无源蜂鸣器贵;无源蜂鸣器控制稍复杂,但声音频率可控,可发出多种声音。

2. 蜂鸣器主要参数

蜂鸣器的主要参数有额定电压、电压范围、限定电流、线圈电阻、线圈阻抗、声压电平、谐振频率、工作温度等。表 13-1 为 HC-12085-42R 型无源蜂鸣器主要参数一览表。

3. 蜂鸣器驱动

从表 13-1 可以看出,蜂鸣器的发声需要一定的电流,无源蜂鸣器还需要提供音频信号,而普通集成电路的输出往往不能提供足够的电流。因此,要让蜂鸣器发出足够响度的声音,还必须对蜂鸣器的控制信号进行驱动。一般来讲,蜂鸣器驱动电路应包含以下几个部分:一个三极管、一个续流二极管和一个电源滤波电容,如图 13-2 所示。

表 13-1 HC-12085-42R 型无源蜂鸣器主要参数

序号	主 要 参 数	
1	线圈电阻	$(42\pm2)\Omega$
2	额定电压	1.5V
3	额定电流	$\leqslant15\text{mA}$
4	声压电平	$\geqslant80\text{dB}$
5	谐振频率	2048Hz
6	工作温度	$-20\sim+45℃$

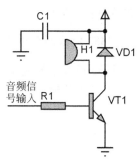

图 13-2 蜂鸣器典型驱动电路图

（1）续流二极管 VD1 的作用

蜂鸣器本质上是一个感性元件,其电流不能瞬变,因此必须有一个续流二极管提供续流。否则,在蜂鸣器两端会产生几十伏的尖峰电压,可能损坏驱动三极管,并干扰整个电路系统的其他部分。

（2）滤波电容 C1 的作用

滤波电容的作用是滤波,滤除蜂鸣器电流对其他部分的影响,也可改善电源的交流阻抗,如果可能,最好是再并联一个 $220\mu\text{F}$ 的电解电容。

（3）三极管 VT1 的作用

三极管起开关作用,其基极的高电平使三极管饱和导通,使蜂鸣器发声。而基极低电平则使三极管关闭,蜂鸣器停止发声。

13.2.2 集成全加器 7483

7483 是一个全加器,能完成两个四位二进制数相加,通过级联可完成更多位二进制数相加。

1. 7483 引脚

图 13-3 是 7483 引脚图。图中:

① $A4\sim A1$ 和 $B4\sim B1$ 分别为加数和被加数。

② $S4\sim S1$ 为累加和。

③ $C0$ 为进位输入,$C4$ 为进位输出。

④ V_{CC} 为电源输入,GND 为接地端。

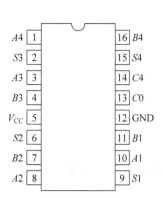

图 13-3 全加器 7483 引脚图

特别提示

7483 的电源和地的引脚与其他常见的集成块不同,不在右上角和左下角(缺口向上时),而是位于 5 脚和 12 脚。

2. 功能描述

7483 功能比较简单,可用如下逻辑表达式表示:

$$A4A3A2A1 + B4B3B2B1 + C0 = C4S4S3S2S1$$

其运算过程如图 13-4 所示。

3. 用 7483 完成两个小于四位的二进制数相加

这是 7483 最基本的应用,如图 13-5 所示。需要注意的是:两个小于四位的二进制数相加时,是没有进位输入的,因此,$C0$ 应接 0。

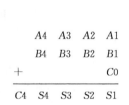

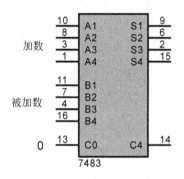

图 13-4　7483 加法示意图　　　　图 13-5　两个小于四位的二进制数相加

4. 用 7483 完成两个大于四位的二进制数相加

两个大于四位的二进制数相加至少需要用两个 7483 才能完成,连接时低位 $C0$ 仍然要接 0,而高位 $C0$ 应接低位的 $C4$,如图 13-6 所示。

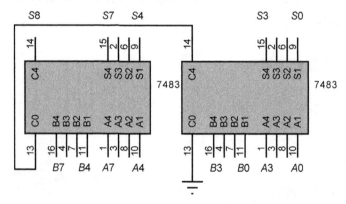

图 13-6　两个大于四位的二进制数相加

13.2.3　集成比较器 7485

7485 是一个数据比较器,能判别两个四位二进制数的大小或相等,通过级联可判别两个多位二进制数的大小。

1. 7485 引脚

7485 引脚图如图 13-7 所示。图中：

① $A3\sim A0$ 和 $B3\sim B0$ 为两个待比较的四位二进制数。

② $A>B$、$A<B$、$A=B$ 为低位比较结果输入端。

③ $QA>B$、$QA<B$、$QA=B$ 为比较结果输出端。

④ V_{CC} 为电源输入，GND 为接地端。

2. 7485 功能描述

7485 功能真值表如表 13-2 所示。从表中可以看出：

① 两个四位二进制数进行比较时，首先从最高位比较，如果高位已经比较出大小，则输出 $QA>B$、$QA<B$、$QA=B$ 的值就已经确定，低位就不需要再比较了。只有当高位相等时，才有必要比较低位。

② 当 $A3\sim A0=B3\sim B0$ 时，输出 $QA>B$、$QA<B$、$QA=B$ 的值由低位比较结果输入决定。

表 13-2 7485 功能真值表

待比较数据输入				低位比较结果输入			比较结果输出		
$A3B3$	$A2B2$	$A1B1$	$A0B0$	$A>B$	$A<B$	$A=B$	$QA>B$	$QA<B$	$QA=B$
$A3>B3$	××	××	××	×	×	×	1	0	0
$A3<B3$	××	××	××	×	×	×	0	1	0
$A3=B3$	$A2>B2$	××	××	×	×	×	1	0	0
	$A2<B2$	××	××	×	×	×	0	1	0
$A3A2=B3B2$		$A1>B1$	××	×	×	×	1	0	0
		$A1<B1$	××	×	×	×	0	1	0
$A3A2A1=B3B2B1$			$A0>B0$	×	×	×	1	0	0
			$A0<B0$	×	×	×	0	1	0
$A3A2A1A0=B3B2B1B0$				1	0	0	1	0	0
				0	1	0	0	1	0
				0	0	1	0	0	1

3. 用 7485 完成两个小于四位的二进制数比较

这是 7485 最基本的应用，如图 13-8 所示。需要注意的是，两个小于四位的二进制数比较时，7485 是没有低位比较输入的，因此，$A>B$、$A<B$ 应接 0，而 $A=B$ 应接 1。

4. 用 7485 完成两个大于四位的二进制数比较

两个大于四位的二进制数相比较至少需要用两个 7485 才能完成，连接时低位比较输入 $A>B$、$A<B$ 仍然接 0，$A=B$ 仍然接 1，而高位比较输入 $A>B$、$A<B$、$A=B$ 分别接低位 $QA>B$、$QA<B$、$QA=B$，如图 13-9 所示。

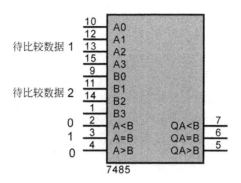

图 13-8　两个小于四位的二进制数比较

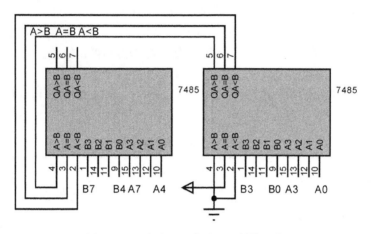

图 13-9　两个大于四位的二进制数比较

13.3　任 务 实 施

13.3.1　报时电路设计

报时电路的主要任务是从计时电路获取时间信息,从信号电路获取音频信号、报时音时间间隔控制频率信号,生成报时音频,经驱动后从发声元件输出。报时的方式常用的有两种。一种是到几点钟就响几下;另一种是不管是几点钟,都发出一样的报时声。但不管是哪一种报时方式,都是以到整点结束报时,且整点时报出的声音应比前面的报时音高。

1. 方式 1——每个整点发出相同的报时声

基于该方式的报时电路设计的主要任务有三个:一是获取高、低音报时启动信号;二是报时音频的合成;三是音频信号的驱动。基本要求是:

从每个整点的 59min 50s 开始报时,每秒响一下,50~58s 均发出低音,59s 时发出一高音。

（1）报时启动信号的获取

要从 59min 50s 开始报时,意味着从 59min 50s 启动报时。获取 59min 50s 这一时刻的方法,简单地说就是写出 59 和 50 两个十进制数的 8421BCD 码"0101,1001,0101,0000",把其中为 1 的信号 $M6$、$M4$、$M3$、$M0$、$S6$、$S4$ 取出来相与,其输出就是所要的报时启动信号。报时启动信号同时也是报时低音启动信号。

报时启动信号的获取电路如图 13-10 所示。

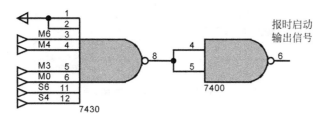

图 13-10   报时启动信号的获取

(2) 报时高音启动信号的获取

高音是在 59min 59s 时发出,意味着在 59min 59s 时要启动高音信号,同时取消低音信号。获取 59min 59s 这一时刻的方法同获取 59min 50s 的方法。

报时高音启动信号的获取电路如图 13-11 所示。从图中可以看出:

① 在 59min 50s~59min 58s 之间,低音控制输出信号始终为 1,而高音启动输出信号保持为 0。

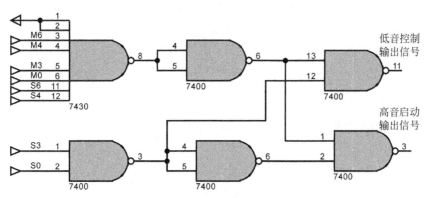

图 13-11   报时高音启动信号的获取

② 59min 59s 时,低音控制输出信号由 1 变 0,而高音启动输出信号由 0 变 1。

(3) 报时音频的合成

假设高音频率为 $f2$,低音频率为 $f1$,则输出到音频输出电路的音频信号应有 $f1$、$f2$、1Hz 频率信号及高、低音控制信号合成,如图 13-12 所示。

(4) 音频信号的输出

本教材设计的数字电子钟使用蜂鸣器作为发声元件。

① 驱动电路设计。采用图 13-2 所示蜂鸣器典型驱动电路。

② 蜂鸣器选择。报时电路需要发出高、低两种声音,因此蜂鸣器 H1 应选择无源蜂鸣器,本教材选择 HC-12085-42R 型无源蜂鸣器。

③ 其他元器件选择。滤波电容 $C1$ 选用瓷片电容 104;电阻 $R1$ 选用 1/8W、1kΩ 金属膜电阻;续流二极管 VD1 选用 IN4118;三极管 VT1 选用 9013。

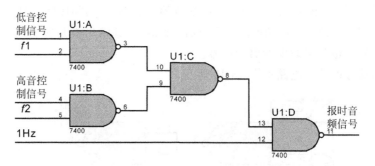

(a) 报时音频合成电气原理图

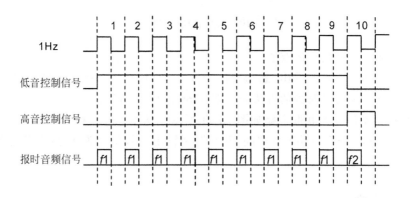

(b) 报时音频合成波形图

图 13-12   报时音频的合成

（5）报时电路的实现

综合以上四部分电路设计，完整的报时电路如图 13-13 所示。图中：

① 在 59min 50s～59min 58s 期间，1024Hz 信号以 1Hz 的频率驱动蜂鸣器发出低音。

② 在 59min 59s 时，2048Hz 信号以 1Hz 的频率驱动蜂鸣器发出高音。

③ 其他时间，三极管保持截止，蜂鸣器中没有电流流过。

注意：在没有音频信号输入的情况下，蜂鸣器中不允许有电流流过，否则将损坏蜂鸣器。

2. 方式 2——整点时是几点钟就响几下

基于该方式的报时电路设计的主要任务有三个：一是获取高、低音报时启动信号；二是报时音频的合成；三是音频信号的驱动。

基本要求是：当到达 n 点时，在 n 点前 n 秒开始报时（如 6 点整的报时，从 5 点 59min 54s 开始报时），每秒响一下，除 59s 时发出一高音外，其他均为低音。

（1）秒位上报时启动信号的获取

要实现整点时几点钟响几下，意味着要从到达整点前 n 秒开始报时（n 等于整点时小时的数值），因此，首先必须获得秒位上报时启动信号。

秒位上报时启动信号的获取方法是用 60s 减去 n。如 6 点整的报时需响 6 下，用 60 减 6 得 54，从 54s 开始报时，每秒响一下，到 59s 的最后一响刚好 6 下。

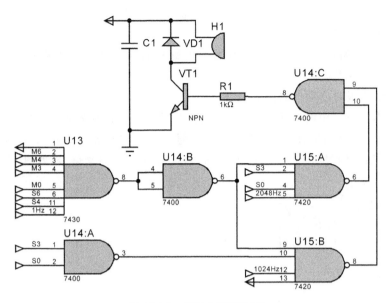

图 13-13　报时电路原理图

秒位上报时启动信号的获取电路如图 13-14。

图 13-14 用两个 7483 构成八位二进制全加器计算出小时和秒的值,然后用两个 7485 构成八位二进制数据比较器把此值与 59 进行比较,在高位 7485 的 $QA>B$ 引脚上输出的信

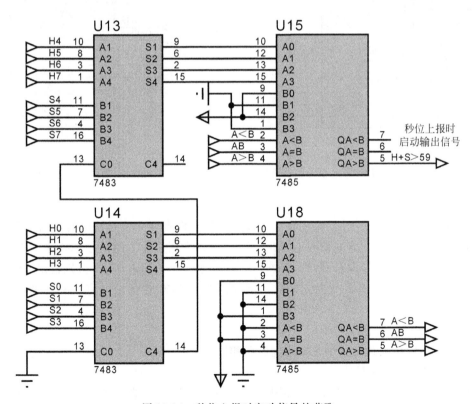

图 13-14　秒位上报时启动信号的获取

号就是秒位上报时启动信号,但不是所需要的报时启动信号。因为,如用此信号启动报时,将会在每分钟报时。

　　注意:不能用高位 7485 的 $QA=B$ 引脚上输出的信号作秒位上报时启动信号。因为 7483 是二进制计数器,当累加结果为 60 时,实际得到的结果为 5AH。

　　(2) 高、低音报时启动信号的获取

　　如图 13-15 所示,用两个 7485 构成的八位二进制数据比较器求得 59min 到(分位上报时启动信号)和 59min 59s 到信号(高音启动信号),并用 59min 到信号和图 13-14 中产生的秒位上报时的启动信号($H+S>59$)通过 74151 产生了报时启动信号,如图 13-16 所示。

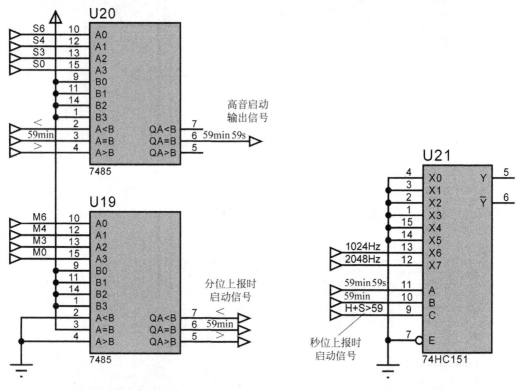

图 13-15　分位上报时启动、高音报时启动信号产生　　　图 13-16　报时启动信号产生、报时音频合成

　　(3) 报时音频的合成

　　如图 13-16 所示,用一个 74151 实现了高音音频和低音音频信号输出的控制。当秒位上报时启动信号有效,且 59min 信号有效时,启动报时,此时 74151 的信号选择输入端 $CBA=11X$;如 59min 59s 信号没有到,则 $CBA=110$,否则 $CBA=111$,74151 分别输出 1024Hz 的低音音频和 2048Hz 的高音音频。因此,只要把 74151 的输出与 1Hz 信号相与,即可得到所要的音频信号输出。

　　(4) 音频信号输出

　　音频信号输出电路与基于方式 1 的电路相同。

　　(5) 报时电路的实现

　　把图 13-14、图 13-15、图 13-16 和图 13-2 合在一起即可得基于方式 2 的报时电路。

3. 报时电路设计

考虑到基于方式1的报时电路比基于方式2的电路容易理解,且电路简单、易于实施,本教材选用基于方式1的报时电路。

13.3.2　报时电路安装

报时电路需安装 7430、7420、7400、电阻、二极管、三极管、蜂鸣器各一个,电容四个。其中,集成块 7430、7420、7400 仍然用管座代替。

由于报时电路是印制电路板设计示范区,元器件布局、主要布线已经完成。因此,不再需要进行元器件布局设计,元器件安装应按照如图 13-17 所示的元器件布置图(印制电路板上也有标记)进行。

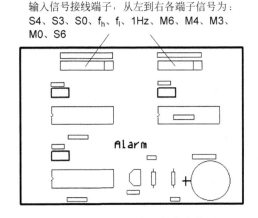

图 13-17　报时电路元器件安装图

1. 元器件安装

① 报时电路的元器件安装可按管座、电容、电阻、二极管、三极管、蜂鸣器、连线、插集成块的顺序进行。

② 管座缺口向左,二极管、三极管、蜂鸣器应注意极性。

③ 具体安装方法参见显示电路安装。

2. 连线

报时电路主要连线已完成,仅需连接 11 根输入信号线,如图 13-17 所示。具体连线方法可参照显示电路连线要求。

13.3.3　报时电路调试

1. 调试前的准备

报时电路调试前的准备工作参照显示电路调试准备进行。

2. 调试方法

(1) 通电前常规检查

通电前应进行短路、开路、接线、极性、缺口方向等常规检查。

(2) 调试音频信号驱动电路

拔出7400集成块,给三极管限流电阻前施加一个2048Hz的音频信号,蜂鸣器应能发出连续鸣叫声。否则,音频信号驱动电路故障。

(3) 调试音频信号合成电路

插入7400集成块,拔出7430集成块,在7430输出引脚的位置上施加一个1Hz的频率信号,蜂鸣器应能以1Hz的频率发出鸣叫声。否则,音频信号合成电路故障。

(4) 调试报时电路

通过校时按钮设置时间接近整点,然后耐心等待整点到来,如能正常报时,则报时电路调试完毕,否则时间接入信号有误。

3. 典型故障分析

(1) 典型故障1

故障现象:正常计时时蜂鸣器能发声,但发声时间不对。

可能的原因:时间接入信号有误。

(2) 典型故障2

故障现象:每分钟都报时。

可能的原因:分信号输入端悬空或接1。

类似的故障:59min后发出连续报时声音。

可能的原因:秒信号输入端悬空或接1。

(3) 典型故障3

故障现象:报时声是不间断的连续鸣叫。

可能的原因:1Hz的频率信号没有可靠接入。

(4) 典型故障4

故障现象:只有低音没有高音。

可能的原因:高音音频信号没有可靠接入,或者S3、S0没有可靠接入。

类似的故障:只有高音没有低音。

可能的原因:低音音频信号没有可靠接入,或者S3、S0没有可靠接入。

13.4　知　识　拓　展

13.4.1　扬声器

扬声器,俗称"喇叭"。是一种把音频信号转换成声音信号的电声器件,可实现把一定范围内的音频信号转变为失真小并具有足够声压级的可听声音。

1. 扬声器结构

以市场上最为常见的电动式锥形纸盆扬声器为例,扬声器大体由磁回路系统(永磁体、芯柱、导磁板)、振动系统(纸盆、音圈)和支撑辅助系统(定心支片、盆架、垫边)三大部分构成。

(1) 纸盆

纸盆是扬声器的声音辐射器件,在相当大的程度上决定着扬声器的放声性能,所以对纸盆的要求是既"轻"又"刚",且不能因环境温度、湿度变化而变形。锥形纸盆扬声器的锥形振膜所用的材料一般有天然纤维和人造纤维两大类。天然纤维常采用棉、木材、羊毛、绢丝等,人造纤维则采用人造丝、尼龙、玻璃纤维等。

(2) 音圈

音圈是锥形纸盆扬声器的驱动单元,是放置于导磁芯柱与导磁板构成的磁隙中的、用很细的铜导线分两层绕在纸管上的线圈(一般绕有几十圈)。音圈与纸盆固定在一起,当音频信号通过音圈时,音圈振动带动纸盆振动放声。

(3) 折环

折环经过热压黏接在纸盆上,主要作用是保证纸盆沿扬声器的轴向运动,同时起到阻挡纸盆前后空气流通的作用。

(4) 定心支片

定心支片的作用是保证音圈和纸盆垂直而不歪斜,在其上面安装的许多同心圆环,可使音圈在磁隙中只作上下移动,且不与导磁板相碰。为防止外部灰尘等落入磁隙,造成灰尘与音圈摩擦而使扬声器发出异常声音,定心支片上还设计有防尘罩。

2. 扬声器分类

扬声器的种类很多,分类方式也五花八门,一般可根据其工作原理、振膜形状以及发声频率范围来分类。

(1) 按工作原理分类

按工作原理扬声器可分为电动式扬声器、电磁式扬声器、静电式扬声器和压电式扬声器等。

① 电动式扬声器,也是应用最广泛的扬声器。这种扬声器把音圈置入固定磁场里,音圈在磁场作用下产生振动,并带动振膜振动,振膜前后的空气也随之振动,这样就将音频信号转换成声波向四周辐射。

② 电磁式扬声器,也叫舌簧式扬声器。音频信号通过音圈后会把用软铁材料制成的舌簧磁化,磁化了的可振动舌簧与磁体相互吸引或排斥,产生驱动力,使振膜振动而放声。

③ 静电式扬声器。这种扬声器将导电振膜与固定电极按相反极性配置,形成一个电容,将音频信号施加于此电容的两极时,极间因电场强度变化产生吸引力,从而驱动振膜振动发放声。

④ 压电式扬声器。利用压电材料受到电场作用发生形变的原理,将压电元件置于音频信号形成的电场中,使其发生位移,从而产生逆电压效应,最后驱动振膜发声。

（2）按振膜形状分类

按振膜形状分类的扬声器均为电动式扬声器，常分为锥形、平板形、球顶形、带状形、薄片形等。

① 锥形振膜扬声器。其振膜成圆锥状，是电动式扬声器中最普通、应用最广的扬声器，尤其是作为低音扬声器应用最多。

② 平板形扬声器。其振膜呈平面状态，特点是频率特性较为平坦，频带宽而且失真小，但额定功率较小。

③ 球顶形扬声器。特点是瞬态响应好、失真小、指向性好，但效率低些，常作为扬声器系统的中、高音单元使用。

④ 号筒扬声器。其振膜多是球顶形的，也可以是其他形状。特点的是效率高、谐波失真较小，而且方向性强，但其频带较窄，低频响应差，多用于扬声器系统中的中、高音单元。这种扬声器和其他扬声器的区别在于它的声辐射方式。纸盆扬声器和球顶扬声器等是由振膜直接鼓动周围的空气将声音辐射出去的，是直接辐射，而号筒扬声器是把振膜产生的声音通过号筒辐射到空间，是间接辐射。

（3）按发声频率分类

按发声频率扬声器可分为低音扬声器、中音扬声器、高音扬声器、全频带扬声器等。

① 低音扬声器：其低音性能很好，主要用于播放低频信号。特点是扬声器的口径做得都比较大，常见的有 200mm、300～380mm 等规格。一般情况下，低音扬声器的口径越大，重放时的低频音质越好，所承受的输入功率越大。

② 中音扬声器。有纸盆形、球顶形和号筒形等类型，主要用于播放中频信号，可实现低音扬声器和高音扬声器重放音乐时的频率衔接。由于中频占整个音域的主导范围，且人耳对中频的感觉较其他频段灵敏，因而中音扬声器的音质要求较高，主要性能要求是声压频率特性曲线平坦、失真小、指向性好等。

③ 高音扬声器。有纸盆形、平板形、球顶形、带状电容形等多种形式，主要用于播放高频信号。特点是口径较小，振动膜较韧。和低、中音扬声器相比，高音扬声器的性能要求除和中音单元相同外，还要求其重放频段上限要高、输入容量要大。

④ 全频带扬声器。是指可以播放整个音频范围内音频信号的扬声器，其理论频率范围要求为几十赫兹至 20kHz。由于采用一只扬声器很难实现，因而常做成双纸盆扬声器或同轴扬声器。

双纸盆扬声器是在扬声器的大口径中央加上一个小口径的纸盆，用来重放高频声音信号，从而有利于频率特性响应上限值的提升。

同轴式扬声器是采用两个不同口径的低音扬声器与高音扬声器安装在同一个中轴线上。

3. 扬声器主要性能指标

扬声器的性能指标主要有额定功率、额定阻抗、频率特性、谐波失真、灵敏度、指向性等。

（1）额定功率

扬声器的额定功率是指扬声器能长时间正常工作的输出功率，又称为不失真功率。当扬声器输出超出额定功率时，发出的声音将失真，并可能造成音圈过热损坏（音圈烧毁，过热变形,圈间击穿等)、驱动器的振膜位移过量损坏(锥形振膜,或其周围的弹性部件损坏等)。

（2）频率特性

频率特性是衡量扬声器放声频带宽度的指标。

（3）额定阻抗

扬声器的额定阻抗是指输入 400Hz 音频信号时,施加在扬声器输入端的电压与流过扬声器的电流的比值。一般有 2Ω、4Ω、8Ω、16Ω、32Ω 等几种。

（4）谐波失真

谐波失真是扬声器失真的主要原因之一,多由扬声器磁场不均匀以及振动系统的畸变而引起,常在低频时产生。

（5）灵敏度

灵敏度是反映扬声器对音频信号中的细节能否重放的指标,灵敏度越高,扬声器对音频信号中的细节响应越好。

扬声器的灵敏度通常是指输入功率为 1W 的噪声电压时,在扬声器轴向正面 1m 处所测得的声压大小。

（6）指向性

指向性是反映扬声器不同方向上辐射的声压频率特性,主要与扬声器的口径有关,口径大时指向性尖,口径小时指向性宽。指向性还与频率有关,一般而言,对 250Hz 以下的低频信号,没有明显的指向性,而对 1.5kHz 以下的高频信号则有明显的指向性。

13.4.2　达林顿管

将两只三极管适当的连接在一起,组成的一只等效的新三极管就是达林顿管,也称为复合管,如图 13-18 所示。

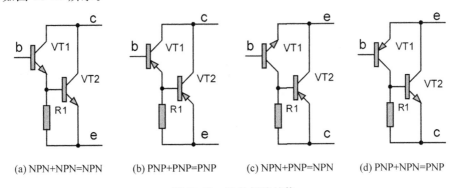

(a) NPN+NPN=NPN　　(b) PNP+PNP=PNP　　(c) NPN+PNP=NPN　　(d) PNP+NPN=PNP

图 13-18　达林顿管结构

假设组成达林顿管的两只三极管的放大系数分别为 $hfe1$、$hfe2$,则总放大系数约等于 $hfe1 \times hfe2$。因此,达林顿管具有很大的放大系数。

达林顿管产品大致分成两类,一类是普通型,内部无保护电路,另一类则带有保护电路。常为大功率开关电路、电动机调速、逆变电路、小型继电器、LED 智能显示屏等提供驱动电流。

13.5　学习评估

1. 蜂鸣器和扬声器的主要区别是什么？
2. 如果先安装报时电路，如何进行调试？
3. 三极管极性如何判断？
4. 如果要实现以 2Hz 的频率发出报时声，报时电路应如何修改？
5. 基于方式 1 的报时电路，如只要求发出一种频率的声音，电路应如何简化？

国标与仿真软件的图符对照表

元器件名	仿真图符号	国标符号
发光二极管		
二极管		
三极管		
指示灯		
熔断丝		
按钮		一般符号
继电器		线圈 动合触点
开关		如果是先断后合的转换触点
电源（电池）		

续表

元 器 件 名	仿真图符号	国 标 符 号
蜂鸣器		
石英晶体振荡器		
电容		
电阻		
与门		
或门		
非门		
与非门		
或非门		
异或门		
三态门		
双 D 触发器 7474		

续表

元 器 件 名	仿真图符号	国标符号
双 JK 触发器 74112		
四位二进制比较器 7485		
三八译码器 74138		
BCD-七段锁存译码驱动器 4511		

续表

元器件名	仿真图符号	国标符号
14 级振荡、计数、分频器 4060		
优先编码器 74147		
数据选择器 74151		
八输入与非门 7430		

续表

元 器 件 名	仿真图符号	国 标 符 号
双-四输入与非门 7420		
BCD 码加/减计数器 4510		
双 BCD 码计数器 4518		
双二进制计数器 4520		

元 器 件 名	仿真图符号	国 标 符 号
二进制计数器 74161		
四位二进制全加器 7483		
集成单稳态触发器 4538		

参 考 文 献

[1] 皇甫正贤.数字集成电路基础[M].南京：南京大学出版社,2001.
[2] 陈梓城.电子技术实训[M].北京：机械工业出版社,2008.
[3] 马全喜.电子元器件与电子实习[M].北京：机械工业出版社,2008.
[4] 张宪,张大鹏.电子工艺入门[M].北京：化学工业出版社,2008.